WUTTKE

Die Lichtbogen-Schweißung in Frage und Antwort

Die Lichtbogen-Schweißung
in Frage und Antwort

Das Schulungsbuch für alle metallverarbeitenden Berufe

Bearbeitet von

FELIX WUTTKE, Schweißmeister und Ing.

Mit 164 Bildern und zahlreichen Skizzen

Fünfte, überarbeitete und erweiterte Auflage

31. bis 37. Tausend

Springer Fachmedien Wiesbaden GmbH

Redaktionsschluß: 1. 11. 1967
Lektor: Ing. Werner Elsholz
DK 621.791.5

Ursprünglich erschienen bei VEB Verlag Technik, Berlin 1968.
Softcover reprint of the hardcover 5th edition 1968

ISBN 978-3-663-19892-5 ISBN 978-3-663-20233-2 (eBook)
DOI 10.1007/978-3-663-20233-2

Vorwort zur 1. Auflage

Lieber Arbeitskollege, liebe Arbeitskollegin!

Die gute Aufnahme meines Buches: „Die Gas-Schweißung in Frage und Antwort“, die immer wieder gehörte Ansicht, daß auch auf dem Gebiet der Lichtbogen-Schweißung etwas Ähnliches geschaffen werden sollte, haben mich veranlaßt, dieses Buch herauszugeben.
Im Gegensatz zu meinen bisherigen Büchern haben an diesem Buch mehrere Fachleute der Schweißtechnik gearbeitet. Sicher ist es dadurch besser geworden; denn mehrere wissen – wenn das Wissen gut eingegliedert wird – oft mehr als einer!
Bewußt wurde Frage und Antwort getrennt. Ihr sollt zunächst den Sinn der einzelnen Fragen erfassen, darüber nachdenken, die Frage zu beantworten versuchen und dann erst die gedruckt vorliegende Antwort mit der selbstgefundenen vergleichen.
Die Lichtbogen-Schweißung ist ein sehr wichtiges Gebiet der Schweißtechnik, und es wird für jeden eine Freude sein, sich auf diesem Gebiet betätigen zu können als Schweißer, Schweißerin, Lehrschweißer, Meister, Techniker, Ingenieur, Lehrer, in der Werkstatt, Schule oder im Laboratorium.
So soll nun dieses Buch überall Eingang finden und alle Leser und Leserinnen anregen, auch ihrerseits das eigene Wissen weiterzugeben, zum weiteren Auf- und Ausbau der Schweißtechnik und damit unserer gesamten Wirtschaft! Anregungen und Kritik sind erwünscht, die Neuauflagen können dadurch nur verbessert werden.
Dank all denen, die meine Mitarbeiter und mich unterstützt haben! Besonderer Dank gilt meinen Mitarbeitern; denn mit ihrer Hilfe war es möglich, dieses Buch zu schaffen!

Görlitz/Weinhübel, im Frühjahr 1953

Vorwort zur 5. Auflage

Auch die 5. Auflage ist überarbeitet und stark erweitert worden. Der Herausgeber und seine Mitarbeiter haben sich bemüht, die 5. Auflage zu verbessern und auf den neuesten Stand zu bringen. Über 50 Bilder und Zeichnungen sowie eine Vielzahl neuer Fragen und Antworten sind hinzugekommen. Die VGB 15 „Schweißen, Schneiden und verwandte Arbeitsverfahren" ist im letzten Abschnitt aufgenommen worden.
So wird auch diese Auflage unseren alten Lesern und Freunden der „Lichtbogen-Schweißung in Frage und Antwort" viel Neues bringen. Die neuen Leser hoffen wir als neue Freunde zu gewinnen.
So möge auch diese Auflage, die eigentlich recht lange auf sich warten ließ, ein kleiner, aber doch recht wertvoller Ratgeber für die Schweißtechnik werden und – bleiben.
Viele Anregungen sind in der 5. Auflage verarbeitet, und manche Kritik ist beachtet worden. So soll es auch sein!
Vorschläge, Kritik, Anregung sind erwünscht. Die Schweißtechnik stürmt vorwärts und bedarf vieler Mitarbeiter, auch für die Überarbeitung dieser zur 6. Auflage.
Dank allen, die am Entstehen dieser Auflage beteiligt waren.

Görlitz, im Frühjahr 1968

An den Manuskripten der 5. Auflage wirkten mit:

Einiges aus der Werkstoffkunde ...	Dipl.-Ing. *Fröber*
Schweißstromquellen, ihre Behandlung und die Beseitigung auftretender Störungen	Ing. *Lieske*
Zusatzwerkstoffe (Elektroden)	Ing. *Kowalkowski* Dipl.-Metallurgin *G. Seemann*
Arbeits- und Unfallschutz	*Felix Wuttke*
Allgemeines über das Schweißen ..	Schweißing. *Strasburger* *Felix Wuttke*
Schweißnahtformen und Schweißnahtvorbereitung	Schweißing. *Strasburger*
Die Güte und Prüfung einer Schweißnaht	Dipl.-Ing. *Fröber*
Auftragschweißen von hochlegiertem Stahl	*Ing. Vierich*
Die Arcatom-Schweißung	*Felix Wuttke*
Die Schutzgas-Lichtbogen-Schweißung [Das Schweißen unter Argon, Helium oder Kohlendioxid (CO_2)]	*Felix Wuttke*
Die UP-(Unterpulver-)Schweißung ..	Obering. *Guder*
Das Schweißen von Grauguß	*Felix Wuttke*
Das Schweißen von Leichtmetallen .	*Felix Wuttke*
Das Schweißen von Kupfer, Messing, Bronze und Nickel	*Felix Wuttke*

Inhalt

Einiges aus der Werkstoffkunde

Frage:

I. Stahl

1. Was ist Stahl? Was ist Eisen?
2. Wie wird Walz- und Schmiedestahl hergestellt?
3. Wie wird Stahlguß hergestellt?
4. Welches sind die verschiedenen Arten von Flußstahl?
5. Wie ist die Einteilung des Stahls hinsichtlich des Verwendungszwecks?
6. Wie ist die Einteilung des Stahls hinsichtlich seiner chemischen Zusammensetzung?
7. Was sind Baustähle?
8. Was sind Werkzeugstähle?
9. Was sind Sonderstähle?
10. Welches sind die bekanntesten und am häufigsten verwendeten Baustähle?
11. Was bedeutet die Stahlbezeichnung St 33–1?
12. Was bedeutet die Stahlbezeichnung St 42–3?
13. Was bedeutet die Stahlbezeichnung MU St 37–2?
14. Welche Anforderungen werden an Kesselbaustähle gestellt?
15. Welche Beimengungen enthält jeder Stahl in mehr oder weniger großen Mengen?
16. Welche Wirkung hat der Kohlenstoff (C) im Stahl?
17. Welche Wirkung hat das Silizium (Si) im Stahl?
18. Welche Wirkung hat das Mangan (Mn) im Stahl?
19. Welche Wirkung hat der Phosphor (P) im Stahl?
20. Welche Wirkung hat der Schwefel (S) im Stahl?
21. Welche anderen Nebenbestandteile treten im Stahl noch auf?

22. Welche Wirkung hat der Sauerstoff (O) im Stahl?
23. Welche Wirkung hat der Stickstoff (N) im Stahl?
24. Welche Wirkung hat der Wasserstoff (H) im Stahl?
25. Was versteht man unter unberuhigtem Stahl?
26. Was versteht man unter beruhigtem Stahl?
27. Was versteht man unter „Alterung“ eines Stahls?
28. Wie unterscheidet man „alterungsbeständige“ und „alterungsanfällige“ Stähle?
29. Welche Stähle neigen stark zur Alterung?
30. Was ist Blaubrüchigkeit des Stahls?
31. Wie kann die Alterung eines Stahls beseitigt werden?
32. Wie kann man Siemens-Martin-Stahl vom Thomasstahl unterscheiden?
33. Welches sind die Nachteile des Thomasstahls gegenüber dem Siemens-Martin-Stahl?
34. Wie kann festgestellt werden, ob ein Stahl schweißbar ist?
35. Was versteht man unter Wärmebehandlung von Stahl?
36. Welche Glüh-Behandlungen lassen sich unterscheiden?
37. Wie und wozu erfolgt das Spannungsfreiglühen?
38. Wie und wozu erfolgt das Weichglühen?
39. Wie und wozu erfolgt das Normalglühen?
40. Wie und wozu erfolgt das Diffusionsglühen?
41. Welche Hauptarten der Stahlhärtung lassen sich unterscheiden?
42. Wie wirkt sich eine Härtung auf den Stahl aus?
43. Wie und wozu erfolgt die Umwandlungshärtung?
44. Wie und wozu erfolgt die Abschreckhärtung?
45. Wie erfolgt die Einsatzhärtung?

46. Wie erfolgt die Flammhärtung (Brennhärtung) und Induktionshärtung?
47. Was ist Kalthärtung?
48. Was ist Ausscheidungshärtung (Aushärtung)?
49. Was ist Nitrierhärtung?
50. Was versteht man unter Anlassen eines Stahls?
51. Was versteht man unter Vergüten eines Stahls?

II. Roheisen, Gußeisen und Temperguß

52. Was versteht man unter Roheisen?
53. Was versteht man unter Gußeisen?
54. Was versteht man unter Temperguß?

III. Nichteisenmetalle

55. Welche Eigenschaften hat Kupfer (Cu)?
56. Welches sind die gebräuchlichsten Legierungen des Kupfers?
57. Was sind Bronzen, und welche Eigenschaften haben sie?
58. Was ist Tombak und Messing, und welche Eigenschaften weisen sie auf?

IV. Leichtmetalle

59. Welche Eigenschaften hat Aluminium (Al)?
60. Welches sind die gebräuchlichsten Legierungen des Aluminiums?
61. Welche Eigenschaften weist Magnesium (Mg) auf?
62. Welches sind die gebräuchlichsten Legierungen des Magnesiums?

Einiges aus der Werkstoffkunde

Antwort:

I. Stahl

1. Man unterschied in der Vergangenheit zwischen „Schmiedeeisen" und „Stahl". Unter Schmiedeeisen verstand man wenig oder gar nicht härtbare Legierungen des Eisens mit 0 bis 0,3% Kohlenstoff, während als wesentliches Merkmal des Stahls früher die Härtbarkeit angesehen wurde. Es gibt aber eine ganze Reihe von Stählen, die sich nicht nur nicht härten lassen, sondern im Gegenteil durch das Abschrecken aus hohen Temperaturen sogar weicher und zäher werden. Das Ausland kennt daher eine Unterscheidung zwischen Schmiedeeisen und Stahl nicht.
   Als Stahl bezeichnet man heute „alles schon ohne Vorbehandlung schmiedbare Eisen", d. h. also alle Eisenlegierungen ohne Rücksicht auf ihre Eigenschaften (Festigkeit und Legierung) mit Ausnahme von Roheisen, Gußeisen und Temperguß. Damit sind die Begriffe „Stahl" und „Eisen" eindeutig umrissen. Unter den Begriff „Stahl" fallen also auch Flußstahl in Form von Walz- und Schmiedestahl sowie Stahlguß.

2. Walz- und Schmiedestahl wird im flüssigen Zustand als Flußstahl gewonnen und durch Vergießen in Blöcken mit nachfolgender Formgebung durch Walzen, Pressen oder Schmieden hergestellt.

3. Stahlguß wird im flüssigen Zustand als Flußstahl gewonnen und durch Vergießen in Fertigformen ohne nachfolgende Formgebungsverfahren hergestellt.

4. Man unterscheidet:
   a) Tiegelstahl (wird kaum noch hergestellt)
   b) Bessemerstahl

c) Thomasstahl
d) Siemens-Martin-Stahl
e) Elektrostahl
f) nach Sonderverfahren hergestellter Stahl

5. Einteilung des Stahls nach dem Verwendungszweck:
   1. Baustähle
      a) Handelsstähle, die ohne besondere Wärmebehandlung im gewalzten oder geschmiedeten Zustand verwendet werden
      b) Vergütungsstähle, unlegiert und legiert
      c) Einsatzstähle, unlegiert und legiert
   2. Werkzeugstähle
   3. Sonderstähle

6. Einteilung des Stahls nach seiner chemischen Zusammensetzung:
   1. unlegierte Stähle oder Kohlenstoffstähle
   2. legierte Stähle
      a) nach der Art der Legierungsmetalle
      b) nach der Menge der Legierungsmetalle in niedrig-, mittel- und hochlegierte Stähle
   3. Edelstähle, die als Sondergruppe sowohl unlegierte als auch legierte Stähle sein können, aber von einem Edelstahlwerk mit Sorgfalt und unter schärfster Kontrolle hergestellt werden.

7. Baustähle sind alle Stähle, aus denen Bauteile wie Maschinen, Apparate, Fahrzeuge, Brücken-, Hoch- und Eisenbahnbauten hergestellt werden. Sie können außer mit Kohlenstoff auch noch mit anderen Elementen legiert sein. Die handelsüblichen, nichtlegierten Stähle werden vielfach als Maschinenstähle bezeichnet und sind als Maschinenbaustahl, unlegiert, genormt. Als Baustähle gelten auch die Einsatz- und Vergütungsstähle, die sowohl unlegiert als auch legiert sein können. Baustähle werden hauptsächlich nach ihren mechanischen Eigenschaften (Zugfestig-

keit, Streckgrenze, Dehnung, Kerbschlagzähigkeit) beurteilt.

8. Werkzeugstähle sind solche Stähle, aus denen Werkzeuge hergestellt werden, die zur Formgebung der verschiedensten Stoffe dienen: zum Schneiden, Stanzen, Ziehen, Pressen, Bohren, Sägen, Feilen u. dgl. Bei diesen Stählen kommt es nicht zuerst auf die Zugfestigkeit oder Dehnung an, sondern auf Schneidfähigkeit und Schneidhaltigkeit. Vor allem sind gute Härtbarkeit und hohe Härte bei schneidenden Werkzeugen neben einer gewissen Zähigkeit ausschlaggebend, besonders bei schlagenden Werkzeugen. Unlegierte Werkzeugstähle haben meist einen Kohlenstoffgehalt von 0,5 bis 1,5%, während legierte Stähle außerdem folgende Elemente enthalten: Mangan (Mn), Chrom (Cr), Nickel (Ni), Molybdän (Mo), Wolfram (W), ferner auch Kobalt (Co) und Vanadin (V).

9. Sonderstähle sind Stähle mit bestimmten physikalischen oder chemischen Eigenschaften. Hierunter fallen z. B. die rost-, säure- und hitzebeständigen Stähle und viele andere mehr. Die Sonderstähle können nach ihrer chemischen Zusammensetzung u. U. auch Bau- und Werkzeugstähle sein.

10. Die bekanntesten und am häufigsten verwendeten unlegierten Baustähle unterscheiden sich in den Höchstgehalten von C von maximal 0,17 bis etwa 0,50% und in den Zugfestigkeitsbereichen zwischen 33 und 85 kp/mm^2.

Diese Baustähle werden nach DIN 17 100 größtenteils nach drei Gütegruppen unterschieden:

Gütegruppe 1: für allgemeine Anforderungen (z. B. St 37-1)

Gütegruppe 2: für höhere Anforderungen (z. B. St 37-2)

Gütegruppe 3: besonders beruhigt für Sonderanforderungen (z. B. St 37-3)

Mit steigender Gütegruppe wird verringerter P- und S-Gehalt vorgeschrieben.

Die Schweißbarkeit ist bei den C-armen Sorten besser als bei den C-reichen, sie ist bei den Stählen der Gütegruppe 3 am besten und bei den Stählen der Gruppe 2 besser als bei den Sorten der Gruppe 1.

11. St 33-1 bedeutet, daß der Stahl eine Mindestzugfestigkeit von 33 kp/mm^2 besitzen soll, zur Gütegruppe 1 gehört und als solcher nur für allgemeine Anforderungen eingesetzt werden kann.

12. St 42-3 bedeutet, daß der Stahl eine Mindestzugfestigkeit von 42 kp/mm^2 besitzen soll, zur Gütegruppe 3 gehört und als solcher für höhere Anforderungen eingesetzt werden kann.

13. MU St 37-2 bedeutet, daß der Stahl eine Mindestzugfestigkeit von 37 kp/mm^2 besitzen soll, ein unberuhigter Martinstahl der Gütegruppe 2 ist und unter Beachtung der Vorschriften für unberuhigte Stähle für höhere Anforderungen eingesetzt werden kann.

14. Kesselbaustähle werden meistens in Form von Blechen zum Bau von Dampfkesseln, Druckbehältern und großen Druckrohrleitungen verwendet.

Unlegierte Kesselbaustähle:

Höchstgehalt an C	Zugfestigkeitsbereiche
0,16 bis 0,26%	zwischen 35 und 56 kp/mm^2

Legierte Kesselbaustähle:

C-Bereiche	Zugfestigkeitsbereiche
zwischen 0,10 und 23%	zwischen 44 und 62 kp/mm^2

Bei den legierten Kesselbaustählen werden als Legierungselemente Mn (Mangan), Cr (Chrom), Mo (Molybdän), teilweise auch Si (Silizium) und V (Vanadin), in verschiedenen Mengen und Kombinationen verwendet. Die chemische Zusammensetzung derartiger Stähle ist aus den einschlägigen Stahllisten und Stahltabellen zu ersehen.

Sämtliche Kesselbaustähle sind schmelzschweißbar, wobei teilweise ein Vorwärmen auf 200 °C empfohlen wird oder erforderlich ist.
Unlegierte Stähle haben für den Kesselbau die unerwünschte Eigenschaft, mit steigender Temperatur ihre mechanischen Gütewerte zu verändern. Dabei sinken Streckgrenze und Zugfestigkeit bei Temperaturen von über 300 °C besonders stark ab. Unlegierte Kohlenstoffstähle können deshalb nur bis etwa zu dieser Betriebstemperatur im Kesselbau benutzt werden.
Mit der Anwendung höherer Drücke im Kesselbetrieb sind zwangsläufig auch höhere Temperaturen verbunden. Das bedingt, die Warmfestigkeit der Kesselbauwerkstoffe für diesen Zweck zu erhöhen. Eine Erhöhung der Warmfestigkeit wird nur durch legierte Kesselbaustähle erreicht.
Die Werkstoffauswahl für den Kesselbau erfolgt nach der Betriebsbeanspruchung unter Berücksichtigung der Temperatur, des Dampfdrucks und des Wärmedurchgangs.

15. Jeder Stahl enthält folgende Beimengungen in mehr oder weniger großen Mengen:

Kohlenstoff (C)
Silizium (Si)
Mangan (Mn)
Phosphor (P)
Schwefel (S)

16. C im Stahl erhöht durch Bildung von Eisenkarbid (Verbindung zwischen Eisen und Kohlenstoff) die Streckgrenze, die Zugfestigkeit und Härte und erniedrigt die Dehnung und Kerbschlagzähigkeit. C ist also der Hauptregler für die Festigkeitseigenschaften und gibt die Möglichkeit des Härtens und Vergütens. Mit steigendem *C-Gehalt* sinken die Schmelztemperaturen, wird die Schmiedbarkeit vermindert und *verschlechtert sich die Schweißbarkeit. Infolge*

Härtbarkeit des Stahls können beim Schweißen Versprödung und dadurch Rißbildung in den Aufhärtungszonen eintreten.

17. *Si* wirkt im flüssigen Stahl desoxydierend (sauerstoffentziehend). Es vermag Gase abzubinden und erhöht dadurch die Dichtheit, was z. B. wertvoll ist zur Erzielung eines dichten Stahlgusses. *Si* erhöht die Streckgrenze und Zugfestigkeit, während Dehnung und Kerbschlagzähigkeit nur wenig beeinflußt werden. *Dagegen vermindert Si die Schmiedbarkeit und vor allem die Schweißbarkeit. Bei höheren Si-Gehalten können leicht Poren- und Rißbildung in der Schweißnaht auftreten.* Außerdem behindert *Si* die Seigerung anderer Elemente, wie z. B. von Phosphor und Schwefel.

18. *Mn* wirkt in flüssigem Stahl desoxydierend, erhöht die Streckgrenze und Zugfestigkeit und bei niedrigen C-Gehalten auch die Kerbschlagzähigkeit. *Mn hebt bezüglich des Schweißens die ungünstige Wirkung des Si auf, wirkt also auf die Schweißbarkeit günstig.* Besonders wirkt *Mn* dem schädlichen Einfluß des Schwefels auf die Schmiedbarkeit entgegen, indem es dem durch Schwefel bedingten, bei höheren Temperaturen auftretenden Rotbruch (Warmbruch) entgegenwirkt.

19. *P* neigt zum Seigern (ungleichmäßige Verteilung der Begleitelemente im Stahl) und kann dadurch die Gleichmäßigkeit des Werkstoffs außerordentlich stören. Mit steigendem *P-Gehalt* steigen Zugfestigkeit und Härte, dagegen sinken Dehnung und Kerbschlagzähigkeit. *P* macht den Stahl spröde und kaltbrüchig, d. h., seine Widerstandsfähigkeit gegen schlagartige Beanspruchung und Kaltverformbarkeit wird durch P so stark vermindert, daß ein Kaltbruch eintreten kann. *Je geringer der Anteil an P im Stahl ist, desto besser ist er schweißbar.*

20. *S neigt stark zum Seigern und kann dadurch die Gleichmäßigkeit des Werkstoffs außerordentlich stören,* so daß beim *Schweißen eines derartig geseigerten Stahls leicht Poren und Risse auftreten können.* *S* macht den Stahl warmbrüchig, d. h., *S* führt zum leichten Reißen beim Bearbeiten im rotwarmen Zustand und behindert dadurch z. B. auch die Schmiedbarkeit nicht unwesentlich. *S* ruft Warmrisse in der Schweißnaht hervor. Ein Stahl ist um so besser schweißbar, je geringer sein *S*-Gehalt ist. *Mn* vermag den schädlichen *S* abzubinden und so die Gefahr des Rotbruchs zu beseitigen.

21. Folgende Nebenbestandteile treten außerdem im Stahl auf:

Sauerstoff (O)
Stickstoff (N)
Wasserstoff (H)

22. O macht den Stahl rotbrüchig und vermindert oder verhindert die Schmiedbarkeit eines Stahls, insbesondere durch das Zusammenwirken von *O* und *S*. Sauerstoff hat auch auf die Alterungsneigung eines Stahls erheblichen Einfluß. Außerdem macht O den Stahl spröde und vermindert dadurch die Kerbschlagzähigkeit.
Besonders starke Sauerstoff-Aufnahme erfolgt im Schweißgut beim Lichtbogen-Schweißen mit Nacktschweißdraht (Schweißelektroden).

23. *N* erhöht die Zugfestigkeit und Härte eines Stahls, dagegen sinken Dehnung und Kerbschlagzähigkeit erheblich ab. Außerdem hat *N* einen wesentlichen Einfluß auf die Alterungsneigung eines Stahls.
Besonders starke Stickstoff-Aufnahme erfolgt im Schweißgut beim Lichtbogen-Schweißen mit Nacktschweißdraht (Schweißelektroden).

24. *H* führt zur Versprödung des Stahls und senkt wesentlich die Kerbschlagzähigkeit. *Außerdem ruft H Porigkeit in der Schweißnaht hervor.*

25. Unberuhigter Stahl wird ohne Zusatz von Desoxydationsmitteln (z. B. Si, Al) vergossen. Infolge seines höheren Sauerstoffgehalts kocht und sprüht der Stahl Funken in der Kokille (Blockform) beim und nach dem Vergießen, er ist also „unruhig". Der flüssige Stahl wird durch aufsteigende Gase in der Kokille in Bewegung gehalten, d. h., er arbeitet in der Kokille.
Unberuhigter Stahl seigert ziemlich stark, d. h., der Rohblock hat im Innern eine unterschiedliche Zusammensetzung und entsprechend ungleichmäßige Verteilung der Begleitelemente, besonders von P, S und C. Beim Erstarren des Stahls in der Kokille zeigen die zuerst abgeschiedenen Kristalle an der Kokillenwand geringere Gehalte an P, S und C, als sie den Mittelwerten der ursprünglichen Schmelze entsprechen. Dadurch reichert sich die Restschmelze im Innern des Rohblocks mit diesen Begleitelementen an, so daß die zuletzt erstarrte Restschmelze am Kopf des Blocks die höchsten Anreicherungen aufweist. Das Seigern des unberuhigten Stahls kann deshalb zu unterschiedlichen Eigenschaften der einzelnen Teile des Rohblocks führen. Seigerungsstellen können infolge ihres höheren P-, S- und auch C-Gehalts die Schweißbarkeit des unberuhigten Stahls sehr beeinträchtigen.

26. Ein beruhigter Stahl ist ein Stahl, der nach Zusatz von Desoxydationsmitteln (z. B. Si, Al) vergossen wurde und wegen dieser Zusätze infolge seines geringeren Sauerstoffgehalts in der Kokille ohne Kochen und Funkensprühen erstarrt, er ist also „ruhig". Der Rohblock weist in all seinen Teilen annähernd die gleiche Zusammensetzung und praktisch keine Seigerungen auf. Beruhigte Stähle sind infolgedessen ohne Schwierigkeiten schweißbar unter der Voraussetzung, daß keine zu hohen Si-Gehalte im Stahl vorliegen. Für Schweißkonstruktionen sind deshalb beruhigte Stähle u. U. den unberuhigten

Stählen vorzuziehen, besonders wenn bei der Schweißung Seigerungszonen angeschnitten werden können.

27. Unter „Alterung" eines Stahls versteht man jede allmähliche Eigenschaftsänderung eines Stahls, die bei längerem Lagern bei Raumtemperatur ohne gleichzeitige äußere Einwirkung stattfindet. Derartige Eigenschaftsänderungen sind festzustellen, wenn der Stahl so stark kaltverformt wird, daß eine plastische (bleibende) Formänderung vorliegt, wie das beim Ziehen, Kaltwalzen, Hämmern, Pressen, Biegen, Bördeln usw. der Fall ist. Im übrigen ist beim Zusammenbau eines Werkteils, besonders im Kesselbau, oft eine Deformation (Verformung) nicht zu vermeiden. Eine „Alterung" äußert sich nach längerem Lagern der auf diese Weise kaltbeanspruchten Stähle, besonders der sehr weichen kohlenstoffarmen Stähle, durch eine Erhöhung der Festigkeit und Härte. Dabei fallen Dehnung, Einschnürung und besonders Kerbschlagzähigkeit stark ab. Man spricht daher von Alterungssprödigkeit und bezeichnet diese Art der Alterung als „natürliche" Alterung. Werden jedoch solche kaltverformten Werkstoffe auf Temperaturen von 100 bis 300 °C erhitzt, so wird der Alterungsvorgang erheblich beschleunigt. Dabei können die beschriebenen Eigenschaftsänderungen bereits in kürzester Zeit auftreten, oft innerhalb weniger Minuten. Man spricht dann von „künstlicher" Alterung. Solche künstliche Alterung tritt nach vorangegangener Kaltverformung automatisch auf, z. B. bei den im Kesselbetrieb herrschenden Temperaturen oder auch beim Schweißen derart kaltverformter Stähle.

28. Man kann „alterungsbeständige" und „alterungsanfällige" Stähle auf folgende Weise unterscheiden: Man biegt eine Werkstoffprobe auf etwa 30°, glüht sie anschließend 1 bis 2 h lang bei einer Temperatur

von 200 bis 250 °C und biegt sie dann weiter. Ein alterungsanfälliger Stahl wird beim weiteren Biegen zu Bruch gehen (Sprödbruch), während sich ein alterungsbeständiger Stahl weiterbiegen läßt.

29. Eine besonders starke Alterungsneigung zeigt normaler unberuhigter Thomasstahl, der von seiner metallurgischen Herstellung her verhältnismäßig hohe Stickstoff-, Sauerstoff- und Phosphor-Gehalte aufweist. Durch eine starke Desoxydation (Sauerstoffentzug) des Stahls mit Aluminium läßt sich die Alterung vermeiden oder dadurch, daß man bei der Herstellung des Stahls bewußt darauf hinarbeitet, möglichst wenig von diesen schädlichen Beimengungen (N, O, P) im Stahl zu erhalten.

30. Bei Blaubrüchigkeit eines Stahls erfolgt eine gleichartige Änderung der Eigenschaften eines Stahls wie bei der Alterung, d. h. eine gewisse Versprödung. Wenn ein Stahl im Temperaturgebiet der Blauwärme, d. h. bei 250 bis 300 °C verformt wird, tritt hierbei bereits die Eigenschaftsänderung während der Verformung bzw. unmittelbar anschließend ein. Diese Erscheinung wird als Blaubrüchigkeit bezeichnet und dürfte mit der Alterung wesensgleich sein. Deshalb soll jede Formänderung innerhalb des Blaubruchgebiets möglichst vermieden werden.

31. Man kann dem Stahl die Neigung zur Alterung nehmen durch eine bestimmte metallurgische Behandlung des Stahlbads gleich bei der Erschmelzung, so daß die Alterungssprödigkeit gar nicht erst auftreten kann, was u. a. durch stark desoxydierende Mittel wie Aluminium erfolgen kann. Eine andere Möglichkeit, das Auftreten von *Alterungserscheinungen zu vermeiden, ist das Normalglühen des Werkstoffs in seiner endgültigen Form. Deshalb soll der alterungsanfällige Thomasstahl nie nach der Kaltverformung geschweißt werden, sondern das zu schweißende*

Werkstück soll vorher normalgeglüht werden, da dadurch die Alterung vermieden wird. Ebenso ist es möglich, bei bereits gealtertem Werkstoff durch Normalglühen die Alterungssprödigkeit zu beseitigen und den Werkstoff wieder in seinen normalen Zustand zu überführen.

32. Eine eindeutige Unterscheidung des Siemens-Martin-Stahls vom Thomasstahl auf Grund der chemischen Zusammensetzung dieser Stähle ist nicht möglich, da auch Thomasstähle erblasen werden, die arm an Phosphor und Stickstoff sind, praktisch die gleiche Analyse haben wie Siemens-Martin-Stahl und daher weitgehend den Siemens-Martin-Stählen entsprechen (z. B. mit Sauerstoff erblasene Konverterstähle), besonders auch hinsichtlich der Schweißbarkeit.
Thomasstahl weist jedoch im allgemeinen einen etwas geringeren C-Gehalt und besonders einen wesentlich höheren P- und N-Gehalt als Siemens-Martin-Stahl der gleichen Güteklasse auf.

33. Thomasstahl hat eine größere Empfindlichkeit gegen Kaltverformung als Siemens-Martin-Stahl und wird bei Kaltverformung „sprödbruchempfindlich“ unter Erhöhung der Härte und Festigkeit und unter Einbuße an Zähigkeit. Diese Empfindlichkeit nimmt mit steigender Werkstoffdicke zu. Es sollen deshalb stoßartige Beanspruchungen wie Hammerschläge, Scherenschnitt, Kaltbiegen und Bördeln möglichst vermieden werden. *Thomasstahl zeigt erhöhte Neigung zu Seigerungen, die vor allem beim Schweißen stören, und ist im allgemeinen schlechter schweißbar als Siemens-Martin-Stahl. Ferner neigt vor allem normaler unberuhigter Thomasstahl zur Alterung, weshalb grundsätzlich kaltverformte Teile aus Thomasstahl nicht geschweißt werden sollen. Die nach der Kaltverformung einsetzende Erwärmung des Werkstücks beim Schweißen bewirkt eine rasche*

Sprödigkeitssteigerung und dadurch Neigung zur Rißbildung. Es treten deshalb beim Schweißen von Thomasstahl nicht nur Rißneigung in der Schweißnaht oder in den Übergangszonen, sondern oft auch in deren weiterer Entfernung unvermutet verformungslose Brüche auf, die auf die Alterungsneigung des Thomasstahls zurückzuführen sind.

34. Auf ein Blech der Größe von etwa 250 mm × 80 mm wird in der Mitte des Blechs in Längsrichtung unter den gleichen Bedingungen wie in der Praxis, am besten an Ort und Stelle, eine Schweißraupe aufgeschweißt. Anschließend wird das Blech in der Weise gebogen, daß die nicht abgearbeitete Schweißraupe in der Zugzone liegt. Erfolgt beim Biegen dieser Aufschweißbiegeprobe ein Sprödbruch, dann ist der Werkstoff schweißempfindlich. Erfolgt ein Verformungsbruch oder werden etwaige Anrisse in der Schweißnaht vom Werkstoff aufgefangen, dann besitzt der Werkstoff genügend Widerstandsfähigkeit bei einer Schweißverbindung, d. h., er ist schweißbar. Die Bedingungen lassen sich durch ein Anbiegen des Werkstücks vor dem Schweißen noch verschärfen. Die Blechdicke der Aufschweißbiegeprobe soll möglichst mindestens 20 mm betragen, da bei dünneren Blechdicken die Proben nicht mehr sicher ansprechen oder gar versagen. Durch diese Aufschweißbiegeprobe erhält man außerdem Aufschlüsse darüber, ob ein Stahl alterungsanfällig (Sprödbruch) oder alterungsbeständig (bei Verformungsbruch) ist.

35. Unter Wärmebehandlung versteht man beim Stahl allgemein seine Veränderungen durch verschiedene Erhitzungs- und Abkühlungsbedingungen. Die Fähigkeit des Stahls, sich im festen Zustand umzuwandeln, und die Beeinflußbarkeit dieser Umwandlungen durch Wärmebehandlung bieten die Möglichkeit, das Gefüge und damit die Eigenschaften des Stahls weitgehendst durch entsprechende Wärmebehandlung zu

verändern. Folgende Gruppen von Wärmebehandlungen sind dabei zu unterscheiden:

1. Glühen
2. Härten
3. Vergüten

36. Folgende Glüh-Behandlungen, die sich nach dem Zweck des Glühens und den hierbei angewendeten Erhitzungs- und Abkühlungsbedingungen richten, lassen sich unterscheiden:

1. Spannungsfreiglühen
2. Weichglühen
3. Normalglühen
4. Diffusionsglühen

37. Das Spannungsfreiglühen bezweckt, die bei der Verarbeitung eines Werkstoffs entstandenen inneren Spannungen aufzuheben, die durch ungleichmäßige Abkühlung und andere Umstände nach dem Gießen, Schmieden, Walzen, Schweißen oder Glühen in den Werkstücken auftreten. Diese Spannungen können oft so beträchtlich sein, daß sie zum Verziehen oder vielleicht gar zum Aufreißen des Stücks führen können. Zur Beseitigung dieser Spannungen wird das Werkstück auf eine Temperatur von 450 bis 650 °C erhitzt (Bild 1) und anschließend gleichmäßig und möglichst langsam abgekühlt (am zweckmäßigsten Abkühlung im Ofen), um das Auftreten von erneuten Spannungen zu vermeiden. Für den Erfolg der Glühung ist außer der langsamen Abkühlung wesentlich, daß das Werkstück mindestens so lange auf Glühtemperatur gehalten wird, bis es in allen seinen Teilen diese Temperatur angenommen hat. *Allgemein gilt für das Spannungsfreiglühen, daß die Glühdauer in Minuten bei der bereits genannten Glühtemperatur etwa der Werkstoffdicke in Millimeter entsprechen muß, auf jeden Fall aber 20 Minu-*

ten nicht unterschreiten soll. Bei diesen Glühtemperaturen besitzt der Stahl nur noch geringe Festigkeit, d. h., er ist weich, so daß sich die inneren Spannungen leicht ausgleichen können. Allerdings erreicht man durch das Spannungsfreiglühen keine völlige

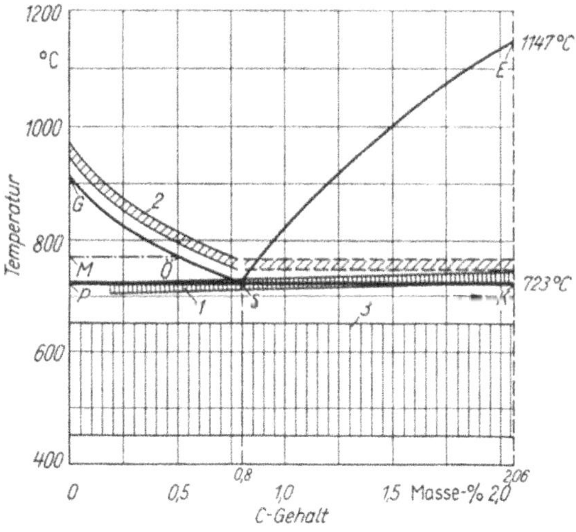

Zu Antwort 37, 38 und 39

Bild 1. Glühtemperaturen der Kohlenstoffstähle

1 Weichglühen, 2 Normalglühen, 3 Spannungsfreiglühen

Beseitigung der inneren Spannungen, sondern nur einen Ausgleich derselben, d. h. einen Abbau der Spannungsspitzen, daher spricht man auch von einem Spannungs*arm*glühen.

38. Das Weichglühen bezweckt, den Stahl weich und leicht bearbeitbar zu machen, d. h. den teilweise erheblichen Widerstand zu vermindern, den der Stahl jeder Kaltbearbeitung entgegensetzt, insbesondere

dem Hobeln, Drehen, Fräsen usw. Das läßt sich entweder durch eine Glühung bei einer Temperatur knapp unter 723 °C, also unter der Linie *P K* (A_1-Linie), oder durch Erhitzen auf eine Temperatur dicht oberhalb 723 °C bzw. durch eine Pendelglühung abwechselnd oberhalb und unterhalb von 723 °C erreichen (Bild 1). Die Glühung muß längere Zeit (mehrere Stunden) und die nachfolgende Abkühlung langsam erfolgen.

39. Das Normalglühen bezweckt die Verbesserung der Gebrauchseigenschaften eines Stahls durch Kornverfeinerung. Dadurch besteht die Möglichkeit, den Stahl, der vom Schmieden, Walzen, Gießen oder Schweißen her ein recht ungleichartiges Gefüge aufweist, zu „homogenisieren", d. h. ihm ein gleichartiges Gefüge zu verleihen. Auf diese Weise kann ein beliebiges Gefüge (z. B. bei Schweißungen meist Gußstruktur oder Grobkorn infolge Überhitzungserscheinungen in der Naht und der Übergangszone oder Aufhärtungsgefüge in der Übergangszone) in ein völlig neues, feinkörniges Gefüge umgewandelt werden. Das Normalglühen wird etwa 30 °C über der Linie GOSK im Diagramm (Bild 1) vorgenommen, d. h., die Glühtemperatur beim Normalglühen sinkt von etwa 940 °C bei reinem Eisen mit zunehmendem Kohlenstoffgehalt auf etwa 750 °C bei einem Stahl mit 0,8% Kohlenstoff und bleibt von diesem Punkt an mit zunehmendem Kohlenstoffgehalt konstant. *Die Glühdauer bei vorgeschriebener Glühtemperatur soll 1 Minute je mm Werkstoffdicke, auf jeden Fall jedoch mindestens 20 Minuten betragen.* Die Abkühlung von Stahl erfolgt zweckmäßigerweise an ruhender Luft; dagegen darf die Abkühlung von Schweißverbindungen an ruhender Luft nur bis zu einer Temperatur von 650 °C und muß ab 650 °C bis Raumtemperatur möglichst langsam erfolgen, zweckmäßigerweise im Ofen oder gut eingepackt und abgedeckt, um gleichzeitig die in der

Schweißverbindung befindlichen inneren Spannungen abbauen und ausgleichen zu können. Wichtig ist, daß sowohl die Normalglühtemperaturen als auch die Glühzeiten genau eingehalten werden; denn beim Überschreiten nur eines dieser beiden Faktoren beginnen die neugeformten Kristalle wieder zu wachsen, d. h., es tritt eine Kornvergrößerung ein, obwohl durch das Normalglühen beabsichtigt war, z. B. überhitztem, grobkörnigem Stahl wieder sein normales, feines Gefüge zu geben.

40. Das Diffusionsglühen bezweckt das Herbeiführen eines Ausgleichs der bei der Erstarrung durch Seigerung sich ausbildenden örtlichen Konzentrationsunterschiede in den Kristallen. Die Diffusionsglühung erfolgt mehrere Stunden lang bei hohen Temperaturen von etwa 1050 bis 1250 °C. Ein derartiger Ausgleich der Kristallseigerungen ist in gewissem Umfang möglich, bleibt aber selbst auch bei sehr langen Glühzeiten meist noch mehr oder weniger unvollkommen. Wesentlicher ist dagegen der Einfluß einer solchen Glühung auf die im Stahl vorhandenen Einschlüsse. Sie lassen sich durch eine derartige Diffusionsglühung vielfach einformen oder teilweise auch in Lösung bringen, so daß dadurch in Stählen mit nicht zu hohem Einschlußgehalt eine Verbesserung der Warmverformbarkeit erzielt werden kann. Da die für eine wirksame Diffusionsglühung notwendigen hohen Glühtemperaturen und langen Glühzeiten naturgemäß zu einer starken Kornvergröberung führen, ist zwecks Kornverfeinerung ein Normalglühen nach dem Diffusionsglühen erforderlich. Normalerweise hat eine Diffusionsglühung für die Gas- und Lichtbogen-Schweißung wenig Bedeutung, kann aber für die aluminothermische Schweißung (Thermitschweißung) an großen Querschnitten angewendet werden und zweckmäßig sein.

41. Folgende Hauptarten der Stahlhärtung lassen sich unterscheiden:

1. Umwandlungshärtung
   a) Abschreckhärtung
   b) Einsatzhärtung
   c) Flammhärtung (Brennhärtung) und Induktionshärtung
2. Kalthärtung
3. Ausscheidungshärtung (Aushärtung)
4. Nitrierhärtung

42. Eine Härtung erhöht im allgemeinen die Festigkeit eines Stahls bei gleichzeitiger Verminderung der Dehnung und Kerbschlagzähigkeit. Gehärteter Stahl befindet sich in einem Zwangszustand. Dieser Zwangszustand macht eben die Härte des Stahls aus und kann absichtlich durch geeignete Maßnahmen hervorgerufen werden, die man mit „Härten" bezeichnet. Aber auch als eine oft unerwünschte Begleiterscheinung bestimmter Bearbeitungsvorgänge kann dieser Zwangszustand auftreten, z. B. als Aufhärtungszone neben der Schweißnaht beim Schweißen von Stählen von 0,22% Kohlenstoffgehalt an aufwärts oder als Kalthärtung des Werkstoffs beim Kaltverformen (Ziehen, Biegen, Hämmern usw.).

43. Unter Umwandlungshärtung versteht man den im allgemeinen Sprachgebrauch als „Härten" bezeichneten Vorgang. Härten von Stahl erfolgt von den aus dem Diagramm (Bild 2) ersichtlichen Härtetemperaturen, die sich nach dem Kohlenstoffgehalt des betreffenden Stahls richten, mit solcher Geschwindigkeit, daß örtliche oder durchgreifende Härtesteigerungen auftreten. Als Abschreckmittel dienen dazu je nach der Zusammensetzung des zu härtenden Stahls im allgemeinen Wasser, Öl, Metall- und Salzbäder oder Luft. Für Art und Ausmaß der eintretenden Härteerscheinungen sind in erster Linie der Kohlenstoff und dann auch die übrigen Legierungselemente und vor allem die Abkühlungsverhältnisse maßgebend. Wirksame Mittel, diese Härteerscheinungen zu beseitigen, sind Wärmenachbehandlungen wie Normalglühen oder Spannungsfreiglü-

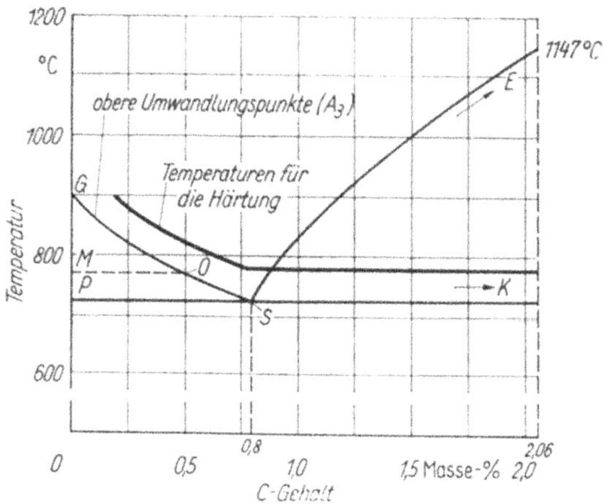

Zu Antwort 43 und 44

Bild 2. Härtetemperaturen der C-Stähle

hen. Zu dieser Art von Härtung (Umwandlungshärtung) gehören die Abschreck-, Einsatz-, Flamm- und Induktionshärtung.

44. Die Abschreckhärtung (im allgemeinen Sprachgebrauch kurz mit „Härtung" bezeichnet) ist eine Umwandlungshärtung und hat den Zweck, dem Stahl eine besonders hohe Härte zu verleihen. Der Vorgang des Härtens ist bereits bei der Umwandlungshärtung (F. u. A. 43) behandelt worden. Dem ist noch hinzuzufügen, daß die Härtetemperaturen bei Stählen bis 0,8% C etwa 30 bis 50 Grad über der Linie *GOS* (Bild 2) liegen. Die Stähle über 0,8% C

werden oberhalb der Linie *SK* bei etwa 780 bis 800 °C gehärtet.
Diese Härtung tritt ungewollt und störend auf beim Schweißen von Stählen mit höheren Kohlenstoffgehalten von 0,22% aufwärts, und zwar besonders bei dickeren Querschnitten. Die Härtung neben der Schweißnaht geschieht dadurch, daß die Ableitung der durch das Schweißen in das Werkstück eingebrachten Wärme so schnell durch das Werkstück erfolgt, daß sie einem Abschrecken entspricht, und dadurch neben der Schweißnaht Aufhärtungszonen entstehen.

45. Die Einsatzhärtung beruht ebenfalls auf der Umwandlungshärtung. Man verwendet hierzu weiche Stähle mit niedrigem Kohlenstoffgehalt, die infolgedessen kaum oder nur wenig härten. Derartige Stähle heißen „Einsatzstähle" und sind genormt. Sie werden durch Glühen bei hohen Temperaturen in kohlenstoffabgebenden Mitteln (Zementationsmitteln) in der Randzone mit Kohlenstoff angereichert, wobei die aufgekohlte Randzone um so dicker wird, je höher die Einsatztemperatur und je länger die Glühzeit ist. Beim nachfolgenden Härten, wie in den Antworten 43 und 44 angegeben, wird die mit Kohlenstoff angereicherte Randzone hart, während der kohlenstoffarme und folglich nicht härtende Kern zäh bleibt. Man wendet deshalb eine derartige Einsatzhärtung immer dann an, wenn ein Werkstück eine harte, verschleißfeste Oberfläche und gleichzeitig einen zähen, gegen stoßweise und wechselnde Beanspruchung unempfindlichen Kern besitzen soll (z. B. Zahnräder, Wellen, Bolzen usw.).

46. Die Flammhärtung (Brennhärtung) beruht ebenfalls auf der Umwandlungshärtung. Sie unterscheidet sich von der üblichen Härtung (Abschreckhärtung), bei der das gesamte Werkstück erwärmt wird, dadurch, daß der Kern von der Wärmebehandlung unbeeinflußt bleibt. Das Werkstück wird bei der Flamm- oder Brennhärtung nur örtlich an der Oberfläche, und zwar meist mit der Azetylen-Sauerstoff-Flamme erwärmt. Es wird aber auch vielfach die Ferngas-(Leuchtgas-)Sauerstoff-Flamme angewandt. Gegenüber der Einsatzhärtung beruht ihr Unterschied darin, daß die Oberfläche nicht aufgekohlt wird. Deshalb können für die Flammhärtung nur solche Stähle verwendet werden, die schon an sich härtbar sind,

Zu Antwort 46

Bild 3. Flammhärten von Kurbelwellen

d. h. Stähle von etwa 0,30 und mehr Prozent Kohlenstoff an aufwärts. Durch sehr schnelle Wärmezufuhr wird die zu härtende Oberfläche auf Härtetemperatur, wie sie bei der Umwandlungs- bzw. Abschreckhärtung (F. u. A. 43 und 44) angegeben ist, erhitzt und unmittelbar darauf (meist mit einem Wasserstrahl) abgeschreckt, bevor der Kern warmgeworden ist. Dabei ist die Härtungszone auf der Oberfläche um so tiefer, je höher der Stahl gekohlt ist. Die praktische Ausführung der Flammhärtung ist je nach der

Form des zu härtenden Werkstücks verschieden. Hierfür wurden eine Reihe von Sondergeräten und -maschinen (z. B. für Zahnräder, Kurbelwellen usw.) entwickelt (Bild 3).

Für die Induktionshärtung gilt das gleiche wie für die Flammhärtung, nur daß beim Induktionshärten das Erwärmen der Oberfläche des Werkstücks nicht mit einer Flamme, sondern elektroinduktiv erfolgt (Bild 3a).

Zu Antwort ***46***

Bild 3a. Härten einer Nockenwelle mit Mittelfrequenz

47. Bei kalter Verformung (Kaltwalzen, Ziehen, Hämmern usw.) werden die Kristalle zertrümmert und verformt, sie können aber bei gewöhnlicher Temperatur nicht nachwachsen. Das steht im Gegensatz zur Warmverformung (Warmwalzen, Schmieden usw.), bei der die Kristalle zwar auch zertrümmert und verformt werden, sich aber bei den hohen Arbeitstemperaturen sofort wieder zu normalen Kristallen ausbilden. Mit einer Kaltverformung ist jedoch eine Härtezunahme verbunden (Kalthärtung), die u. U. ganz bedeutend sein kann, während die

Verformungsfähigkeit und die Dehnbarkeit verringert werden.

48. Die Ausscheidungshärtung (Aushärtung) beruht im wesentlichen darauf, daß Stahl im festen Zustand bei höheren Temperaturen für gewisse Elemente (z. B. Kohlenstoff, Kupfer, Titan, Wolfram, Molybdän, Beryllium, Stickstoff) ein größeres Lösungsvermögen besitzt als bei Raumtemperatur. Kühlt man solche Stähle aus höheren Temperaturen schnell ab, dann bleiben diese Elemente vorerst noch im Stahl gelöst, scheiden sich aber dann doch, manchmal erst nach längerer Zeit, aus und lagern sich zwischen den Kristallen ab. Das Ausscheiden dieser Teilchen kann beschleunigt werden, indem der schnell abgekühlte Stahl wieder etwas erwärmt wird. Dabei darf man allerdings mit der Temperatur nicht so hoch gehen, daß das Lösungsvermögen des Stahls für dieses Teilchen wieder gesteigert wird. Das Ausscheiden der gelösten Teilchen bringt eine Störung der Gleitfähigkeit der Kristalle mit sich und damit eine oft nicht unwesentliche Härtezunahme des Stahls bei entsprechender Verringerung der Dehnbarkeit.

49. Die Nitrierhärtung ist ein Oberflächenverfahren wie z. B. die Einsatzhärtung. Während bei der Einsatzhärtung in den Randschichten eines niedrig gekohlten Stahls durch Zementationsmittel eine Kohlenstoffanreicherung und damit eine Härtesteigerung erreicht wird, erfolgt bei der Nitrierhärtung in der Randzone eine Stickstoffanreicherung und dadurch eine außerordentlich starke Erhöhung der Härte. Bei der Nitrierhärtung werden fertigbearbeitete Werkstücke je nach der gewünschten Härtetiefe mehrere Stunden bis mehrere Tage bei etwa 500 °C in einem Ammoniakstrom geglüht. Dadurch diffundiert (sich allmählich ausbreitend und mischend) der Stickstoff in die Stähle hinein und bildet eine harte Randschicht mit Stickstoffverbindungen (Nitride). Man verwendet hierfür besondere Nitrierstähle, die mit

solchen Legierungselementen legiert sind, die starke Nitridbildner sind, wie Chrom, Aluminium, Titan und Vanadin. Im Gegensatz zu einsatzgehärteten Werkstücken, die nach dem Erhitzen zur Erzielung der Glashärte noch abgeschreckt werden müssen, brauchen die nitrierten Stähle nach dem Glühen nicht abgeschreckt zu werden, wodurch Spannungen im Werkstück und ein Verziehen desselben vermieden werden. Sie weisen nach dem Glühen bereits eine höhere Härte als abgeschreckte zementierte (einsatzgehärtete) Stähle auf.

50. Unter Anlassen versteht man das Erwärmen eines Stahls nach vorangegangener Härtung oder nach Kaltverformung auf Temperaturen meist bis ungefähr 400 °C (jedenfalls unterhalb 723 °C, d. h. unterhalb der Linie *PK* im Diagramm, Bild 2). Durch das Anlassen werden die Wirkungen des Härtens um so stärker rückgängig gemacht, je höher die Temperatur steigt. Während etwa bis zu einer Anlaßtemperatur von 100 °C nur die Härtespannungen verringert werden, fällt darüber hinaus die Härte selbst ab, und der Stahl wird zäher. Es ist also der Zweck des Anlassens, dem gehärteten Stahl die Härtespannungen sowie die Sprödigkeit der Vollhärte zu nehmen, was dadurch erreicht wird, daß der gehärtete Stahl besonders bei Werkzeugen nur auf meist niedrige Temperaturen erwärmt wird. Die Härtespannungen können u. U. so beträchtlich sein, daß sie an sich schon zum Reißen des gehärteten Werkzeugs führen können, bevor es Verwendung findet. Außerdem wäre ein gehärtetes Werkzeug im vollharten Zustand für das Arbeiten häufig zu spröde. Je höher nun die Anlaßtemperatur gewählt wird, desto mehr geht die Härte zurück, desto zäher wird der Stahl. Die anzuwendende Anlaßtemperatur richtet sich also nach dem Verwendungszweck des betreffenden Stahls.

51. Unter Vergüten versteht man das Härten eines Stahls mit nachfolgendem Anlassen meist auf höhere Temperaturen (etwa 400 bis 700 °C, jedenfalls unterhalb der *PK*-Linie im Diagramm, Bild 2) zum Erzielen hoher Zähigkeit bei einer bestimmten Zugfestigkeit. Durch das Anlassen nach dem Härten fallen mit steigender Temperatur Festigkeit, Streckgrenze und Härte bis auf die Werte des ausgeglühten Zustands ab, gleichzeitig steigen aber dafür Dehnung, Einschnürung und Kerbschlagzähigkeit. Man kann daher durch entsprechendes Anlassen alle Festigkeitsstufen vom vollgehärteten bis herab zum weichgeglühten Zustand erreichen. Angewendet wird das Vergüten besonders bei Baustählen zwecks Verfeinerung des Gefüges und Verbesserung der mechanischen Eigenschaften, insbesondere zum Erzielen einer hohen Zähigkeit, um der vielfältigen Beanspruchung z. B. im Maschinenbau (Zug, Druck, Stoß, Biegung usw.) zu genügen. Solche Stähle heißen „Vergütungsstähle“.

II. Roheisen, Gußeisen und Temperguß

52. Unter Roheisen versteht man das im Hochofen durch Reduktion (Entzug von Sauerstoff) von Eisenerz mit Koks oder Holzkohle gewonnene Eisen, das außer einem verhältnismäßig hohen C-Gehalt (etwa 3 bis 5%) stets noch wechselnde Mengen von Si, Mn, P und S enthält.

Roheisen ist nicht schmiedbar. Entweder wird das Roheisen zu rohen Barren (Masseln) vergossen, in dieser Form je nach seiner Gattierung (Mischung) als Ausgangsprodukt für die Stahl- und Gußeisenherstellung verwendet und zu diesem Zweck in besonderen Öfen umgeschmolzen, oder das Roheisen wird gleich flüssig in diese Umschmelzöfen gegeben. Man unterscheidet zwei Hauptarten des Roheisens je nach dem Aussehen der Bruchflächen: weißes und graues Roheisen. Beim weißen Roheisen ist der gesamte C an das Eisen chemisch als Eisenkarbid gebunden, während bei dem grauen Roheisen der größte Teil des C als Graphit blätterförmig ausgeschieden ist und deswegen im Bruch grau erscheint. Si z. B. treibt den C aus seiner Verbindung mit dem Eisen heraus und begünstigt die Graphitausbildung, während im Gegensatz dazu Mn die chemische Bindung des C an das Eisen als Eisenkarbid fördert.

53. Unter Gußeisen versteht man das aus Roheisen meist unter Zusatz von Gußbruch, Stahlabfällen und anderen Zuschlägen vorwiegend im Kupolofen erschmolzene und dann vergossene Eisen. Im allgemeinen weist das Gußeisen einen C-Gehalt von 2,7 bis 4,0% bei mehr oder weniger hohen Mengen an Si, Mn, P und S auf. Es ist nicht schmiedbar. Man unterscheidet auch hier, je nach dem Aussehen der Bruchfläche, zwischen Grauguß und Hartguß. Bei Grauguß ist nur ein kleiner Teil des C chemisch als Eisenkarbid gebunden, während der größere Teil als Graphit ausgeschieden ist, so daß die Bruchfläche grau erscheint. Dagegen sieht beim Hartguß die Bruchfläche weiß aus, da der gesamte C-Gehalt als Eisenkarbid an das Eisen chemisch gebunden ist. Hartguß weist eine bedeutend höhere Härte auf als der normale Grauguß. Ist aber bei einem Gußstück nur die äußere Schicht weiß erstarrt und geht sie allmählich in einen grauen Kern über, so nennt man diese Art Schalenhartguß.

Gußeisen hat geringere Festigkeitseigenschaften als Stahl. Die Dehnung des Gußeisens ist so gering, daß sie praktisch keine Bedeutung hat. Es ist empfindlich gegen schlag- und stoßartige Beanspruchung, da sein Widerstand gegen Schlagbiegebeanspruchung ebenfalls gering ist. Dagegen ist bei Gußeisen Druckbeanspruchung anzustreben, da die Druckfestigkeit etwa dreimal so hoch wie die Zugfestigkeit ist. Durch die Entwicklung von Gußeisen mit kugelförmiger Ausbildung des Graphits ist es gelungen, hohe Zugfestigkeitswerte bei ausgeprägter Streckgrenze und beachtlich hoher Bruchdehnung zu erzielen.

54. Unter Temperguß versteht man ein Gußeisen, das mit rein weißer Erstarrung vergossen wird (d. h. also, sämtlicher C ist an Eisen chemisch als Eisenkarbid gebunden). Dieses Eisenkarbid wird durch ein besonderes Glühverfahren (Tempern) bei 950 bis 1200 °C in oxydierender oder neutraler Atmosphäre gespalten und der abgespaltene Kohlenstoff dadurch teils entfernt, teils als Temperkohle in elementare Form überführt. Auf diese Weise erhält man aus dem gut zu vergießenden, aber harten und spröden weißen Gußeisen ein zähes, leicht bearbeitbares Gußstück. Temperguß wird besonders für kleinere Formteile in großem Ausmaß angewendet.

III. Nichteisenmetalle

55. *Cu* hat die Dichte 8,9 g/cm³; Schmelzpunkt 1083 °C; Zugfestigkeit 15 bis 45 kp/mm² je nach Behandlungszustand. ***Zugfestigkeit fällt mit steigender Temperatur stark ab, was beim Schweißen zu beachten ist.*** Kalt und warm schmied- und walzbar, kann in der Wärme gepreßt und kalt weitgehend verfeinert werden. Gute Verformbarkeit, Lötbarkeit und z. T. chemische Beständigkeit. Schweißbar. Nach Silber höchste Leitfähigkeit für Elektrizität und Wärme. ***Günstige*** Verunreinigungen im Cu: Nickel, Arsen, Zinn, Phosphor; ***schädliche*** Verunreinigungen: Blei, Sauerstoff in Form von Kupferoxydul, Schwefel, Selen, Tellur, Wismut und Antimon. ***Alle Verunreinigungen verringern aber die elektrische Leitfähigkeit.*** Cu neigt im flüssigen Zustand, insbesondere wenn es kupferoxidhaltig ist, stark zur Wasserstoffaufnahme und scheidet den Wasserstoff beim Erkalten unter Zurücklassung von Poren (Blasen, Lunker) wieder aus. Im Feuer ist Cu nur sehr beschränkt schweißbar. Überhitztes und verbranntes Cu sieht an der Bruchfläche ziegelrot aus, ist nicht mehr zu gebrauchen und auch nicht wieder brauchbar zu machen.

56. Die gebräuchlichsten Legierungen des Kupfers sind:

a) Bronzen

b) Tombak und Messing

c) Lötmessing

d) hochfeste Kupferlegierungen

57. Als Bronzen werden Legierungen bezeichnet, in denen Cu als Hauptbestandteil (mit Mindestgehalt von 75% Cu) vorherrscht. Bronze zeichnet sich aus durch die Widerstandsfähigkeit gegen die Einwirkungen der Atmosphäre sowie saurer und alkalischer Gewässer, durch weitgehende chemische Beständigkeit, vorzügliche Festigkeitseigenschaften, hohen Widerstand gegen Abnutzung und durch Schönheit der Farbe und des Klangs. Schmelzpunkt 720 bis 1080 °C (je weniger Zinn, um so höher die Schmelztemperatur). Zugfestigkeit 20 bis 90 kp/mm^2 je nach Legierungssorte und Behandlungszustand.

Man unterscheidet Walz- und Gußbronzen folgender Zusammensetzung:

a) Zinnbronzen (Phosphorbronzen): meist mit P desoxydierte Zinn-Kupfer-Legierungen mit Zinngehalten bis zu 20%;

b) Sonderbronzen: Legierungen des Kupfers mit Aluminium (Aluminiumbronze), Silizium (Siliziumbronze), Magnesium, Kadmium, Mangan, Nickel, Blei u. a. m. mit einem Cu-Gehalt von mindestens 78% und bis zu drei Zusatzmetallen;

c) Rotguß: nur Gußbronze, Legierungen des Kupfers mit Zink und Zinn oder auch noch zusätzlich Blei, wobei der Gehalt der Zusätze etwa 8 bis 18% beträgt.

58. Als Tombak bzw. Messing werden Legierungen des Kupfers mit Zink bezeichnet, und sie lassen sich der chemischen Zusammensetzung nach in folgende Gruppen unterteilen:

a) Tombaklegierungen: Zink - Kupfer - Legierungen mit 68 bis 90% Cu, teilweise mit geringen Zinnzusätzen.

b) Reine Messinge: Zink-Kupfer-Legierungen mit 56 bis 68% Cu.

c) Sondermessinge: Zink-Kupfer-Legierungen mit Zusätzen von Blei, Eisen, Mangan, Aluminium, Zinn, Nickel.

d) Lötmessing (Hartlot oder Schlaglot): Zink-Kupfer-Legierungen mit etwa 40 bis 60% Cu. Diese Legierungen sind so zusammengesetzt, daß ihr Schmelzpunkt unterhalb demjenigen des zu lötenden Metalls liegt, bewirkt durch einen entsprechend erhöhten Zinkgehalt.

e) Silberlot: Zink-Kupfer-Legierungen mit etwa 35 bis 50% Cu und einem Zusatz von 3 bis 12% Silber.

Tombak und Messing sind gut gießbar und lassen sich, wenn ihr Cu-Gehalt bei 60% Cu und darüber liegt, kalt walzen und ziehen. Schmelztemperatur 720 bis 1050 °C. Wärmeleitfähigkeit infolge des Zinkzusatzes bedeutend geringer als die des Cu. Zugfestigkeit 15 bis 70 kp/mm^2 je nach Legierungsssorte und Behandlungszustand. *Der Zinkanteil des Messings neigt zu schnellerem Verdampfen (Siedepunkt des Zinks bei 907 °C), was beim Schweißen besonders beachtet werden muß.* Dagegen ist die Wasserstoffaufnahme beim Messing nur gering, da Zink die Löslichkeit für Wasserstoff sehr stark herabsetzt.

IV. Leichtmetalle

59. Al hat die Dichte 2,7 g/cm^3; Schmelzpunkt 658 °C. Zugfestigkeit 6 bis 25 kp/mm^2 je nach Behandlungszustand. Gute Verformbarkeit in Wärme und Kälte. Nach Kupfer beste Leitfähigkeit für Elektrizität und Wärme. Reinheitsgrad des Reinaluminium 98 bis

99,9%. Verunreinigungen im Al: Eisen, Silizium, Kupfer, Zink, Titan. Große Verwandtschaft zu Sauerstoff und daher gute Beständigkeit, weil auf der Oberfläche Bildung einer dünnen, zusammenhängenden Oxidhaut.

Schweißbar mit oder ohne Flußmittel. Das vorhandene und beim Schweißen sich neu bildende Aluminiumoxid, das einen weit höheren Schmelzpunkt (etwa 2050 °C) als Al aufweist, erschwert das Schweißen, da die an der Oberfläche des Metalls sich absetzenden Oxidteilchen ein sehr widerspenstiges Häutchen bilden. Mit Hilfe eines Flußmittels, das sich meist in der Elektrodenumhüllung befindet, werden die Oxidhäutchen zerstört und in eine leichtflüssige Schlacke überführt. Bei dem Argonarc-(WIG), dem Aircomatic- und dem Sigma-Verfahren (MIG) ist ein Flußmittel nicht notwendig.

60. Man teilt die Al-Legierungen folgendermaßen ein: Al-Gußlegierungen (z. B. Silumin mit ungefähr 13% Silizium), Al-Knetlegierungen (z. B. Duralumin mit 3,5 bis 5,5% Kupfer, 0,25 bis 1,0% Mangan, 0,5% Magnesium, je 0,4% Silizium und Eisen).

Die wichtigsten Legierungselemente von Aluminium sind: Kupfer, Silizium, Magnesium, Zink; weniger häufig verwendet: Nickel, Mangan, Titan, Eisen, Chrom, Kobalt, Blei, Kadmium, Antimon, Wismut. Sowohl eine Anzahl der Guß- als auch der Knetlegierungen sind aushärtbar.

Diese Aushärtbarkeit beruht im wesentlichen darauf, daß Aluminium im festen Zustand bei Temperaturen von 450 bis 560 °C für gewisse Elemente (z. B. Kupfer, Magnesium, Silizium, Zink u. a.) ein größeres Lösungsvermögen besitzt als bei Raumtemperatur. Bei genügend schneller Abkühlung aus den angegebenen Temperaturen hält das Aluminium diese Elemente ganz oder teilweise in fester Lösung auch bei Raumtemperatur zurück. Erst durch mehrtägiges

Lagern bei Zimmertemperatur (Kaltaushärtung) oder nach bis zu acht Tagen dauerndem Anlassen auf 100 bis 200 °C (Warmaushärtung) scheiden sich die Elemente in bestimmten Kristallarten in so fein verteilter Form aus, daß dadurch die Festigkeitseigenschaften besonders günstig beeinflußt werden, und zwar Festigkeit, Streckgrenze und Härte ansteigen.

Al-Legierungen sind lichtbogenschweißbar. Durch Schmelzschweißen der aushärtbaren Al-Legierungen Abfall der Zugfestigkeit. Eine nachträgliche Aushärtung der Schweißnaht praktisch meistens schlecht durchführbar. Zugfestigkeit der Al-Legierungen 10 bis 58 kp/mm^2 je nach Legierungssorte und Behandlungszustand. Schmelzpunkt 560 bis 640 °C.

61. Mg ist noch leichter als Al und hat eine Dichte von 1,74 g/cm^3. Schmelzpunkt 650 °C. Zugfestigkeit 10 bis 35 kp/mm^2 je nach Behandlungszustand. Dehnbar, silberweiß, kräftiges Desoxydationsmittel für Nichteisenmetallguß. *Widerstands-, aber nicht lichtbogenschweißbar* (ausgenommen Schutzgas-Lichtbogen-Schweißung). Leicht verbrennbar, insbesondere Späne und Staub. Bei Werkstücken ist Brennbarkeit wegen der großen Wärmeleitfähigkeit des Mg aber geringer. Mg-Brände keinesfalls mit Wasser löschen, da sich das Wasser unter Wasserstoff-(Stichflammen-)bildung zersetzt, sondern durch Überschütten mit Graugußspänen, trockenem Sand oder mit einer für das Löschen von Mg-Bränden besonders hergestellten Löschflüssigkeit. Reinheitsgrad des Reinmagnesiums 99,7 bis 99,97% Mg. Findet wenig Anwendung als metallischer Werkstoff (z. B. als Leitwerkstoff für Sammelschienen), sondern hauptsächlich für Legierungen (Elektron usw.).

62. Man teilt die Mg-Legierungen folgendermaßen ein:

Mg-Gußlegierungen,
Mg-Knetlegierungen.

Die wichtigsten Legierungselemente von Magnesium sind: Aluminium, Zink, Mangan, Silizium, Kupfer.

Die Mg-Legierungen sind meist unter den Namen Elektron und Magnewin bekannt. Dichte etwa 1,8 g/cm^3. Schmelzpunkt 440 bis 645 °C. Zugfestigkeit 10 bis 43 kp/mm^2 je nach Legierungssorte und Behandlungszustand. Leichte Entzündbarkeit von Spänen und Staub der Mg-Legierungen, dagegen geringe Brennbarkeit der Werkstücke wegen der guten Wärmeleitfähigkeit der Mg-Legierungen (Löschen der Brände s. unter F. u. A. 61).

Schweißstromquellen, ihre Behandlung und die Beseitigung auftretender Störungen

Frage:

63. Welche Arten von Schweißstromquellen unterscheidet man bei der Lichtbogen-Schweißung?
64. Wie lauten die Vorschriften über den Anschluß von Schweißstromquellen?
65. Wozu werden Schweißumformer und Schweißgleichrichter mit einstellbarer Strom-Spannungs-Kennlinie, also mit VC-Charakteristik (Veränderliche Charakteristik) benötigt?
66. Wie erfolgt die Einstellung der Schweißspannung und des Schweißstroms einer Schweißstromquelle mit VC-(veränderlicher) Charakteristik bei Einstellung auf flache Kennlinie?
67. Wie hoch darf die Leerlaufspannung einer Schweißstromquelle sein?
68. Was ist bei den einzelnen Schweißstromquellen hinsichtlich der Elektrodenverwendung zu beachten?
69. Warum sind Schweißstromquellen oft mit Fernregelung ausgerüstet?

Die Behandlung der Schweißgeneratoren und -umformer

70. Wie wird ein Schweißumformer an das Stromnetz angeschlossen?
71. Wie wird der Schweißumformer eingeschaltet?
72. Was ist beim Einstellen des Schweißumformers zu beachten, wenn die Einstellung über einen Windungsschalter vorgenommen wird?
73. Was ist zu tun, wenn mit hohen Stromstärken (z. B. bei der Grauguß-Warmschweißung mit 600 A) geschweißt werden soll, die zur Verfügung stehende Schweißstromquelle aber nur eine Maximalleistung von z. B. 350 A hat?

74. Wie wird der Schweißumformer ausgeschaltet?

75. Warum muß die Drehrichtung des Ankers beachtet werden?

76. Wie müssen die Lager des Schweißumformers und Schweißgenerators gepflegt werden?

77. Wie wird der Schweißumformer und Schweißgenerator gereinigt?

78. Was ist an dem Bürstenjoch (Apparat) zu beachten?

79. Was ist über Schweißkabelanschlüsse zu sagen?

80. Wie müssen die Schweißkabelschuhe beschaffen sein?

81. Wie sollen die Kabelschuhe an den Schweißkabeln befestigt sein?

82. Wie müssen die Schweißkabelverbindungen beschaffen sein?

83. Was ist zur Isolation der Schweißkabel zu sagen?

84. Was ist über die Werkstückklemme zu sagen?

85. Was bedeuten die Bezeichnungen ED, DB und HSB auf dem Leistungsschild des Schweißumformers oder Schweißgenerators oder sonstiger Schweißstromquellen?

86. Bis zu welcher Temperatur darf sich ein Schweißgenerator oder Schweißumformer erwärmen?

87. Was ist bei der Unterbrechung der Schweißarbeit zu beachten?

88. Was ist beim Neubelegen des Bürstenjochs mit Kohlebürsten zu beachten?

89. Was ist zu tun, wenn der Kollektor

a) verschmiert ist?

b) schwarze Brandstellen aufweist?

c) geringe Unebenheiten aufweist?

d) nach jahrelangem Betrieb stärkere Rillenbildung aufweist?

Die Behandlung der Schweißtransformatoren (Umspanner) und Schweißgleichrichter

a) Schweißtransformatoren

90. Wie wird ein Schweißtransformator an das Stromnetz angeschlossen?

91. Wie wird ein Schweißtransformator eingeschaltet?

92. Wie wird die Einstellung des Schweißstroms vorgenommen?

93. Gibt es noch weitere Möglichkeiten der Schweißstromeinstellung?

94. Werden Schweißtransformatoren gekühlt?

95. Was ist sonst zu beachten?

b) Schweißgleichrichter

96. Wie wird ein Schweißgleichrichter an das Stromnetz angeschlossen?

97. Was ist sonst zu beachten?

98. Welchen Vorteil bieten Schweißgleichrichter, bei denen die Einstellung des Schweißstroms durch Gleichstrom-Vormagnetisierung erfolgt?

Störungen bei Schweißgeneratoren und -umformern, Schweißtransformatoren und Schweißgleichrichtern

a) Schweißumformer

99. Schweißumformer läuft nicht an? Motor brummt?

100. Beim Einschalten brennen die Sicherungen durch?

101. Schweißumformer läuft auf „halben Touren“, droht beim Zünden des Lichtbogens stehenzubleiben?

102. Obgleich der Schweißumformer läuft, läßt sich kein Lichtbogen ziehen?

103. Schweißumformer läuft auf „vollen Touren“, gibt aber trotzdem keinen Schweißstrom ab?

104. Schweißumformer ist „umgepolt“?

105. Schweißstrom läßt sich nicht einstellen?

106. Auffälliges, rasselndes Geräusch, wenn der Schweißumformer läuft?

107. Was ist zu tun, wenn ein Lager starke Geräusche abgibt, klopft oder heiß wird?

108. Beim Schweißen ist am Kollektor starke Funkenbildung („Kollektorfeuer“) zu beobachten?

b) Schweißtransformatoren

109. Wie stellt man auf einfache Weise nach dem Einschalten fest, ob ein Schweißtransformator „unter Spannung“ steht?

110. Beim Einschalten brennen die Sicherungen durch?

111. Beim Schweißen ist starkes Brummen zu hören und starkes Vibrieren des Schweißtransformators festzustellen?

112. Dem Schweißtransformator entströmt ein „eigentümlicher Geruch“?

113. Bestimmte (hochlegierte) Elektroden lassen sich nur mit Schwierigkeiten oder überhaupt nicht verschweißen?

114. Der nach der Skale eingestellte Schweißstrom ist gefühlsmäßig zu gering, d. h., der vom Schweißtransformator abgegebene Strom entspricht nicht der eingestellten Stromstärke. Es fehlen z. B. 20 A?

115. Die Schweißstromstärke ändert sich während des Schweißens?

c) Schweißgleichrichter

116. Worauf ist ein Nachlassen der Leistung bei Trokkengleichrichtern nach einer nicht näher zu bestimmenden Zeit zurückzuführen?

117. Welche Störungen können bei Schweißgleichrichtern auftreten?

118. Warum sollte der Schweißer dafür sorgen, daß seine schadhaft gewordene Schweißstromquelle tatsächlich f a c h m ä n n i s c h in Ordnung gebracht wird?

Schweißstromquellen, ihre Behandlung und die Beseitigung auftretender Störungen

Antwort:

63. a) Den Schweißgenerator. Er wird durch Benzin- oder Dieselmotor angetrieben und liefert Gleichstrom zum Schweißen (Bild 4).

Zu Antwort 63. a)
Bild 4. Fahrbares Klein-Diesel-Schweißaggregat

b) Den Schweißumformer. Er wird durch einen Elektromotor angetrieben. Man unterscheidet den Einstellen-Schweißumformer — liefert den Schweißstrom für eine Arbeitsstelle — und den Mehrstellen-Schweißumformer — liefert den Schweißstrom für mehrere Arbeitsstellen — (Bilder 5 und 6).

c) Den Schweißtransformator (Umspanner). Er spannt den Netzstrom für die zum Lichtbogen-Schweißen nötigen Verhältnisse um und liefert W e c h s e l s t r o m zum Schweißen (Bild 7).

Zu Antwort 63. b)
Bild 5. Einstellen-Schweißumformer

Zu Antwort 63. b)
Bild 6. Mehrstellen-Schweißumformer

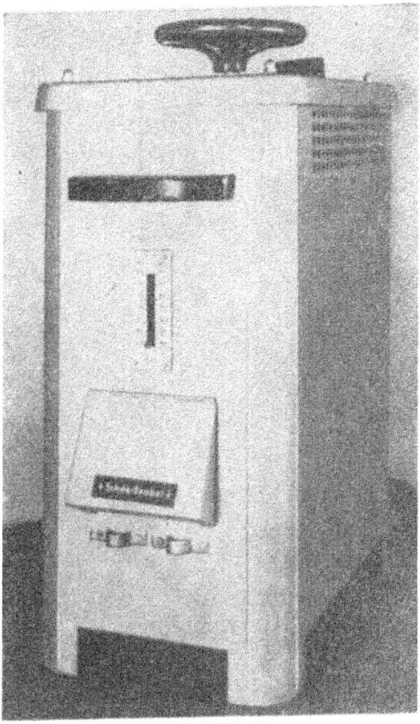

Zu Antwort 63. c)
Bild 7. Schweiß-transformator (Umspanner)

Zu Antwort 63. c)
Bild 8. Tragbarer Kleinst-Schweißtransformator

Liefert der Schweißtransformator für mehrere Arbeitsplätze Schweißstrom, so handelt es sich dann um einen Mehrstellen-Schweißtransformator. Einen tragbaren Kleinst-Schweißtransformator zeigt Bild 8.

d) Den Schweißgleichrichter (Selen-, Silizium- oder Germanium-Gleichrichter). Er wandelt den *ein-* oder *dreiphasigen Wechselstrom* des Stromnetzes in Gleichstrom zum Schweißen um (Bild 9).

Antwort zu 63. d)

Bild 9. Schweißgleichrichter 35–360 A (ohne Verkleidung)

1 Stufenschalter, 2 Regler für Vormagnetisierung, 3 Transformator, 4 Selengleichrichter für Schweißstrom, 5 Selengleichrichter für Vormagnetisierung, 6 Anschlüsse für Schweißkabel

e) Einen vielseitig anwendbaren Schweißumformer zeigt Bild 10. Dieser Schweißumformer ist sowohl für die WIG-(Argonarc), MIG-(Sigma) und

UP-Schweißung geeignet. Durch eine Verstellung des Bürstenjochs, wobei gleichzeitig ein Schalter betätigt wird, lassen sich die jeweils für die vorgenannten Schweißverfahren notwendigen elektrischen Betriebsverhältnisse schaffen.

Zu Antwort 63. e)

Bild 10. Schweißumformer für Lichtbogen-Handschweißung für WIG-(Argonarc), MIG-(Sigma) und UP-Schweißung einsetzbar

Mit diesem Einstellen-Schweißumformer ist es möglich, sowohl eine fallende Charakteristik als auch eine Konstantspannungs-Charakteristik, wie sie z. B. für die MIG-(Sigma)Schweißung benötigt wird, zu erreichen.

64. a) Für Schweißumformer (d. h. Motor und Schweißgenerator) gelten in Deutschland die Anschlußbedingungen laut Leistungsschild und TGL (DDR)- oder VDE(DBR)-Vorschriften. (Für andere Länder gelten die dort jeweils gültigen Vorschriften.)

b) Schweißgleichrichter werden im allgemeinen für einen dreiphasigen Netzanschluß gebaut, um eine gleichmäßige Stromentnahme aus dem Netz zu gewährleisten.

c) Schweißtransformatoren werden in der Regel bis zu einer Kurzschlußleistung von 10 kVA zum Anschluß zwischen zwei Phasen zugelassen, sofern die örtlichen Anschluß- und Stromnetzverhältnisse dies gestatten. Bei ortsveränderlichen Schweißtransformatoren ist die Zustimmung der zuständigen Energieversorgungsstelle einzuholen.

d) Die zuständige Energieversorgungsstelle kann den Einbau besonderer Einrichtungen zur Verbesserung des Leistungsfaktors (z. B. Kondensatoren) fordern.
Kleinst-Schweißtransformatoren werden — sofern sie den diesbezüglichen Vorschriften entsprechen — auch an die Steckdose der Lichtstromleitung angeschlossen.

65. a) Die steile Strom-Spannungs-Kennlinie, bei der sich die Spannung den Vorgängen im Lichtbogen anpaßt, sich also mit zunehmender Schweißstromstärke stark verringert, entspricht den Forderungen der Lichtbogen-Handschweißung und den älteren lichtbogengesteuerten, automatischen Schweißverfahren.

b) Die flache Strom-Spannungs-Kennlinie, bei der die Spannung bei zunehmender Stromstärke nahezu konstant bleibt oder sogar in geringem Maße ansteigt, wird für Verfahren wie MIG-

(Sigma) und UP-Dünndrahtschweißung benötigt. Hierbei schmilzt ein stetig zugeführter Metalldraht bei konstantem Drahtvorschub und hohen Stromdichten ab, und eine Beeinflussung der Drahtvorschubgeschwindigkeit durch den Lichtbogen ist nicht möglich.

c) Einstellen-Schweißumformer und Schweißgleichrichter mit einstellbarer Strom-Spannungs-Kennlinie, bei denen die Einstellung der flachen (waagerechten) Kennlinie verändert werden kann, also die Spannung bei zunehmender Stromstärke leicht ansteigend oder fallend (Kennlinienneigung) eingestellt werden kann, sind für die MIG-(Sigma)Schweißung im allgemeinen besser und für die Kurzlichtbogentechnik unerläßlich. *Einstellen-Schweißumformer und Schweißgleichrichter mit einstellbarer Strom-Spannungs-Kennlinie können somit für alle Schweißverfahren, bei denen Gleichstrom bevorzugt wird, zur Anwendung kommen.*

66. Der Schweißstromregler wird zum Spannungsregler. Mit diesem Stellteil wird nur noch die Lichtbogenlänge auf den günstigsten Abstand zum Werkstück eingestellt. Die Einschaltung des Schweißstroms geschieht durch Einstellung der Drahtvorschubgeschwindigkeit. Jede Erhöhung oder Verringerung der Drahtvorschubgeschwindigkeit ergibt automatisch eine Veränderung der Schweißstromstärke.

67. a) Bei Schweißumformern und Schweißgleichrichtern, also Gleichstrom, darf bei Verwendung von nichtisolierten Elektrodenhaltern die Leerlaufspannung 100 V nicht übersteigen.

b) Bei Transformatoren, also Wechselstrom, darf die Leerlaufspannung 70 V_{eff} nicht übersteigen.

c) Beim Schweißen in Kesseln, Behältern und Rohrleitungen darf die Leerlaufspannung 42 V nicht übersteigen. Schweißgleichrichter und

Schweißtransformator müssen gekennzeichnet sein.
Bei isolierten Elektrodenhaltern kann die Spannung von Gleichstrom-Lichtbogen-Schweißgeneratoren 100 V betragen.
Bei Lichtbogen-Schweißgleichrichtern sind bis zu einer Welligkeit von 12% 85 V zulässig.
Das Verwenden von Lichtbogen-Schweißtransformatoren mit einer Spannung über 42 V ist untersagt.

68. Mit Gleichstrom können alle Elektrodenarten, auch nackte Elektroden, ohne Schwierigkeiten verschweißt werden.
Mit Wechselstrom können nur umhüllte Elektroden verschweißt werden. Sind die Schweißtransformatoren mit Trafo-Hochfrequenzgeräten ausgerüstet, können auch nackte Elektroden verschweißt werden. Das gilt auch bedingt für nichtrostende und hitzebeständige Stähle sowie für Bronze.
Mit Schweißgleichrichtern können ebenfalls alle Elektroden ohne Schwierigkeiten verschweißt werden.

69. Mit Hilfe des Ferneinstellers ist es möglich, die Schweißstromstärke vom Schweißplatz aus und während des Schweißens zu regeln. Dadurch wird nicht nur eine bedeutende Arbeitserleichterung, sondern auch eine Leistungssteigerung erreicht, da eine Unterbrechung der Arbeit durch das Einstellen der Schweißstromstärke an der Schweißstromquelle selbst, die vom Arbeitsplatz oft weit entfernt ist, z. B. im Schiffbau, fortfällt (Bild 11).

Die Behandlung der Schweißgeneratoren und -umformer

70. a) Anschließen an das Stromnetz nur nach den Angaben der Betriebsanweisung. Die Schweißstromquelle muß geerdet sein, d. h., es muß eine metallische Verbindung zwischen der Schweißstromquelle und einer geeigneten Erde (Netzerde) vorhanden sein.

Manche Antriebsmotoren der Schweißumformer sind für mehrere Netzspannungen eingerichtet, z. B. 220, 380, 500 V; Schaltschema in der Betriebsanweisung bzw. unter der Schutzkappe des Klemmbretts des Elektromotors beachten.

b) Vor dem Einstecken des Steckers in die Steckdose ist festzustellen, ob der Stern-Dreieck-Schalter an dem Schweißumformer auf 0 steht

Zu Antwort 69

Bild 11. Einstellen-Gleichstrom-Lichtbogen-Schweißumformer mit eingebautem elektromagnetischem Fernregler, der durch ein Gummikabel, das beliebig verlängert werden kann, mit dem Schutzschild in Verbindung steht

bzw. ob sich der Anlasser (bei Gleichstrommotoren) in 0-Stellung befindet.

71. Die meisten Schweißumformer sind mit Stern-Dreieck-Schalter ausgerüstet, d. h.: Schalterstellung 0 = Schweißumformer ausgeschaltet; Schalterstellung ⅄ (Stern) = Anlaufstellung. Auf dieser Schalterstellung so lange verweilen, bis der Schweißumformer „auf Touren“ ist, dann weiter auf Schalterstellung △ (Dreieck) = Betriebsstellung schalten. Wird beim Einstellen von Schalterstellung 0 zu schnell über Schalterstellung ⅄ auf △ (Betriebsstellung) geschaltet, so können die Sicherungen durchbrennen.

72. Der Zeiger soll genau auf die Markierung der Skale zeigen, sonst liegen die Kontaktfinger auf zwei Spulenkontakten auf.

73. Beachte die Betriebsanweisung. Man schalte zwei Schweißumformer parallel, d. h., Plus- und Minuspole der Schweißumformer werden miteinander verbunden. Jeder Schweißumformer muß auf die gleiche Stromstärke, z. B. auf 300 A, eingestellt werden, damit gleichmäßige Belastung für jeden Schweißumformer zustande kommt. Vor dem Einschalten beider Schweißumformer ist eine Leitung (Plus- oder Minuspol) zu trennen, da sonst der noch nicht eingeschaltete Schweißumformer als Motor laufen würde und eine zu hohe Drehzahl erreichen könnte, die gefährlich werden kann. Erst nachdem beide Schweißumformer ihre normale Drehzahl erreicht haben, kann die zweite Leitung für die Parallelschaltung zugeschaltet werden. Gegebenenfalls Trennschalter in eine Verbindungsleitung einbauen.

Werkstück- und Elektrodenhalterkabel müssen einen entsprechend größeren Querschnitt haben.

74. Beim Ausschalten je nach der Schalterkonstruktion entweder in Uhrzeigerrichtung weiter auf 0 schalten oder schnell über ⅄ auf 0 zurückschalten.

75. Damit der Schweißgenerator oder Schweißumformer in der vorgeschriebenen Drehrichtung läuft. Schweißstrom läßt sich sonst nicht einstellen; gilt aber nicht für alle Schweißumformer und Schweißgeneratoren. Drehrichtungspfeil ist auf dem Gehäuse angebracht.
Sollte kein Drehrichtungspfeil vorhanden sein, so ist die Drehrichtung grundsätzlich vom Bürstenhalterbolzen zum Bürstenhalter.
Beim Gleichstrommotor auf Polarität achten. Sie ist am Motor- und Generator-Klemmbrett angegeben. Die Drehrichtung ist immer gleich.
Bei falscher Drehrichtung, auch am stärkeren Geräusch hörbar, ist der Schweißumformer erst dann auszuschalten, wenn er die volle Drehzahl erreicht hat.

76. Die Lager der Schweißumformer müssen in den vorgeschriebenen Zeitabständen (nach etwa 3000 Betriebsstunden) mit frischem, geeigneten Fett oder Öl (je nach Schmierlagerart und Betriebsanweisung) versehen werden.

77. Daß der Arbeitsplatz täglich aufgeräumt wird, ist selbstverständlich. Ebenso selbstverständlich ist es aber auch, daß jede Woche die Schweißmaschine äußerlich mit Putzlappen gereinigt wird. Oder sollte das etwa keine Selbstverständlichkeit sein? Wenn nicht, dann aber ab jetzt! Auch eine innere Reinigung ist notwendig. Da die meisten Schweißumformer durch ein auf der Ankerwelle befindliches Ventilatorschaufelrad luftgekühlt werden, wird beim Betrieb Staub in die Wicklungen gezogen, der sich dort z. T. absetzt.
Es ist deshalb erforderlich, in gewissen Zeitabständen, mindestens jährlich einmal den Schweißumformer mit t r o c k e n e r Druckluft auszublasen (keine Feuchtigkeit in das Innere eines Schweißumformers!). Erproben durch Aufblasen der Druckluft

auf trockenes Blech usw. Ist keine Feuchtigkeit mehr festzustellen, dann erst Druckluft in den Schweißumformer blasen. Druck nicht über 2 at, da sonst Wicklungen beschädigt werden.

In staubigen Betrieben und Werkhallen soll ein Ausblasen mit trockener Druckluft alle vier Wochen erfolgen.

78. Man überzeuge sich von Zeit zu Zeit davon, daß die Kohlebürsten in der Halterung nicht klemmen, daß sie unter genügendem Federdruck auf dem Kollektor aufliegen und beim Schweißen nicht „feuern“, d. h. starke Funkenbildung oder gar Lichtbogenbildung zeigen. Der vom Hersteller eingestellte Federdruck soll möglichst nicht verändert werden.

Die Kohlebürsten dürfen nicht zu weit abgenutzt werden, es muß noch genügend Spielraum für die Druckfeder bleiben.

Außerdem ist darauf zu achten, daß das Bürstenjoch (Bürstenapparat) in der richtigen Stellung steht. Markierung beachten!

79. Die Schweißkabelanschlüsse müssen fest angezogen sein, so daß kein Wackelkontakt vorhanden ist. Übrigens — ein „ganz klarer Fall“ — aber wie oft wird dieser „ganz klare Fall“ nicht beachtet! Bei schlecht geklemmten Schweißkabelschuhen treten unzulässig hohe Erwärmungen bzw. Lichtbogenbildungen auf und zerstören das Isoliermaterial des Klemmbretts oder das Gewinde der Anschlußbolzen. Außerdem entstehen durch den Übergangswiderstand Energieverluste. Die Schweißkabelschuhe können auslöten.

80. Die Schweißkabelschuhe müssen an den Klemmflächen sauber sein, der Fachmann sagt „elektrisch einwandfrei sein“, sonst hoher Übergangswiderstand nebst starker Erwärmung und somit Stromabfall.

81. Die Schweißkabelschuhe müssen mit den Schweißkabeln weich verlötet sein. Aluminium-Klemmkabelschuhe haben sich im Schweißbetrieb nicht bewährt.

82. Sind zwei oder mehrere Schweißkabellängen miteinander durch Kabelschuhe verbunden, so sind diese Verbindungsstellen zu isolieren.
Wenn möglich, Kabelschnellverbinder verwenden, die einwandfrei isoliert sind.

83. Die Isolation der Schweißkabel muß in einwandfreiem Zustand sein, sonst Kurzschlußgefahr im Schweißstromkreis. Es entsteht kein Lichtbogen zwischen Elektrode und Werkstück. Der Schweißumformer wird auf „Kurzschlußstromstärke" belastet, und die Lamellen des Kollektors können auslöten.

84. Die Werkstückklemme (Werkstückanschluß) soll in Ordnung und am Schweißtisch bzw. Werkstück gut befestigt sein. Bei schlechtem oder unsauberem Werkstückanschluß durch Übergangswiderstand — Leistungsverlust.

85. ED heißt: Einschaltdauer.
HSB heißt: Handschweißbetrieb mit aussetzender Belastung.
Beispiel: Auf dem Leistungsschild eines Schweißumformers steht

HSB 50% ED 25 V/270 A

Das bedeutet, daß beim Schweißen mit einer Schweißstromstärke von 270 A und einer Lichtbogenspannung von 25 V der Lichtbogen innerhalb einer Zeit von z. B. zehn Minuten nur fünf Minuten brennen darf, also 50% der Zeit. Diese reine Schweißzeit bezeichnet man demgemäß mit ED = Einschaltdauer. Die restlichen 50% der Zeit werden beim Handschweißen für Elektrodenwechsel, Abschlacken der Schweißnaht, Drehen des Werkstücks usw. verwendet.
In dieser Zeit läuft der Schweißumformer leer und kann sich abkühlen. Soll eine höhere ED erreicht

werden, z. B. beim Automatenschweißen, so ist für solche Schweißarbeiten ein entsprechend stärkerer Schweißumformer zu verwenden. Die angegebenen Werte stellen Maximalwerte dar und dürfen nicht überschritten werden, sonst leiden die Wicklungen und „brennen durch". Auch die Lamellen des Kollektors können auslöten.

Nach den Vorschriften für Schweißgeräte und Umformer und nach den Vorschriften für Schweißtransformatoren sind die genormten Bezeichnungen DB und HSB. Hierbei bedeutet DB = Dauerschweißbetrieb, d. h. ununterbrochenes Schweißen. Ununterbrochenes Schweißen kommt lediglich in Verbindung mit Schweißautomaten vor. HSB = Handschweißbetrieb.

Arbeitsbeispiel:

55% = 66 s Belastung (davon etwa 3 s Kurzschlußdauer),
45% = 54 s Leerlauf für Elektrodenwechsel usw.

Auf Grund neuer Vorschriften sei noch ein zweites Arbeitsbeispiel genannt:

60% = 180 s Belastung (kein Kurzschluß)
40% = 120 s Leerlauf für Elektrodenwechsel usw.

86. Die Erwärmung des Schweißumformers oder des Schweißgenerators darf im allgemeinen 65 °C über Raumtemperatur nicht überschreiten, da sonst das Isoliermaterial der Wicklungen Schaden erleidet, der Schweißumformer „durchbrennt" und unbrauchbar wird.

87. *Der Elektrodenhalter ist auf eine isolierte, sichere Unterlage zu legen, sonst „direkter Kurzschluß im Schweißstromkreis"*, wodurch je nach Einstellung des Schweißstromstellteils die Einschaltdauer (DB = Dauerbetrieb) überschritten wird und die Lamellen des Kollektors auslöten können.

Der Elektrodenhalter darf auch nicht unter den Arm geklemmt oder so gehalten werden, daß dadurch der Stromkreis geschlossen wird, der Strom durch den Körper des Schweißers fließen und ihn töten kann. *Vollisolierte Elektrodenhalter schalten diese Gefahren aus. Isolierungen nicht vom Elektrodenhalter entfernen.* Der Schweißumformer ist bei längerer Arbeitsunterbrechung auszuschalten.

88. Es ist zu empfehlen, neue Kohlebürsten nur vom Hersteller des Schweißumformers oder des Schweißgenerators zu beziehen oder nur die vom Hersteller angegebenen Kohlebürsten zu verwenden. Sie sind in ihrer Zusammensetzung so beschaffen, daß sie die entsprechende Härte besitzen und sich auf die Lebensdauer des Kollektors nicht ungünstig auswirken.

Neue Kohlen müssen der Rundung des Kollektors entsprechend gut eingeschliffen werden.

Einen neuen Bürstensatz schleift man in kurzer Zeit gut ein, wenn man einen Streifen f e i n e s Sandpapier in der Breite des Kollektors mit Überlappung um denselben herumlegt. Das Ende des Sandpapierstreifens darf bei Drehung des Ankers nicht gegen die Kohlen laufen. Man muß also die Überlappung des Papierstreifens so legen, daß sie von der Kohle abläuft (Bild 12).

Vor dem Einführen des Papierstreifens nimmt man die Kohlen hoch. Man kann dann unter Straffziehen den Streifen übereinanderlegen, wonach man die Kohle wieder herabläßt. Man dreht den Anker von Hand so lange, bis die Bürstenflächen vollkommen eingeschliffen sind. Anfänglich rutscht das Papier leicht auf der Kollektorfläche, weil es nicht genügend fest angezogen ist; man hilft dann mit der Hand nach, indem man den Streifen in der Drehrichtung nachschiebt, bis er von selbst mitgenommen wird. Beim Kohleeinschleifen dreht man immer in der normalen Drehrichtung. Ehe man den Sandpapierstreifen herauszieht, nimmt man wieder alle Kohlen aus den Haltern, zieht dann den Streifen vorsichtig aus der Maschine und bläst den Kohlestaub mit trockener Druckluft oder unter Verwendung eines Pusters fort, wobei zu beachten ist, daß der Staub nicht in den Anker geblasen wird. Danach setzt man die Kohlen wieder ein und läßt die Maschine ein bis zwei Stunden im Kurzschluß

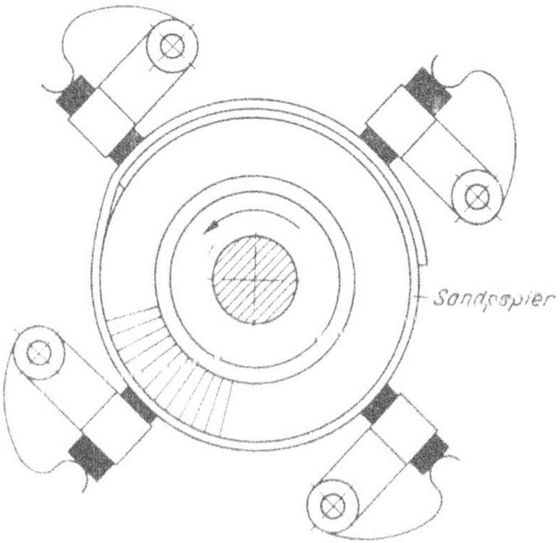

Zu Antwort 88

Bild 12. Einschleifen neuer Kohlebürsten

bei halber Leistung laufen. Hiernach ist eine einwandfreie Kommutierung gewährleistet, und die Maschine ist wieder einsatzbereit.
Einzelne zu kurz gewordene Kohlebürsten nicht auswechseln, sondern durch neuen Satz ersetzen. Die beim Auswechseln als noch genügend lang befundenen Kohlebürsten können nach Typ gesammelt und später zu einem neuen Satz zusammengestellt werden.

89. zu a) Mit sauberem Leinenlappen reinigen, jedoch kein Schmirgel- oder Sandpapier benutzen.

zu b) Mit feinstem Schmirgel- oder Sandpapier ablaufen lassen und dafür sorgen, daß sich alle Kohlebürsten im Bürstenhalter gut bewegen lassen. Prüfung: Kohlebürsten an den Kupferlitzen anheben und zurückschnellen lassen.

zu c) Überdrehen des Kollektors ist noch nicht nötig, es genügt ein Ablaufenlassen mit feinem Sandpapier unter Zuhilfenahme eines Schleifklotzes, der der Rundung angepaßt ist.

zu d) In diesem Fall ist ein leichtes Überdrehen des Kollektors erforderlich. Es darf niemals mehr Kupfer abgedreht werden, als unbedingt erforderlich. Zweckmäßig ist, den Kollektor vor dem Überdrehen mittels eines dünnen Metallsägeblatts nachzusägen, d. h. den Glimmer zwischen den Kupferlamellen soweit zu entfernen, wie Kupfer abgedreht werden soll. Zum Abdrehen einen guten, scharfen Drehmeißel verwenden. Span nicht zu dick wählen, damit Nuten zwischen den Kupferlamellen nicht zugedrückt werden. Durch nochmaliges Nachsägen nach dem Drehen Späne zwischen den Kupferlamellen entfernen und die scharfen Kanten brechen. Mit dieser Arbeit betraue man aber nur einen wirklich gewissenhaften und zuverlässigen Facharbeiter aus der Dreherei, im Kleinbetrieb besser eine gute Elektromotorenwerkstatt. Zur Vermeidung vorzeitiger Rillenbildung sind Schweißumformer im Freien auf sehr sandigem Untergrund durch Unterlegen von Blech oder Holz vor dem Ansaugen von Sandteilchen zu schützen.

Die Behandlung der Schweißtransformatoren (Umspanner) und Schweißgleichrichter

a) Schweißtransformatoren

90. Anschließen an das Stromnetz nur nach den Angaben der Betriebsanweisung. Fast alle Schweißtransformatoren (Trafos) sind zum Anschluß für mehrere Netzspannungen gebaut, z. B. 220, 380, 500 V (Schaltschema z. T. auch am Klemmbrett des Trafos, s. dazu auch F. u. A. 70).
Ist der Trafo mit einem Ventilator zur Kühlung versehen, so ist darauf zu achten, daß dieser die richtige Drehrichtung hat. Die angesaugte Luft muß durch den Schweißtrafo hindurchströmen.
Beim Anschluß mehrerer Schweißtransformatoren ist darauf zu achten, daß zwischen den einzelnen Elektrodenhaltern keine höheren Spannungen auftreten (Unfallgefahr). Auf gleiche Netzphasen und richtige Schaltung auf der Sekundärseite (Schweißkabelanschluß) achten.
Bei Verwendung von Schutzschaltern ist darauf zu achten, daß bei diesen die Überstromauslösung hoch genug eingestellt werden kann, da die Einschaltströme ein Mehrfaches des Nennstroms betragen können.

91. Die Schweißtransformatoren sind mit einem gewöhnlichen Ein-Aus-Schalthebel ausgerüstet. Befindet sich am Schweißtrafo kein Schalter, dann muß ein solcher vor der Steckdose angebracht werden, an der der Schweißtrafo-Anschluß erfolgen soll.

92. Die Einstellung des Schweißstroms geschieht bei den meisten Schweißtrafos durch einen verstellbaren Streukern (Eisenpaket). Damit beim Schweißen der Streukern seine Stellung nicht ändert, ist eine Feststellvorrichtung vorhanden, die gut funktionieren muß, wenn sich die eingestellte Schweiß-

stromstärke nicht verändern soll und dadurch auch ein starkes Brummen des Schweißtrafos vermieden wird.
Schweißtransformatoren werden auch durch die Gleichstrommagnetisierung eingestellt. Hierbei wird der Eisenkern einer in die Sekundärleitung des Schweißtrafos eingelegten Drossel, bei der eine zweite Wicklung von Gleichstrom durchflossen wird, mehr oder weniger gesättigt, wodurch der Schweißstrom verändert wird.

93. Ja! Bei manchen Schweißtrafos wird die Einstellung des Schweißstroms durch „Stecker" (Spulenanzapfungen) vorgenommen. Diese müssen straff in den Steckerbuchsen sitzen.

94. Ja! Falls ein Schweißtrafo durch einen kleinen Ventilator gekühlt wird, so überzeuge man sich, ob er auch arbeitet. Auf richtige Drehrichtung achten. Angesaugte Luft muß durch den Schweißtrafo hindurchströmen.
Bei ölgekühlten Schweißtrafos kontrolliert man von Zeit zu Zeit den Ölstand.

95. Über Schweißkabelanschlüsse, Kabelschuhe, Schweißkabel, Werkstückklemme, Unterbrechung der Schweißarbeit usw. s. F. u. A. 79 bis 84.

b) Schweißgleichrichter

96. Unter den gleichen Bedingungen wie ein Schweißtransformator. Es gilt also für die Schweißgleichrichter dasselbe wie für die Schweißtransformatoren.

97. Über Schweißkabelanschlüsse, Kabelschuhe, Schweißkabel, Werkstückklemme, Unterbrechung der Schweißarbeit usw. s. F. u. A. 79 bis 84.

98. Bei dieser Bauart ist eine stufenlose Einstellung sowie eine Ferneinstellung des Schweißstroms möglich.

Störungen bei Gleichstrom-Schweißgeneratoren und -umformern, Schweißtransformatoren und Schweißgleichrichtern

a) Schweißgeneratoren und -umformer

99. Es fehlt eine Phase. Stelle fest, ob die Sicherungen in Ordnung sind. Ist dort ein Fehler nicht zu finden, so ziehe den Elektriker zur Behebung der Störung hinzu. Die Ursache kann im Stecker, im Zuleitungskabel oder in der Schweißstromquelle selbst liegen.

100. In diesem Fall den Elektriker hinzuziehen.

101. a) Während des Betriebs ist eine Sicherung durchgebrannt, oder eine Klemmstelle auf der Hochspannungsseite hat sich gelöst.

b) Stelle fest, ob alle Kabelverbindungen der Netzleitung in Ordnung sind.

c) Schweißumformer ist evtl. auf Stern geschaltet und der Strom sackt beim Schweißen mit dickeren Elektroden ab. Schalter auf Dreieck durchschalten.

102. Prüfe, ob ein Kurzschluß im Schweißstromkreis durch schadhafte Isolation der Schweißkabel vorliegt. Ist das der Fall, so bringe das Kabel in Ordnung.

Oder: Bei fremderregter Schweißstromquelle Sicherung für Fremderregung durchgebrannt. Neue Sicherung einsetzen. Wenn hiernach kein Erfolg, Elektriker hinzuziehen.

103. a) Diese Störung hat ihre Ursache darin, daß der Schweißumformer (Querfeldmaschine) seine „Remanenz“, d. h. seinen übrigbleibenden Magnetismus in den Feldmagneten meist durch längeren Stillstand des Schweißumformers verloren hat. (Nur bei Schweißumformern älterer Bauart.) Oder bei Arbeiten mit mehreren Schweißumformern an einem Werkstück durch Kabelberührung entmagnetisiert wurde.

Zunächst überzeuge man sich, ob in der Betriebsanweisung für diesen Störungsfall etwas enthalten ist.

Dieser Schweißumformer ist wieder zu erregen, d. h., bei abgeschaltetem Schweißumformer wird die Werkstückklemme mit der Werkstückklemme eines laufenden Schweißumformers verbunden. Nunmehr wird der Elektrodenhalter des „kranken" Schweißumformers mit dem Elektrodenhalter des laufenden Schweißumformers etwa eine Sekunde bei geringer Stromstärke zusammengebracht, wobei der Stromkreis geschlossen wird. Hierbei Pol-Umschalter bei fremderregtem Schweißumformer beachten.

Danach die Verbindung der Werkstoffklemme lösen, den Schweißumformer einschalten und feststellen, ob der Schweißumformer Schweißstrom liefert. Ist das nicht der Fall, so wende man sich an den Hersteller des Schweißumformers oder an einen Fachmann.

Steht ein zweiter Schweißumformer nicht zur Verfügung, so kann man auch eine andere Gleichstromquelle (Batterie) verwenden.

b) Bei fremderregten Schweißumformern prüfen, ob die Feinsicherung (6 A) für die Fremderregung in Ordnung ist. Wenn durchgebrannt, neue Sicherung einsetzen. Brennt diese wieder durch, Elektriker hinzuziehen.

104. Das bedeutet, daß der Schweißumformer seine Polarität gewechselt hat, also an dem mit + bezeichneten Anschlußbolzen nunmehr den Minuspol aufweist. Fehler tritt nur bei Schweißumformern älterer Bauart, z. B. Querfeldmaschinen, auf. Bei vollkommen fremderregten Schweißumformern nicht möglich.

Die Erscheinung tritt häufig bei Schweißumformern älterer Bauart dann auf, wenn zwei oder mehrere Schweißumformer gleichzeitig an einem Werkstück angesetzt sind. Beim Verschweißen dickumhüllter Elektroden in waagerechter Position merkt das der Schweißer meist gar nicht, jedoch dann, wenn dünn umhüllte oder nackte Elektroden in senkrechter Position oder „Überkopf“ verschweißt werden. Der Schweißer sagt dann: „Der Lichtbogen zieht nicht an“, d. h., der Materialübergang von der Elektrode zum Werkstück macht dadurch Schwierigkeiten, daß der Pluspol an der Elektrode liegt und demzufolge auf dieser Seite des Lichtbogens die Temperatur höher ist als auf der „Minusseite“ des Lichtbogens. Überzeuge dich, ob die Betriebsanweisung zur Behebung dieser Störung etwas enthält s. a. Antwort 103.

105. Schweißumformer hat falsche Drehrichtung. Zwei Leiter des Netzanschlußkabels wechseln.
Auch bei falscher Drehrichtung darf von „Stern“ auf „Null“ erst dann zurückgeschaltet werden, wenn der Schweißumformer volle Drehzahl erreicht hat. Andernfalls kann infolge des hohen Anlaufstroms ein Überschlag im Anlaßschalter erfolgen.

106. a) Man untersuche zunächst, ob das Geräusch auf Vibration von Werkstücken, die an den Schweißumformer gelehnt sind, zurückzuführen ist. Nebenbei bemerkt: Eine Schweißstromquelle ist kein Abstellplatz für Gegenstände!

b) Stelle fest, ob sich das Bürstenjoch gelockert hat. Wenn ja, Halteschrauben anziehen. Auf die Markierung achten.

c) Ein Ankerkäfig kann sich gelockert haben, oder eine Bandage ist gerissen. In diesem Fall dem Hersteller den Schweißumformer oder nur den Anker zur Reparatur einsenden.

d) Bei Kurzschlußläufer Rotor des Motors nicht in Ordnung; Spritzguß ausgelaufen. Anker dem Hersteller zur Reparatur einsenden.

e) Lager schadhaft. Durch Fachmann austauschen lassen.

107. a) Bei starken und klopfenden Geräuschen Lager reinigen und neu fetten.

b) Bei sausendem Geräusch ungenügende Schmierung. Lager reinigen und neu fetten.

c) Bei heiß gewordenem Lager oftmals zuviel Fett im Lager. Lager öffnen und etwas Fett entfernen.

d) Ist ein Lager schadhaft, muß es von einem Fachmann ausgewechselt werden.

108. a) Der Federdruck auf die Kohlebürsten ist zu gering. Federdruck nachstellen.

b) Der Kollektor ist verschmutzt oder zeigt Brandstellen. Abhilfe s. F. u. A. 89a, b und c.

c) Die Glimmerscheiben zwischen den Kollektorlamellen ragen über die Oberfläche der Lamellen, daher können die Kohlebürsten nicht mehr einwandfrei aufsitzen. Abhilfe s. F. u. A. 89d.

d) Eine Kollektorfahne durch Überlastung, also infolge Überschreitung von DB (Dauerbetrieb) oder HSB (Handschweißbetrieb) ausgelötet. Eventuelle Ursache: Durch falsch abgelegten Elektrodenhalter lief Schweißumformer bei zu hoher Einstellung des Stellwiderstands oder eines Schweißstromstellteils bei zu hoher Stromstärke im Kurzschluß.

Störungen dieser Art bedingen, daß die Schweißstromquelle sofort aus dem Betrieb genommen werden muß. Handelt der Schweißer leichtfertig und verantwortungslos und schweißt trotzdem weiter, so wird durch das „Kollektorfeuer" der der Kollektor „verbrannt". Die Weichlötstellen, mit denen Verbindungen zwischen Kollektorlamellen und Ankerwicklung hergestellt sind, können sich infolge der starken Erwärmung lösen.

Der Schweißumformer ist nunmehr völlig unbrauchbar und muß zur Reparatur abgestellt werden.

b) Schweißtransformatoren

109. Der Schweißtransformator läßt leises Summen ertönen, u. U. auch Ventilatorgeräusch.

110. a) Kurzschluß auf der Primärseite (Hochspannungsseite), s. F. u. A. 99.

b) Am Umschaltbrett Primärseite Schaltung kontrollieren und Schaltbrücken für richtige Netzspannung einlegen.

111. Überzeuge dich, ob die Feststellvorrichtung für den Streukern (Eisenpaket) angezogen ist.

112. Der Geruch entströmt dem Isoliermaterial der Spulen und ist auf übermäßige Erwärmung des Isoliermaterials zurückzuführen. Man prüfe, ob der Kühlventilator in Tätigkeit ist und in der richtigen Drehrichtung läuft.
Die übermäßige Erwärmung kann auf eine zu hohe Belastung oder auf einen Windungsschluß der Spulen zurückzuführen sein.

113. Bekannterweise gibt es bei dem Verschweißen legierter Elektroden mit Wechselstrom Schwierigkeiten. Einige Hersteller von Schweißtransformatoren versuchten Abhilfe dadurch zu schaffen, daß sie die Möglichkeit zur Erhöhung der Zündspannung vorsehen. Überzeuge dich, ob in der Betriebsanweisung diese Möglichkeit erwähnt ist.

114. Spannungsabfall im Stromnetz ist die Ursache. Stelle höhere Stromstärke ein, bis sie deiner Arbeit entsprechend „richtig“ ist.

115. a) Spannungsschwankungen im Netz.

b) Prüfe, ob die Feststellvorrichtung für den Streukern (Eisenpaket) in Ordnung ist.

c) Schweißgleichrichter

116. Nach längerer Betriebsdauer – das können auch Jahre sein – tritt bei Schweiß-Trockengleichrichtern (Selengleichrichtern) ein „Nachlassen der Leistung" ein. Das ist darauf zurückzuführen, daß eine Erhöhung des inneren Widerstands (Alterung) der Selenmetall-Elemente eintritt. Durch entsprechende Erhöhung der Spannung auf der Niedervoltseite ist Abhilfe zu schaffen.

117. Hier gilt im wesentlichen das unter „Schweißtransformatoren" erläuterte. Lediglich F. u. A. 113 erübrigt sich, da die Verschweißbarkeit aller Elektrodenarten mit Schweißgleichrichtern gleich gut ist.

118. Es ist in den Fragen und Antworten des Abschnitts „Schweißstromquellen" manche Störung und deren Behebung erläutert worden. Das ist notwendig; denn sehr oft können Störungen – deren Ursachen gering und sofern bekannt – schnell selbst beseitigt werden.

Größere Schäden müssen aber vom Herstellerwerk oder von guten Fachleuten beseitigt werden; *denn wird mit Recht vom Schweißer eine gute Schweißarbeit gefordert, so hat er mit dem gleichen Recht eine einwandfrei arbeitende Schweißstromquelle zu verlangen, da ja von dieser z. T. auch die geforderte gute Arbeit abhängt.*

Zusatzwerkstoffe (Elektroden)

Frage:

119. Was sind Zusatzwerkstoffe?

120. In welcher Weise ist es möglich, die richtigen Zusatzwerkstoffe oder Elektroden für eine bestimmte Arbeit auszuwählen?

121. Warum werden die Zusatzwerkstoffe oder Elektroden gekennzeichnet?

122. In welcher Weise wird die Kennzeichnung der Zusatzwerkstoffe und Elektroden durchgeführt?

123. Was wird unter nackte Elektroden verstanden?

124. Was wird unter Seelenelektroden verstanden?

125. Welche Unterteilung wurde für umhüllte Elektroden vorgenommen?

126. Was besagen die sechs Grundtypen, und was muß der Schweißer von ihnen wissen?

127. Welche Merkmale werden noch zur Kennzeichnung von nicht umhüllten und umhüllten Elektroden herangezogen?

128. Was wird unter Elektroden-Kurzzeichen verstanden?

129. Was wird unter Klasseneinteilung bzw. Verwendungszweck der Elektroden verstanden?

130. Was wird unter Kurzzeichen für die Umhüllungsdicke verstanden?

131. Was ist unter Kennzeichen der mechanischen Güte des Schweißguts zu verstehen?

132. Was wird unter Schweißposition verstanden, und welche Kurzzeichen sind hierfür eingesetzt?

133. Was wird unter Stromkreischarakteristik verstanden, und welche Kurzzeichen sind hierfür eingesetzt?

134. Wie sieht die Elektrodenkennzeichnung für nicht umhüllte und umhüllte Elektroden aus, und was bedeuten die einzelnen Kennzeichen?

135. Wie erfolgt die Kennzeichnung der Tiefeinbrand- und eisenausbringenden Elektroden (Eisenpulver- oder Hochleistungselektrode)?

136. Wie lautet die Kurzbezeichnung der wichtigsten Elektrodentypen?

137. Für welche Stahlsorten sind Elektroden entwickelt worden?

138. Wie erfolgt die Auswahl der Elektroden?

139. Ist es notwendig, daß man die ganze Elektrodenkennzeichnung auswendig lernt?

140. Aufgabe und Wirkung der Umhüllung bei Stabelektroden?

141. Wird nur die Umhüllung oder auch der Kerndraht zum Erzielen bestimmter Eigenschaften im Schweißgut herangezogen?

142. Welchen Einfluß übt die Dicke der Umhüllung aus?

143. Was ist unter saurer und basischer Umhüllung zu verstehen?

144. Wie wirken sich basische und saure Umhüllungen auf das Schweißgut aus?

145. Welchen Zweck hat das Ferro-Mangan in der Umhüllung zu erfüllen?

146. Wird der Sauerstoff noch durch andere Maßnahmen vom Schweißgut ferngehalten?

147. Welche Aufgaben hat die Umhüllung im Hinblick auf die schädlichen Verunreinigungen an Phosphor und Schwefel zu erfüllen?

148. Welche Aufgabe hat die Umhüllung im Hinblick auf die erforderlichen Legierungsstoffe im Schweißgut zu erfüllen?

149. Welche Bedeutung hat der Kerndraht für umhüllte Elektroden?

150. Welchen Einfluß hat die Stromart auf die Verschweißbarkeit der Elektroden und Qualität des Schweißguts?

151. Welche Funktion hat die sich absetzende Schlacke zu erfüllen?

152. Wie entstehen Spritzverluste?

153. Was sind kalt- oder heißschweißende Elektroden?

154. Wie wirkt sich die Umhüllung auf die Abschmelzleistung der Elektroden aus?

155. Welchen Einfluß hat die Schweißstromstärke auf die Verschweißbarkeit der Elektroden?

156. Welche Bedeutung hat der Einbrand, und wie kann er vom Schweißer beeinflußt werden?

157. Welche Ursachen hat die Porenbildung in der Schweißnaht?

158. Wie kann die Porenbildung verhindert werden?

159. Wann treten Risse in der Schweißnaht auf?

160. Wie kann die Rißbildung verhindert werden?

161. Kann die Güte der Schweißnaht durch den Schweißer beeinflußt werden?

162. Kann durch die Art der Herstellung umhüllter Elektroden die Güte der Schweißnaht beeinträchtigt werden?

163. Was wird unter Eisenpulver- oder Hochleistungselektrode verstanden?

164. Was versteht man unter Tiefeinbrandelektroden?

165. Gibt es Unterwasserschweiß- und Unterwasserschneidelektroden?

166. Welche Elektroden eignen sich Durchführung von Schneidarbeiten?

167. Gibt es Sonderelektroden zum Schneiden?

168. Was versteht man unter gesinterten Röhren- und Falzelektroden?

169. Wie werden Verwechslungen der Elektroden verhindert?

170. Wie müssen Elektroden gelagert werden?

Zusatzwerkstoffe (Elektroden)

Antwort:

119. Unter Zusatzwerkstoffe werden im allgemeinen Schweißelektroden – in nachstehenden Ausführungen meist nur mit Elektroden bezeichnet – verstanden, die dazu dienen, Werkstoffe gleicher oder ähnlicher Zusammensetzung im schmelzflüssigen Zustand zu verbinden.

In diesem Abschnitt interessieren nur Zusatzwerkstoffe oder Elektroden für Verbindungsschweißungen, die für die Lichtbogen-Handschweißung bestimmt sind, bei der also der schmelzflüssige Zustand des Grundwerkstoffs und der Elektrode durch die elektrische Energie hervorgerufen wird.

120. Die Beanspruchung einer Schweißnaht liegt in den verschiedenen Bauformen und dem Zweck begründet, den sie zu erfüllen hat. Die Beanspruchung eines Druckbehälters ist eine völlig andere als die der Stahlkonstruktion eines Hochhauses, einer Brücke oder eines Krans. Infolge der verschiedenen Bauformen und Bauarten wird auch eine Schweißnaht verschieden beansprucht.

Die Güte einer Schweißnaht wird daher auch von einer Anzahl von Funktionen durch die jeweilige Elektrodenart bestimmt. Die hauptsächlichsten sind:

sorgfältige Auswahl des Kerndrahts mit besonderem Reinheitsgrad,
Art und Dicke der Umhüllung,
Schutzwirkung der Umhüllung und Schlacke,
Verschweißbarkeit der Elektrode in den verschiedenen Positionen,
poren- und schlackenfreies Schweißgefüge,
Erfüllung der gewährleisteten Zugfestigkeit, der Dehnung, des Biegewinkels und der Kerbschlagzähigkeit.

Mit der fortschreitenden Entwicklung und Anwendung der Schweißtechnik war es notwendig, die bisherigen Erfahrungen auf dem Gebiet der Schweißtechnik in Richtlinien und Vorschriften zusammenzufassen.
Auch die Elektroden mußten entsprechend ihrer vielseitigen Eigenschaften und Anwendungsmöglichkeiten klassifiziert werden, um für die verschiedenen Werkstoffe und Beanspruchungen die Auswahl der richtigen Elektroden zu ermöglichen. Man zieht daher die jeweiligen Normen oder Standards und die Elektrodenkennblätter der Elektrodenhersteller zu Rate.
Der richtige Grundwerkstoff, die richtige Elektrode und die sorgfältige Arbeit des Schweißers sind zusammengenommen die Voraussetzungen für die Schweißnahtgüte.

121. Die Kennzeichnung hat den Zweck, dem Projektanten, dem Konstrukteur, dem Schweißfachmann und dem Verbraucher aus der Vielzahl der Elektroden die richtige Auswahl zu ermöglichen.
Die Kennzeichnung der Elektroden muß ihre Schweißeigenschaften und die zu erreichende Schweißnahtgüte erkennen lassen. Aus der Kennzeichnung der Elektroden muß auch ersichtlich sein, für welche Werkstoffe sie geeignet sind.
Dabei sind die in den verschiedenen Ländern geltenden Normenblätter und Vorschriften sowie die Kataloge der Elektrodenhersteller zu berücksichtigen.
Die Kennzeichnung soll aber auch eine Verwechslung der Zusatzwerkstoffe und Elektroden im Betrieb und am Arbeitsplatz ausschließen. Eine Verwechslung der Zusatzwerkstoffe und Elektroden führt zu schlechten Schweißergebnissen oder gar zu einem vollständigen Mißerfolg.

122. Zunächst werden alle Zusatzwerkstoffe für Verbindungsschweißungen an unlegierten Kohlenstoff-

stählen mit einer Festigkeit von 33 bis 70 kp/mm² klassifiziert. Man unterscheidet nach einer Grobunterteilung nicht umhüllte und umhüllte Elektroden.

123. Nackte Elektroden sind gezogene oder gewalzte Drähte, die in Ringen oder Stäben geliefert werden. Die Drähte sind nicht umhüllt. Der flüssige Tropfen und das Schmelzbad werden nicht durch eine flüssige Schlacke geschützt. Es wird daher ungehindert Sauerstoff und Stickstoff aus der Luft aufgenommen. Die Folge hiervon ist ein geringes Verformungsvermögen des Schweißguts. Das Schweißgut ist nicht schmiedbar.
Nackte Elektroden lassen sich nur mit Gleichstrom am Plus- oder Minuspol verschweißen. Die in der Kennzeichnung oder von den Lieferwerken angegebene Polung ist zu beachten. Sind Schweißtransformatoren mit Hochfrequenz-Zusatzgeräten ausgerüstet, können nackte Elektroden auch mit Schweißtrafos verschweißt werden.
Die Oberfläche der Drähte muß frei von Rost, Farbe, Öl und Fett sein.

124. Seelenelektroden sind nicht umhüllte Elektroden. Sie haben zwecks besserer Stabilisierung des Lichtbogens eine in der Mitte des Kerndrahts liegende eingewalzte Seele, die aus lichtbogenstabilisierenden mineralischen Stoffen besteht. Die eingewalzte Seele ist an der Stirnfläche der Elektrode erkennbar.
Der Einfluß von Stickstoff und Sauerstoff auf das Schmelzbad ist geringer als bei nackten Elektroden. Es werden daher bessere mechanische Gütewerte des Schweißguts erzielt.
Seelenelektroden schmelzen großtropfig ab und hinterlassen sehr wenig Schlacke, die leicht mit einer Stahlbürste zu entfernen ist.

Die Elektrodenführung ist im Gegensatz zur Schweißung mit nackten Elektroden tupfenförmig. Durch die tupfenförmige Elektrodenführung werden Poren und Schlacken vermieden.
Anwendung, Handhabung, Stromart und Polung der Seelenelektroden sind aus der Klassifizierung und aus den Elektrodenkatalogen zu entnehmen.
Die Oberfläche der Drähte muß frei von Rost, Farbe, Öl und Fett sein.

125. Das Schwergewicht der Kennzeichnung wurde besonders auf umhüllte Elektroden gelegt, weil die Vielzahl dieser umhüllten Elektroden kaum noch eine Übersicht gestattete.
Bei der Entwicklung umhüllter Elektroden haben sich bestimmte metallurgische Umhüllungstypen abgezeichnet. Hieraus ließ sich eine Systematik der Kennzeichnung erarbeiten. Danach werden die umhüllten Elektroden in sechs verschiedene Hauptgruppen unterteilt, und zwar in die Gruppen:

Titandioxid-Typ,
Erzsaurer-Typ,
Oxidischer-Typ,
Kalkbasischer-Typ,
Zellulose-Typ,
Sonder-Typ.

126. Titandioxid-Umhüllungstyp

Die Elektroden enthalten als Hauptbestandteil in der Hülle Titandioxid, und zwar als künstliches oder natürliches Rutil neben Ferro-Mangan und anderen fluß- und schlackebildenden Zusätzen.
Die Herstellung dieser Elektroden erfolgt in allen Umhüllungsdicken, wobei die mitteldick und sehr dick umhüllten Elektroden die gebräuchlichsten sind.
Je nach der Zusammensetzung der Umhüllung lassen sich die Abschmelzleistungen der Elektroden

verändern. Elektroden gleicher Klasse können durchaus unterschiedliches Schweißverhalten haben. Die Schlacke kann dicht bis wabenförmig porös und unterschiedlich entfernbar sein.
Die Titandioxidelektroden sind an Gleich- und Wechselstrom in allen Positionen, z. T. auch in Fallnaht verschweißbar. Je nach Umhüllungsdicke und Zusammensetzung erfolgt der Werkstoffübergang im Lichtbogen groß- bis feintropfig. Gute Spaltüberbrückbarkeit besonders bei den mitteldick umhüllten Elektroden. Die Warmrißempfindlichkeit ist bedeutend geringer als bei den entsprechenden erzsauren Elektroden.
Durch Kombination mit dem erzsauren oder kalkbasischen Umhüllungstyp entstehen sog. Mischtyps mit ihren besonderen Schweißeigenschaften.

Erzsaurer Umhüllungstyp

Elektroden dieses Typs enthalten als Hauptbestandteil in der Umhüllung Eisen und Manganoxide sowie verschiedene Silikate. Ein hoher Ferro-Mangananteil ist charakteristisch für diese Umhüllungsgattung und kennzeichnend für den heißschweißenden (heißgehenden) Abschmelzcharakter und für die Feintropfigkeit (sprühregenartig).
Die Schlacke ist wabenartig porös, erstarrt glasartig und ist sehr leicht entfernbar. Die Schweißraupen sind sehr flach mit feinen Fließlinien. Die Elektroden sind mit Gleich- oder Wechselstrom verschweißbar. Gute Verschweißbarkeit in waagerechter und horizontaler Position. Bei ausreichender Übung des Schweißers auch in anderen Positionen verschweißbar.
Die mechanischen Gütewerte sind sehr gut. Mit steigendem C-, P- und S-Gehalt im Grundwerkstoff neigen diese Elektroden zur Warmrißanfälligkeit.

Oxidischer Umhüllungstyp

Elektroden dieses Typs bestehen in der Umhüllung aus Eisenoxiden und Silikaten mit geringen Anteilen an Ferro-Mangan. Es werden nur dick umhüllte Elektroden hergestellt. Die Hülle ist stark kraterbildend und kann in Berührungsführung auf dem Werkstück verschweißt werden.
Durch die stark oxidisch wirkende Umhüllung tritt ein hoher Abbrand an Kohlenstoff und Mangan ein. Die mechanischen Schweißeigenschaften genügen daher nur geringen Ansprüchen. Das Schweißgut ist warmrißanfällig. Die Schweißnähte haben ein besonders gleichmäßiges und glattes Aussehen.
Mit Gleich- oder Wechselstrom und nur in der Position „Wannenlage" verschweißbar. Die dichte Schlacke ist sehr leicht entfernbar und hebt sich teilweise von selbst schalenförmig ab. Elektroden dieses Typs sind nur an Stählen mit geringem Kohlenstoffgehalt verschweißbar.

Kalkbasischer Umhüllungstyp

Die Umhüllung hat einen großen Anteil Kalziumkarbonat, Flußspat neben metallischen Zusätzen in Form von Ferro-Mangan, Ferro-Silizium, Eisenpulver usw. Die grundlegenden Eigenschaften werden aus dem Anteil an Karbonaten abgeleitet. Kb-Umhüllungen finden umfangreiche Anwendung bei unlegierten und legierten Elektrodenwerkstoffen.
Meist sind die Elektroden sehr dick umhüllt und haben einen mitteltropfigen Übergang im Lichtbogen. Die Schlacke der Kb-Elektroden hat ein typisch braunes bis braunschwarzes Aussehen und ist schwer entfernbar. Die meisten Elektroden dieses Typs werden mit Gleichstrom und Pluspol verschweißt. Einige Arten dieser Elektroden sind auch mit Wechselstrom verschweißbar, besonders dann,

wenn die Stromquellen eine hohe Leerlaufspannung haben.

Das Schweißgut hat eine hohe Dehnung und Kerbschlagzähigkeit auch bei Temperaturen unter −0 °C. Kb-Elektroden eignen sich besonders für unlegierte, legierte und hochfeste Stähle, in erster Linie aber für Stähle mit höherem Kohlenstoffgehalt und für durch Phosphor und Schwefel stärker verunreinigte Stähle. Durch Zusätze von Eisenpulver in der Umhüllung erfolgt eine höhere Schmelzgutabgabe, so daß die Elektroden äußerst wirtschaftlich sind.

Umhüllungen des Kb-Typs sind feuchtigkeitsempfindlich und müssen daher stets trocken gelagert werden. Auf Baustellen Kb-Elektroden nicht im Freien lagern! Auch bei trockener Lagerung müs-

Zu Antwort 126

Bild 12 a. Tragbares Schweißelektroden-Trockengerät zur Verwendung auf Baustellen und für Montagearbeiten

Stromart: Wechselstrom 220 V
Dreiteiliger Trockenraum für den Inhalt von 3 Elektrodenpaketen

sen die Elektroden vor ihrer Verwendung bei 250 bis 300 °C und einer halben Stunde nachgetrocknet werden. Auf Elektroden-Trokkenöfen sei hingewiesen (Bild 12a).
Die Elektrode ist außer der Fallnaht in allen Positionen bei guter Spaltüberbrückbarkeit verschweißbar. Fallnaht nur mit Zustimmung des Schweißverantwortlichen.

Zellulose-Umhüllungstyp

Diese Elektroden enthalten in der Umhüllung mehr als 10% brennbare organische Stoffe, wodurch beim Schweißen eine starke Gasentwicklung auftritt. Die Menge der erzeugten Schlacke ist deshalb gering, weil ein großer Teil der Umhüllung vergast. Die Schlacke ist leicht entfernbar. Die Elektrode ist nicht stromüberlastbar. Der Tropfenübergang erfolgt mitteltropfig. Die Elektroden sind meist sehr dick umhüllt.
Sie eignen sich zum Schweißen in allen Positionen, besonders für die Fallnaht-Schweißung und besitzen eine gute Spaltüberbrückbarkeit. Die Schweißnahtoberfläche ist bei Flach- und Kehlnähten ungleichmäßig und grobschuppig.
Zelluloseelektroden sind mit Gleichstrom oder Wechselstrom verschweißbar. Die mechanischen Eigenschaften des Schweißguts sind gut, Rißsicherheit ist auch an Stählen höherer Festigkeit vorhanden.

Sonderelektroden (Sonder-Typ)

Sonderelektroden sind solche Elektroden, die, ihrem Hüllencharakter nach, sich in keine der vorgenannten Umhüllungsbeschreibungen einordnen lassen, z. B. Unterwasserschweiß- und Unterwasserschneidelektroden, Sauerstoffschneidelektroden, Schneidelektroden, Wärmeelektroden usw.

Tiefeinbrandelektroden und Eisenpulver- oder Hochleistungselektroden fallen nur dann unter Sonderelektroden, wenn sie sich nicht in eine der vorher beschriebenen fünf Hauptgruppen von Umhüllungen eingruppieren lassen.

127. Es werden zur Kennzeichnung noch folgende fünf Merkmale herangezogen:

1. Elektroden-Kurzzeichen (Elektrodenbezeichnung),
2. Klasseneinteilung (Anwendungsbereich),
3. Kurzzeichen für Umhüllungsdicke,
4. Kennzeichnung der mechanischen Güte des Schweißguts,
5. Schweißposition und Stromkreischarakteristik.

128. Als Kurzzeichen und zur Benennung des Elektrodentyps wurden folgende Bezeichnungen eingeführt:

1. Nackte Elektroden 0
2. Seelenelektroden 00
3. Titandioxidelektroden . . . . Ti
4. Erzsaure Elektroden . . . . ES
5. Oxidische Elektroden . . . . Ox
6. Kalkbasische Elektroden . . . . Kb
7. Zelluloseelektroden . . . . Ze
8. Sonderelektroden . . . . So

Aus den Firmen-Bezeichnungen, wie z. B. „Optima“, „Stabil“, „Trumpf“ usw., sind die Eigenschaften und das Anwendungsgebiet der Elektroden nicht erkennbar. Daher sind zusätzlich die vorgenannten Kurzbezeichnungen geschaffen worden. Die jeweilige Kurzbezeichnung läßt bereits den Abschmelzcharakter und das Anwendungsgebiet erkennen.
Im allgemeinen Sprachgebrauch bedient man sich daher dieser Kurzzeichen – „Ti-Elektroden“, „Kb-Elektroden“ usw. –, deren Sinn in Antwort 126 ausführlich erläutert ist.

129. Die Klasseneinteilung legt den Anwendungsbereich eines bestimmten Elektrodentyps für verschiedene Werkstoffe fest. In jeder Klasse muß die Schweißverbindung bestimmte Zugfestigkeiten, Biegewinkel und Kerbschlagzähigkeit als Mindestwerte besitzen.

Es wurden bisher 12 Klassen mit der Bezeichnung I bis XIV geschaffen. Die Klassen IV und VI werden nicht mehr geführt. In diesen Klassen können folgende Stahlsorten eingruppiert werden:

Allgemeine Baustähle
Schiffbaustähle
Kesselbaustähle (Kesselbleche)
Rohrstähle
Rohrstähle mit gewährleisteter Warmfestigkeit
Hochfeste Baustähle

Je nach dem Umhüllungstyp werden die Elektroden in eine der Klassen eingruppiert, z. B. die Elektrode Ti VIII s. In der Klasse VIII muß die Elektrode bestimmte Mindestwerte an Zugfestigkeit, Biegewinkel und Kerbschlagzähigkeit erreichen. Sie muß sich auch einwandfrei an den in diese Klasse eingruppierten Werkstoffen verschweißen lassen.

In den Klassen I bis V sind vorwiegend nackte Elektroden, Seelenelektroden und dünn umhüllte Elektroden eingeordnet. Prüfwerte werden in dieser Klasse im allgemeinen nicht garantiert – außer der Warmrißbeständigkeit.

Die Elektroden der Klassen V bis XIV sind vorwiegend für dynamisch belastete Schweißverbindungen sowie für röntgensichere Schweißarbeiten und Schweißarbeiten an Stählen höherer Festigkeit bestimmt. In diesen Klassen sind hauptsächlich mitteldick bis sehr dick umhüllte Elektroden eingruppiert.

Aus der Klasseneinteilung ist erkennbar, für welche Stahlsorten eine Elektrode eingesetzt wer-

den kann und welche gewährleisteten Eigenschaften das Schweißgut hat.
Der Schweißer orientiert sich hierüber am besten anhand der Typzettel auf der Elektrodenverpackung, den „Schweißweisern" oder Elektrodenkennblättern der Hersteller. Diese Unterlagen sind vom Meister, vom Schweißingenieur oder vom Betrieb anzufordern.

130. Der Verwendungszweck und die Güte einer Elektrode werden maßgeblich durch die Umhüllungsdicke beeinflußt. Für die Kennzeichnung einer Elektrode ist daher die Dicke der Umhüllung wichtig. Hierfür sind Kurzzeichen in Form kleiner Buchstaben vorgesehen.

Es bedeuten:

d = **d**ünn umhüllte Elektroden, mit einer Gesamthüllendicke bis 120% des Kerndrahtdurchmessers,

m = **m**itteldick umhüllte Elektroden mit einer Gesamthüllendicke von 120 bis 155% des Kerndrahtdurchmessers,

s = **s**ehr dick umhüllte Elektroden mit einer Gesamthüllendicke von über 155% des Kerndrahtdurchmessers.

Bei nackten und Seelenelektroden entfällt der Hinweis auf die Umhüllungsdicke. Tiefeinbrandelektroden und Eisenpulver- oder Hochleistungselektroden sind stets sehr dick umhüllte Elektroden. Eine besondere Kennzeichnung der Umhüllungsdicke ist in der Kennzeichnung nicht vorgesehen.

131. Zur Kennzeichnung der Güte der Schweißnaht ist eine dreistellige Zahl vorgesehen.

Die erste Ziffer gilt für die Kennzeichnung der Zugfestigkeit in kp/mm^2,

die zweite Ziffer gilt für die Kennzeichnung der Bruchdehnung in %,

die dritte Ziffer gilt für die Kennzeichnung der Kerbschlagzähigkeit in mkp/cm^2.

Zugfestigkeit		Bruchdehnung		Kerbschlag-zähigkeit	
Kenn-ziffer	Wert kp/mm^2	Kenn-ziffer	Wert %	Kenn-ziffer	Wert mkp/cm^2
0	—	0	—	0	—
1	41	1	14	1	5
2	44	2	18	2	7
3	48	3	22	3	9
4	52	4	26	4	11
5	56	5	30	5	13
6	60				

Mech. Gütenwerte sind Mindestwerte.

Zur Vereinfachung der Bezeichnung war es notwendig, anstelle der Gütezahlen Kennziffern zu setzen. Die Prüfungen werden an reinem Schweißgut oder Schweißgutbarren vorgenommen, aus denen die zu prüfenden Proben angefertigt werden. Die Herstellung des Schweißguts und die Probenform sind international festgelegt, so daß ein Vergleich auch mit den verschiedenen Erzeugerfirmen des Auslands möglich ist. Lediglich bei Tiefeinbrandelektroden entfällt die Angabe von Gütewerten des reinen Schweißguts, weil die Eigenschaften dieser Elektroden im wesentlichen durch den zu verschweißenden Werkstoff mitbestimmt werden.

132. Unter Schweißposition wird verstanden, in welcher Arbeitsposition eine Elektrode verschweißbar ist,

z. B. waagerecht, senkrecht oder überkopf. Als Kennzeichen für die einzelnen Positionen sind Zahlen vorgesehen, und zwar bedeutet die Ziffer

1 = verschweißbar in allen Positionen, auch senkrecht von oben nach unten (Fallnaht),

2 = verschweißbar in allen Positionen, jedoch nicht senkrecht von oben nach unten (Fallnaht),

3 = verschweißbar waagerecht und Steignaht,

4 = verschweißbar nur in Wannenlage (Kehlnaht und Stumpfnaht).

Für die Verschweißbarkeit sind also vier verschiedene Schweißpositionen vorgesehen. Lediglich bei Tiefeinbrandelektroden entfällt die Angabe der Schweißposition, weil dieser Elektrodentyp nur nach Position 4., also in Wannenlage, zu verschweißen ist.

133. Die Kennzeichnung der Stromart und der Polung besagt, unter welchen Bedingungen eine Elektrode zufriedenstellend verschweißt werden kann, und zwar mit stabilem Lichtbogen ohne Unterbrechung desselben. Bei Wechselstrom wird ein Strom von 50 Perioden zugrunde gelegt und die Leerlaufspannung berücksichtigt. Die Leerlaufspannung wird bei Schweißtransformatoren ohne wesentliche Drosselwirkung gleich der Zündspannung gesetzt. Beim Schweißen mit Gleichstrom ist die erforderliche Leerlaufspannung bei den verschiedenen Elektroden in erster Linie abhängig von den dynamischen Eigenschaften der Stromquelle.
Die Kennzeichnung der Stromkreischarakteristik erfolgt ebenfalls mit Zahlen von 0 bis 9, deren Bedeutung auf nachstehender Tafel wiedergegeben ist.

Polung der Elektrode	Gleich- oder Wechselstrom. Leerlaufspannung des Trafos mindestens 50 V	70 V	90 V	Nur Gleichstrom
Gut bei jeder Polung	1	4	7	0
Am besten bei negativer Polung	2	5	8	0 −
Am besten bei positiver Polung	3	6	9	0 +

Die Schweißpositionen und die Stromkreischarakteristik werden zu einer zweistelligen Zahl zusammengefaßt. Die erste Ziffer gibt Auskunft, in welcher Position ein bestimmter Elektrodentyp verschweißbar ist. Die zweite Ziffer gibt über Polung, Stromart und Zündspannung Auskunft.
Sofern keine nähere Erläuterung auf der Elektrodenverpackung erfolgt, ist es notwendig, in diesem Abschnitt die Bedeutung dieser Ziffern nachzulesen.

134. Beispiel für nackte Elektroden

0II/000/10

Die Kennzeichnung bedeutet:

0	nackte Elektroden
II	Klasseneinteilung[1]) (Kerndraht-Güteklasse)
000	0 = ohne gewährleistete Festigkeit 0 = ohne Bruch-Dehnungsangabe 0 = ohne Kerbschlagzähigkeitsangabe
10	1 = in allen Positionen verschweißbar 0 = nur an Gleichstrom verschweißbar

[1]) Stahlsorten

Beispiel für mitteldick umhüllte Titandioxidelektroden

Ti VII m/322/12

Die Kennzeichnung bedeutet:

Ti	Kennzeichen für Umhüllungstyp	= Titandioxid
VII	Klasseneinteilung (Kerndraht-Güteklasse)	= Angabe, für welche Stahlsorten geeignet
m	Umhüllungsdicke	= mitteldick umhüllt
322	Gütewertezeichen des Schweißguts (mechanische Gütewerte)	3 = 48 kp/mm² Zugfestigkeit 2 = 18% Bruchdehnung 2 = 7 mkp/cm² Kerbschlagzähigkeit
12	Schweißposition und Stromkreischarakteristik	1 = in allen Positionen verschweißbar 2 = an Gleich- und Wechselstrom mit mindestens 50 V Leerlaufspannung verschweißbar

135. Beispiel für die Kennzeichnung der Tiefeinbrandelektroden

Tf Ti VII/45

Die Kennzeichnung bedeutet:

Tf	Abkürzung für Tiefeinbrand	
Ti	Umhüllungstyp	= Titandioxid
VII	Klasseneinteilung (Kerndraht-Güteklasse)	= Angabe, für welche Stahlsorten geeignet
45	Stromkreischarakteristik Positionsverschweißbarkeit entfällt (s. Antwort 132)	Anstelle der Stromkreischarakteristik wird bei Tf-Elektroden die Lichtbogenspannung oder Mindest-Arbeitsspannung gesetzt = 45 V

Alle Tiefeinbrandelektroden tragen vor dem Kurzzeichen des Umhüllungstyps die Abkürzung Tf als Hinweis für Tiefeinbrand. Es werden auch Tiefeinbrandelektroden auf ES-Basis hergestellt. Die Tiefeinbrandwirkung ist in beiden Fällen etwa die gleiche.
Die Angabe von Gütewerten entfällt bei Tf-Elektroden, weil die Eigenschaften des Schweißguts wesentlich durch den zu verschweißenden Grundwerkstoff beeinflußt werden. Desgleichen die Angabe der Umhüllungsdicke. Tf-Elektroden sind immer sehr dick umhüllt.

Beispiel für die Kennzeichnung von Eisenpulverelektroden

Fe Es VIII/322/44

Alle Eisenpulver- oder Hochleistungselektroden haben vor dem Umhüllungstyp die Buchstaben Fe

(Abkürzung für Eisen) als Hinweis, daß es sich um Eisenpulver- oder Hochleistungselektroden handelt. Die Angabe der Umhüllungsdicke entfällt, weil dieser Umhüllungstyp stets sehr dick umhüllt ist.

Die Kennzeichnung bedeutet:

Fe	Abkürzung für Eisenpulver	
Es	Kennzeichen für Umhüllungstyp	= Erzsauer
VII	Klasseneinteilung (Kerndraht-Güteklasse)	= Angabe, für welche Stahlsorten geeignet
322	Gütewerte des Schweißguts (mechanische Gütewerte)	3 = 48 kp/mm² Zugfestigkeit 2 = 18% Bruchdehnung 2 = 7 mkp/cm² Kerbschlagzähigkeit
44	Schweißposition und Stromkreischarakteristik	4 = nur waagerecht und in Wannenlage verschweißbar 4 = an Gleich- und Wechselstrom mit mindestens 70 V Leerlaufspannung verschweißbar

Auch unter den normalen Elektroden gibt es Eisenpulver- oder Hochleistungselektroden, ohne daß dies in der Kennzeichnung besonders vermerkt ist.

Die zusätzliche Eisenausbringung ist jedoch geringer als bei den Fe-Es-Typen. Entsprechende Hinweise sind in den Elektrodenkennblättern zu finden.

136.

Elektrodenkurzbezeichnung	Elektrodencharakteristik
Es II d	100/10
Ti III d	100/10
Ti VII m	322/12
Ti VIII s	322/12
Ti X s	432/22
Es VIII s	322/22
Kb IX s	444/20
Kb XI s	543/20
TfTi VII	45
FeTi VIII	343/44

Elektroden gleicher Klasse und Charakteristik können jedoch geringe Unterschiede im Verschweißen aufweisen, ohne daß diese in der Elektrodenkurzbezeichnung zum Ausdruck kommen. Es ist notwendig, die entsprechenden Elektrodenkennblätter der Elektrodenhersteller zu lesen.

137. Für:

Allgemeine Baustähle
mit einer Festigkeit von 34 bis 70 kp/mm^2

Schiffbaustähle
mit einer Festigkeit von 41 bis 50 kp/mm^2

Kesselbaustähle (Kesselbleche)
mit einer Festigkeit von 35 bis 65 kp/mm^2

Rohrstähle
mit einer Festigkeit von 35 bis 65 kp/mm^2

Rohrstähle mit gewährleisteter Warmfestigkeit
mit einer Festigkeit von 35 bis 45 kp/mm^2

Hochfeste Baustähle
mit einer Festigkeit von 70 bis 165 kp/mm^2

Bei der Auswahl der Elektroden ist die Beachtung der Anwendungsklasse in der Elektrodenkennzeichnung notwendig (s. Antwort 129).
Außerdem werden umhüllte Elektroden für niedrig-, mittel- und hochlegierte Werkstoffe, für verschleißfeste Auftragschweißungen und für Grauguß-Kalt- und Warmschweißungen hergestellt.
Müssen Werkstoffe dieser Art verschweißt werden, sind die Zusatzwerkstoffe zweckmäßig nach den Elektrodenkennblättern der Herstellerbetriebe auszuwählen.

138. In der Klasseneinteilung ist bereits festgelegt, für welche Stahlsorten die einzelnen Elektrodentypen geeignet und brauchbar sind und welche Mindestzugfestigkeit, Kerbschlagzähigkeit sowie Biegewinkel erreicht werden müssen, um die Schweißeignung zu gewährleisten. Die Klasseneinteilung ermöglicht also die Auswahl der Elektroden für die jeweils zu verschweißenden Werkstoffe (s. Antwort 129).
Es ist zu beachten, daß Stähle über 0,22% Kohlenstoff zur Aufhärtung und Rißbildung neigen. Ein Vorwärmen im Bereich der Schweißzone ist deshalb bei Stählen zwischen 50 und 70 kp/mm^2 Zugfestigkeit zu empfehlen. Der Einsatz von Kb-Elektroden ist notwendig.

139. Nein! Es genügt, wenn man sich im täglichen Sprachgebrauch z. B. der Kurzbezeichnung Ti VIII m bedient. Die abgekürzte Bezeichnung drückt bereits das Wesentliche aus, was man von einer Elektrode wissen muß; denn in ihr ist Umhüllung und Umhüllungsdicke angegeben, mit der Stahlklassenfixierung auch der Anwendungsbereich.

Auf Zeichnungen, Stücklisten, Bestell- und Lieferscheinen dagegen sollte die *vollständige Elektrodenkennzeichnung* vermerkt sein.

140. In der Umhüllung müssen vorhanden sein:

1. *Ionisierende Stoffe,* die
   a) die Luftstrecke zwischen der Elektrode und dem Werkzeug elektrisch leitfähig machen,
   b) den Lichtbogen stabilisieren, d. h., der Lichtbogen soll nicht abreißen (vgl. nackte Elektrode),
   c) den Lichtbogen ausrichten (Einbrand).

2. *Schutzgasbildner,* die
   a) eine Schutzgashülle um den Lichtbogen bilden, damit das Eindringen von Sauerstoff und Stickstoff aus der Luft in das Schweißgut verhindert wird,
   b) durch Verbrennen der Gase zusätzliche Wärme erzeugen, wodurch die Abschmelzleistung der Elektrode erhöht wird.

3. *Schlackenbildner,* die
   a) eine metallurgische Wirkung auf das Schmelzbad ausüben (wie bei der Stahlherstellung),
   b) die Schweißnaht gut abdecken. Dadurch können Sauerstoff und Stickstoff nicht in das erstarrende Schweißgut eindringen. Außerdem wird die Abkühlung der Schweißnaht verzögert.
   c) Die Schlacke soll leichter sein als das Schweißgut und sich von diesem farblich gut unterscheiden.

4. *Legierungsbestandteile,* die
   a) den Abbrand ersetzen, wie Mangan, Silizium, Kohlenstoff (an der Elektrode),
   b) den Ausbrand ersetzen, wie Mangan, Silizium, Kohlenstoff (am Werkstück),

c) zusätzlich, durch Einbringen bestimmter Legierungsbestandteile, der Schweißnaht gewünschte Eigenschaften verleihen.

141. Das Zusammenwirken von Umhüllung und Kerndraht ist erforderlich, um ein bestimmtes Schweißresultat zu erzielen.
Als Kerndraht für Verbindungsschweißungen wird ein im SM- oder Elektroverfahren unberuhigter erschmolzener Stahl mit hohem Reinheitsgrad ausgewählt. Dieser Kerndraht reicht im allgemeinen für alle bekannten Elektrodentypen und für Verbindungsschweißungen an Stählen bis 70 kp/mm^2 aus.
Sind zusätzlich Auflegierungselemente erforderlich, so werden diese über den Weg der Umhüllung in das Schweißgut eingebracht.
Der Schutz gegen Abbrandverluste und Schutz gegen Sauerstoff und Stickstoff erfolgt gleichfalls durch die Umhüllung. Auch schmelztechnische Vorgänge im Lichtbogen werden über den Weg der Umhüllung, aber auch durch Auswahl besonderer Kerndrähte beeinflußt.
Für das Verschweißen niedrig-, mittel- und hochlegierter Werkstoffe werden im allgemeinen entsprechend vorlegierte Drähte benutzt.

142. Die Dicke der Umhüllung hat wesentlichen Anteil an der Güte der Schweißnaht. Allerdings muß hierbei die Art der Umhüllung beachtet werden. Die mechanischen Gütewerte werden bei fast jedem Elektrodentyp mit zunehmender Dicke der Umhüllung verbessert. Erstens lassen sich mit dicker werdender Umhüllung mehr Wirkstoffe in einer Umhüllung unterbringen, und zweitens spielt der größere Anteil an Ferro-Mangan und schutzgasabgebenden Stoffen eine Rolle.
Eine Ausnahme machen die Ox-Elektroden. Trotz dicker Umhüllung sind die Gütewerte gering. Das liegt darin begründet, daß diese Umhüllung wenig

oder fast gar kein Mangan enthält. Hierdurch wird das Schweißgut stark mit Sauerstoff angereichert.

143. In der Stahlherstellung bedient man sich der Begriffe sauer und basisch als Kennzeichnung für die Ofenausmauerung des Schmelzofens sowie der Schlackenzusammensetzung während des Erschmelzens des Stahls. Aus diesem Grund spricht man auch von sauer oder basisch erschmolzenem Stahl. Mit diesen Begriffen ist vor allem das Bessemer-(basisch) und das Thomas-(sauer)Schmelzverfahren gekennzeichnet.

Sinngemäß werden diese Begriffe auch auf die umhüllten Elektroden übertragen. Man unterscheidet zwischen sauren und basischen Umhüllungen, je nachdem, ob eine saure oder basische Schlacke gebildet wird.

Die Elektroden des Ti-Typs bilden eine saure Schlacke, da Rutil eine schwache Säure ist. Die Elektroden des Kb-Typs bilden – wie schon der Name *kalkbasisch* sagt – eine basische Schlacke, da die Umhüllung vorwiegend aus Karbonaten CaO besteht.

Nach Bischof wird eine Schlacke dann als basisch bezeichnet, wenn die Bestandteile in der Hülle bzw. Schlacke

$$\frac{CaO + MgO}{SiO_2} = \frac{\text{Kalziumoxid} + \text{Magnesiumoxid}}{\text{Quarz}} = \frac{1{,}3}{1{,}0}$$

betragen, d. h. Kalziumoxid und Magnesiumoxid müssen stets größer als der Anteil von Quarz in der Schlacke sein, und zwar mindestens das 1,3-fache, wenn die Schlacke basisch sein soll.

Die Kenntnis von der Basität der Schlacke ist wie bei der Stahlherstellung auch für die Schweißmetallurgie äußerst wichtig.

144. Eine kalkbasische Elektrode wird immer dort verwendet, wo von seiten des Grundwerkstoffs die Gefahr unzulässiger Verunreinigungen an Schwefel und Phosphor und damit Rißempfindlichkeit vorliegt. Daraus geht schon hervor, daß die Bestandteile der basischen Umhüllung – hier Kalk – den Schwefel abbinden und damit die Warmrißneigung verringern.

Anders ist es bei den stark sauren Umhüllungen, die sehr viel Quarz enthalten. Solche Elektroden sind für ihre Neigung zur Rißbildung an schwefelhaltigen Stählen bekannt.

Auch die Legierungsfähigkeit ist von der Art der Umhüllung abhängig. Saure Umhüllungen rufen einen starken Manganabbrand aus Kerndraht und Umhüllung bzw. aus dem Schweißgut hervor, basische Umhüllungen bewirken kaum einen Abbrand. Der Mangangehalt bestimmt aber die Dehnbarkeit und die Kerbschlagzähigkeit, da Mangan das wichtigste Desoxydationsmittel einerseits und ein Schwefelabbinder andererseits ist.

145. Ferro-Mangan wird der Umhüllung in pulverisierter Form zugesetzt. Der Anteil richtet sich nach Art und Dicke der Umhüllung und ob sauer oder basisch.

Ferro-Mangan soll nicht nur desoxydieren, d. h. den Sauerstoff binden, sondern auch den Stahl legieren, um ihm bestimmte Eigenschaften zu verleihen. Unzulässig hohe Schwefelgehalte werden durch Mangan in die unschädliche Mangansulfidform umgewandelt, wodurch die Rotbrüchigkeit des Schweißguts stark herabgesetzt wird.

146. Ja! Hierzu ist es notwendig, eine noch feinere Unterteilung der Umhüllungstypen vorzunehmen, und zwar in gasschutzbildende vom Typ Kb und Ze und in nicht gasschutzbildende vom Typ Ti, Es und Ox.

Die in den Kb-Hüllen enthaltene Kohlensäure bildet während des Schweißvorgangs einen schützenden Mantel um den Tropfen, während die in den

Ze-Hüllen enthaltene Zellulose zu Kohlendioxid vergast, damit gleichfalls einen Schutzmantel um den flüssigen Tropfen bildet und den Zutritt von Sauerstoff und Stickstoff vermindert.

147. Phosphor und Schwefel verursachen Kalt- und Rotbrüchigkeit, wenn ihr Anteil im Grundwerkstoff oder im Schweißgut den maximal zulässigen Wert übersteigt, womit auch die Warmrißanfälligkeit steigt. Die Umhüllung hat die Aufgabe, diese Verunreinigungen möglichst zu vermindern. Am erfolgreichsten wird diese Bedingung durch den Kb-Typ erfüllt. Dieser Elektrodentyp schweißt daher auch an solchen Stählen rißsicher, bei denen jeder andere Elektrodentyp versagt.

148. Die Eigenschaften des Stahls werden durch eine Anzahl von Legierungsstoffen bestimmt, z. B. Kohlenstoff, Mangan, Silizium, Nickel, Chrom, Titan, Vanadium usw. Diese Stoffe brennen je nach ihrer chemischen Neigung, sich mit Sauerstoff zu verbinden, aus dem Schweißgut aus.
Durch Zusätze von Legierungsstoffen in der Umhüllung werden die Abbrandverluste überbrückt bzw. verhindert. Diese Legierungsstoffe können in der Umhüllung in metallischer oder nichtmetallischer Form zugesetzt werden. Auf diese Weise können auch nicht- oder niedriglegierte Kerndrähte über den Weg der Umhüllung auflegiert werden, um dem Schweißgut bestimmte Eigenschaften zu verleihen.

149. Die Güte der Schweißnaht wird nicht allein durch die Umhüllung bestimmt, sondern die Zusammensetzung des Kerndrahts ist maßgeblich daran beteiligt. Namentlich die Verunreinigungen an Phosphor und Schwefel unterliegen Beschränkungen, die in Gütevorschriften festgelegt sind. Werden legierte Stähle verschweißt, müssen die Kerndrähte entsprechend der Zusammensetzung des zu schweißenden Werkstoffs ausgewählt werden.

Die Kerndrähte sind je nach Grundwerkstoff sowie den geforderten Eigenschaften des Schweißguts und dem jeweiligen Schweißverfahren entsprechend legiert.

Die Legierungsbestandteile, z. B. Mangan und Silizium, sind je nach dem angewendeten Schweißverfahren — z. B. Lichtbogen-Handschweißung, UP-Schweißung, Schutzgas-Lichtbogen-Schweißung — sehr unterschiedlich.

150. Festigkeit und Dehnung usw. werden bei Verwendung beider Stromarten (Gleich- oder Wechselstrom) nicht beeinflußt.

Dagegen wirkt sich die unterschiedliche Temperatur beider Pole bei Gleichstrom günstig aus. Es lassen sich, je nach Vorschrift, die Elektroden am Minuspol oder an dem in der Temperatur höherliegenden Pluspol anschließen. Bestimmte Schweißresultate, Einbrand und Verschweißbarkeit sind damit erzielbar.

Schweißtransformatoren haben keine unterschiedlichen Wärmequellen an ihren Polen.

Die Blaswirkung des Lichtbogens ist bei Gleichstrom erheblich größer als bei Wechselstrom. Nackte Elektroden lassen sich an den normalen Schweißtrafos nicht verschweißen, es sei denn, sie sind mit Hochfrequenz-Zusatzgeräten versehen.

151. Mit dem Abschmelzen der umhüllten Elektrode ist der eigentliche Schweißvorgang wohl beendet. Die aus den Umhüllungsbestandteilen sich bildende und auf dem Schweißgut sich absetzende Schlacke hat aber noch im flüssigen wie im erstarrenden Zustand wichtige Aufgabe zu erfüllen.

Sie muß das bereits abgesetzte, aber noch flüssige Schweißgut vor weiterer Oxydation schützen. Die Erstarrung und Abkühlung ist zu verzögern und dadurch auch die Ausscheidung von Gasen aus dem Schweißgut zu begünstigen. Eine weitere Aufgabe

ist, für eine geeignete Umkristallisation und Oberflächenausbildung der Schweißnähte und des Schweißguts zu sorgen.
Wird die Schlacke vom Schweißgut vorzeitig entfernt, ist mit einer Verschlechterung der Schweißguteigenschaften zu rechnen. Die Schlacke darf auch nicht eine Störung des Schweißvorgangs herbeiführen und muß ermöglichen, daß sich eine Elektrode in der in der Kennzeichnung angegebenen Schweißposition einwandfrei verschweißen läßt.
Der richtig abgestimmte Flüssigkeitsgrad der Schlacke ist deshalb sehr wichtig. Der richtig abgestimmte Flüssigkeitsgrad der Schlacke kann vom Schweißer nur wenig über die Änderung der Schweißstromstärken beeinflußt werden.
Bei Fallnahtschweißungen hat die Frage des richtig abgestimmten Flüssigkeitsgrads eine große Bedeutung. Die Schlacke darf nicht vorlaufen, da sonst fehlerhafte Schweißungen entstehen.

152. Ursachen der Spritzverluste sind:
a) zu hohe Schweißstromstärke,
b) feuchte Elektroden,
c) Blaswirkung,
d) zu langer Lichtbogen.

153. Ti-Elektroden mitteldick umhüllt – kaltschweißend
Ti-Elektroden sehr dick umhüllt – heißschweißend
Es-Elektroden mitteldick bis sehr dick umhüllt – heißschweißend
Kb-Elektroden mitteldick bis sehr dick umhüllt – kaltschweißend
Ze-Elektroden – vorwiegend kaltschweißend
Kaltschweißende Elektroden sind nicht stromüberlastbar, während heißschweißende stromüberlastbar sind. Kalt- und heißschweißende Elektroden sind Hinweise dafür, daß das Schmelzbad bei kaltschweißenden Elektroden klein, bei heißschweißenden Elektroden groß ist. Kaltschweißende Elektro-

den sind großtropfig, heißschweißende Elektroden kleintropfig.

Demgemäß ist auch die Anwendung. Kaltschweißende Elektroden sind für Dünnblechschweißungen und Schweißungen in vertikaler und Überkopfposition sowie an schlecht zugepaßten Schweißstößen im allgemeinen besser geeignet. – Allerdings sollte es schlecht zugepaßte Schweißstöße nicht geben.

Statt kalt*schweißend* oder heiß*schweißend* wird auch die Bezeichnung „kalt*gehend*" oder „heiß*gehend*" angewandt. Jedoch wird die Bezeichnung kalt*schweißend* und heiß*schweißend* für den Schweißer leichter verständlich sein. Daher hat sich der Herausgeber für „kaltschweißende" und „heißschweißende" Elektroden entschieden. Natürlich hat das Wort „kaltschweißend" nichts mit der Lichtbogen-„Kaltschweißung" des Werkstoffs Grauguß zu tun.

154. Die Abschmelzleistung ist abhängig vom Elektrodentyp. Kaltschweißende Elektroden fließen langsamer als heißschweißende. Elektroden vom Typ Es (heißschweißende Elektroden) besitzen einen hohen Mangangehalt in der Umhüllung. Die hierdurch erzeugte Reaktionswärme sowie die Stromüberlastbarkeit haben eine erhöhte Schweißgeschwindigkeit zur Folge. Eine zu hohe Abschmelzgeschwindigkeit kann die Verschweißbarkeit in Zwangslage erschweren.

Die Abschmelzgeschwindigkeit der Elektroden je Sekunde ist nicht identisch mit der abgesetzten Schweißgutmenge je Stunde, weil hier die Spritz- und Abbrandverluste eine Rolle spielen. Zusätze von Eisenpulver zur Umhüllung können die Schweißleistung erheblich steigern, ohne daß die Schweißgeschwindigkeit der Elektrode je Sekunde heraufgesetzt wird.

155. Die erforderlichen Schweißstromstärken sind bei den verschiedenen Elektrodentypen unterschiedlich.

Die Beachtung der von den Elektrodenherstellern vorgeschriebenen Schweißstromstärken ist wichtig. Zu *geringer* Strom ergibt keinen oder ungenügenden Einbrand, zu *hoher* Strom vorzeitiges Glühendwerden der Elektrode, Einbrandkerben, Verbrennen des Schweißguts, Spritzverluste, schlechtere Verschweißbarkeit und Verminderung der metallurgischen Eigenschaften.

156. Richtiger Einbrand ist die Voraussetzung für eine gute Schweißverbindung. Bei I-, V-, X- und Kehlnähten ist ausreichender Einbrand notwendig, um ein einwandfreies Verschmelzen der einzelnen Lagen untereinander zu gewährleisten.
Schlecht verschweißte Wurzel- oder Schweißlagen sind Anlaß zu innerer Kerbwirkung, Dauerbruchgefahr und geringerer statischer Festigkeit.
Bei richtiger Auswahl der Elektrodendurchmesser zum Werkstück und Anwendung der vorgeschriebenen Schweißstromstärke ist der Einbrand eine Funktion der Elektrode, somit kaum beeinflußbar. Durch richtige Elektrodenführung, Polung und Vermeiden der Blaswirkung kann der Einbrand günstig beeinflußt werden. Mit zunehmendem Elektrodendurchmesser wird bei gleicher Werkstückdicke der Einbrand tiefer.

157. Flüssiger Stahl oder flüssiges Schweißgut hat die Eigenschaft, Gase wie Sauerstoff, Stickstoff, Wasserstoff, Kohlenoxid usw. zu lösen und während der Erstarrung wieder abzugeben. Die Löslichkeit für Gase in einer Flüssigkeit steigt mit der Temperatur der Flüssigkeit. Beim Erkalten werden entsprechend der abnehmenden Löslichkeit die Gase wieder abgegeben.
Wird nun das Schweißgut zu schnell abgekühlt, z. B. beim vorzeitigen Entfernen der Schlacke, können die Gase nicht entweichen. Die Gase werden eingeschlossen, und es bilden sich Poren. Man kann

demgemäß Poren als mit Gas gefüllte Hohlräume bezeichnen.

158. Von der Porenursache ausgehend (s. F. u. A. 157) müssen auch die entsprechenden Gegenmaßnahmen eingeleitet werden.
Diese wären:

1. Es muß untersucht werden, ob die Elektrodenumhüllung die an sie gestellten Aufgaben erfüllt. Das kann sie nur, wenn sie trocken und unbeschädigt ist. Die einwandfreie Lagerung ist also Voraussetzung für eine porenfreie Schweißung.
2. Durch die Schlackenbildung muß die langsame Abkühlung und damit auch die Möglichkeit der Entgasung des Schmelzbads gegeben sein.
3. *Elektroden müssen stets trocken gelagert und auf Baustellen vor Regen geschützt werden. Feuchte Elektroden sind häufig die Ursache von Porenbildung in Schweißnähten. Das trifft besonders für die Kb-Elektroden zu.*

Natürlich wird vorausgesetzt, daß die Elektroden einwandfrei sind und den gestellten Anforderungen (Elektrodenkennblätter) in jedem Fall auch entsprechen.

4. Die Ursache der Porenbildung kann auch im Grundwerkstoff liegen. Der Schweißer kann dann die Porenbildung nicht verhindern.

159. Man muß unterscheiden zwischen

a) Schweißempfindlichkeit,

b) Schweißrissigkeit,

c) Schweißnahtrissigkeit.

Zu a) Es treten Risse auf, wenn Bleche über 25 mm Dicke nach dem Schweißen zu schnell abkühlen. Es bilden sich Aufhärtungsgefüge, die sehr rißempfindlich sind. Da Kohlenstoff die Festigkeit des Stahls bestimmt, steigt mit zunehmendem C-Gehalt die Rißgefahr. Die Risse treten erst nach dem Erkalten des Werkstoffs auf.

Zu b) Schweißrissigkeit liegt vor, wenn der Stahl unzulässig hohe Gehalte an S enthält. Dann kommt es beim Erstarren bei Temperaturen um 1000 °C zur Bildung von interkristallinen Warmrissen. Zusätzliche Gehalte von gelöstem Sauerstoff erhöhen die Rißgefahr während der Erstarrung des Materials.

Zu c) Die Schweißnahtrissigkeit ist meist die Folge einer falschen Schweißnahtfolge und dadurch auftretender Spannungsspitzen an beanspruchten Stellen einer Konstruktion.
Nicht ausgeglichene Schrumpfkräfte verursachen das Aufreißen ganzer Bauteile.
Auch die Auswahl des Grundwerkstoffs, der Elektrode, nicht ausgeschweißte Endkrater der Schweißnähte spielen bei der Schweißnahtrissigkeit eine große Rolle.
Nachlässiges und verantwortungsloses Arbeiten des Schweißers sind außerdem Ursachen der Schweißnahtrissigkeit.

160. Aus den Ursachen der Rißbildung (s. F. u. A. 159) können auch die Gegenmaßnahmen abgeleitet werden.
Folgende Grundregeln sollen deshalb beim Schweißen stets beachtet werden, um erfolgreich schweißen zu können:

1. Grundwerkstoff und Elektrode müssen metallurgisch eine Einheit bilden und gleiche oder ähnliche Zusammensetzung haben. Unzulänglichkeiten im Grundwerkstoff (z. B. hoher S-Gehalt) müssen durch die Elektrode ausgeglichen werden (Kb-Elektrode benutzen).
2. Die Abkühlung und Erstarrung des Materials soll so verlaufen, daß ein einheitliches Gefüge ohne

Härtespitzen entsteht (Vorwärmen bei dicken Querschnitten bewirkt eine langsamere Erstarrung; Kb-Elektrode mit hoher Dehnung gleicht Härtespitzen im Grundwerkstoff durch zu große C-Gehalte aus).

3. Einhalten der richtigen Schweißfolge, so daß ein Minimum von Spannungsspitzen in der Konstruktion entsteht. Ausschweißen der Endkrater, namentlich bei dynamisch hochbeanspruchten Konstruktionen.
   Sofern möglich — Wärmenachbehandlungsverfahren anwenden.

4. Jeder Schweißer sei sich klar darüber, daß er durch sorgfältiges und verantwortungsbewußtes Schweißen stets entscheidend zur Verhinderung von Rißbildung beiträgt.

161. Selbstverständlich! Die Güte einer Schweißnaht ist eine Funktion der Elektrode, aber die beste Elektrode versagt, wenn sie falsch und unsachgemäß verschweißt wird.
Der Schweißer kann also die technologischen Eigenschaften des Schweißguts beeinflussen, indem er sich

1. an die genaue Handhabungsvorschrift hält und

2. seine Arbeit mit Geschick und Verantwortungsgefühl ausführt.

Ungenügender Einbrand, Kerben, Schlacken, Einschlüsse im Schweißgut, zu langer Lichtbogen und vieles mehr sind die Ursachen einer schlechten Schweißarbeit. Sie setzen die Güte der Schweißnahte herab und können z. B. eine geschweißte Konstruktion durch Rißbildungen und verminderte Festigkeit in den Schweißnähten in Gefahr bringen. Daß dadurch auch Menschenleben gefährdet sind, sollte besonders bedacht werden.

162. Ja! Bei allen Elektroden – gleich, ob nach dem Tauch- oder dem Preßmantelverfahren hergestellt – muß der Kerndraht zentrisch von der Umhüllung umgeben sein, da sonst die Umhüllung schief abbrennt. Folgen: schlechte Verschweißbarkeit, einseitiger Einbrand, Schlackeneinschlüsse, Blaswirkung und ungenügende Festigkeitswerte.

163. Als Eisenpulver- oder Hochleistungselektroden sind die früher mit Kontaktelektroden bezeichneten Elektroden zu verstehen. Es hat sich gezeigt, daß nicht unbedingt alle Eisenpulver- oder Hochleistungselektroden gleichzeitig als Kontaktelektroden anzusprechen sind, die beim Aufsetzen der Elektrode auf das Werkstück sofort zünden.
Die Umhüllung der Eisenpulver- und Hochleistungselektroden enthält zusätzlich Eisenpulver. Dieses trägt zur Vergrößerung des abgesetzten Schweißguts oder Volumens bei und damit zur Erhöhung der Wirtschaftlichkeit. Solche Elektroden können mit oder ohne Kontakt abschmelzen.

164. Die Elektroden ergeben ihrer Bestimmung nach einen tiefen Einbrand, und es können Werkstücke bis zu 20 mm Dicke ohne Abschrägen der Schweißkanten – jedoch von beiden Seiten – verschweißt werden.
Die Tiefeinbrandwirkung wird durch zusätzlichen Gasdruck, von bestimmten Zusätzen in der Umhüllung herrührend, durch hohe Lichtbogenspannung sowie durch eine hohe Schweißstromstärke erreicht.
Bei Anwendung der Tiefeinbrandelektroden sind die Vorschriften für die Schweißspaltbreite zu beachten, weil sich mit zunehmender Blechdicke und zunehmendem Elektrodendurchmesser die Spaltbreite zwischen den Schweißstößen verändert. Günstig ist die Anwendung von Tiefeinbrandelektroden zum wurzelseitigen Nachschweißen, da die

wurzelseitige Ausarbeitung entfallen kann. Die Güte der Schweißnaht wird durch den zu verschweißenden Grundwerkstoff mitbestimmt.

165. Ja! Das Schweißen unter Wasser setzt besondere Elektrodentypen voraus. Die Zusammensetzung der Umhüllung ist den geänderten Verhältnissen angepaßt und durch einen Lacküberzug unempfindlich gegen die Lösungswirkung des Wassers. Außerdem enthält die Umhüllung Bestandteile, die das dauernde Aufrechterhalten des Lichtbogens im Wasser ermöglichen. Auch der Kerndraht muß mit Rücksicht auf die dauernde Abkühlwirkung des Wassers entsprechend legiert sein.
Das Unterwasserschneiden ist sehr wirtschaftlich. Es sind hierfür Sonderelektroden entwickelt worden.

166. Als Schneidelektroden eignen sich in erster Linie heißschweißende Elektroden vom Typ Es oder Tiefeinbrandelektroden. Die Schnittkanten sind nicht so glatt wie beim Gas-Brennschneiden. Es handelt sich weniger um einen Brennschneidvorgang als vielmehr um ein Herausschmelzen. Für Verschrottungsarbeiten, Stahl und Gußeisen gut brauchbar.

167. Ja! Diese Elektrode wird als Rohrelektrode bezeichnet. Der Elektrodendraht – Kerndraht – ist ein Rohr, das stark umhüllt ist. Der Schneidvorgang beginnt mit der normalen Zündung des Lichtbogens. Sobald sich dieser gebildet hat, wird durch das Rohr Sauerstoff geblasen, wodurch der Schneidvorgang beginnt. Die Elektrode selbst dient zur Aufrechterhaltung der Schneidwärme und nutzt sich laufend ab.
Für die Verwendung der Rohrelektroden sind Spezialelektrodenhalter erforderlich. Außer dem normalen Lichtbogenschweißgerät sind Sauerstoff in den bekannten Stahlflaschen und ein zweistufiger Druckminderer notwendig. Es kann damit auch unter Wasser wirtschaftlich geschnitten werden.

168. Gesinterte Elektroden werden aus pulverisierten Wolframkarbiden, Chrom- und Manganzusätzen nach einem Strangpreßverfahren zu Stäben gepreßt. Sie haben einen Durchmesser von 4 bis 6 mm, eine Länge von 250 mm und können je nach dem Schweißverfahren nackt oder umhüllt verschweißt werden.

Rohrelektroden bestehen aus einem dünnwandigen Stahlrohr von 6 bis 8 mm Dmr. In der Rohrbohrung werden gleichfalls karbidische und andere Legierstoffe eingelagert und gemeinsam mit dem Stahlrohr lichtbogenverschweißt.

Falzelektroden werden aus einer endlosen Stahlbandfolie schneckenförmig zu einem runden Querschnitt zusammengefalzt. Zwischen den einzelnen Falzschichten werden Legierstoffe eingelagert. Der Durchmesser beträgt 5 bis 6 mm. Die Drähte können in Ringen oder in fixen Längen geliefert werden. Die vorgenannten Elektroden ergeben je nach Legierstoffanteil Vickershärten bis 1900 kp/mm^2. Sie dienen für Auftragschweißarbeiten an Erdbohrern, Mühlenschlägern, Baggerzähnen, Werkzeugen usw. (s. a. Abschnitt „Auftragschweißen von hochlegiertem Stahl").

169. Je nach den Grundtypen erhalten die Elektroden am Einspannende ein bis zwei verschiedene Farbanstriche. Die Farbkennzeichnung ist genormt oder von den Herstellerbetrieben festgelegt. Anhand dieser ist eine Sortierung möglich.

Die Verpackungshülsen tragen ein Etikett, das Verwechslungen der Elektroden ausschließen soll. Es ist daher wichtig, daß die Elektroden so lange in ihren Verpackungshülsen verbleiben, bis sie verbraucht werden. Sonst kann es nämlich böse Überraschungen geben.

170. Unbedingt in trockenen Räumen. Die Umhüllungen der Elektroden ziehen Feuchtigkeit an. Es entstehen dadurch hohe Spritzverluste und schädliche Gasbildungen in den Schweißnähten. Ein Nachtrocknen bei Temperaturen von 120 bis 150 °C ist empfehlenswert (Kb-Elektroden bei 250 bis 300 °C, Trokkenzeit etwa 2 h). Insbesondere Kb-Elektroden müssen vor Feuchtigkeitsaufnahme geschützt werden. Auf Spezialöfen zum Trocknen von Elektroden sei hingewiesen.

Bei Beschädigung der Elektrodenumhüllung – die auch durch unsachgemäße Lagerung eintreten kann – werden die einwandfreie Verschweißbarkeit und die Güte der Schweißnaht herabgesetzt.

Arbeits- und Unfallschutz

Frage:

171. Was ist grundsätzlich in Fragen des Arbeits- und Unfallschutzes zu beachten?

172. Welche Schutzkleidung soll ein Lichtbogenschweißer tragen?

173. Wie sollte der Schweißeranzug gearbeitet sein?

174. Weshalb muß der Lichtbogenschweißer ein Schutzschild tragen?

175. Welche Strahlen treten beim Lichtbogen-Schweißen auf?

176. Wie wirken sich die ultravioletten und die ultraroten Strahlen auf die Haut und die Augen aus?

177. Wie merkt der Schweißer, ob die Augen verblitzt sind?

178. Was muß der Schweißer gegen verblitzte Augen unternehmen?

179. Welche Aufgaben haben die Farbgläser im Schutzschild?

180. Weshalb ist vor dem Farbglas noch ein farbloses Glas?

181. Wann muß der Lichtbogenschweißer eine Schutzbrille tragen?

182. Wie sichert der Schweißer seinen Arbeitsplatz, um die anderen Arbeitskollegen vor dem „Verblitzen“ der Augen zu schützen?

183. Welche Farbe müssen die Trennwände haben?

184. Wie soll eine Lichtbogenschweißwerkstatt gestrichen sein?

185. Was muß der Schweißer bei Montagearbeiten in belebten Gegenden an seinen Trennwänden anbringen?

186. Was ist bei Schweißarbeiten im Schiff-, Hoch- oder Brückenbau für die Sicherheit des Schweißers zu beachten?

187. Ist der Schweißstrom gefährlich?

188. Warum ist das Schweißen mit Wechselstrom gefährlicher als mit Gleichstrom?

189. Welche Schutzmaßnahmen sind beim Schweißen mit Schweißtransformatoren besonders streng zu beachten?

190. Was ist vor der Durchführung von Reinigungs- und Ausbesserungsarbeiten an Schweißgeneratoren, Schweißumformern und Schweißtransformatoren zu beachten?

191. Was ist beim Transportieren oder Verschieben der Schweißstromquelle auch bei kürzester Entfernung zu beachten?

192. In welchen Zeiträumen müssen die Schweißstromquellen hinsichtlich ihrer Betriebssicherheit überprüft werden?

193. Was ist bei einem „elektrischen" Unfall eines Schweißers zu veranlassen?

194. Welche gefährlichen Gase und Dämpfe treten in der Hauptsache beim Lichtbogen-Schweißen auf?

195. Welche staubförmigen Verunreinigungen treten beim Lichtbogen-Schweißen auf, und wie wirken sie sich aus?

196. Was ist in bezug auf Trichloräthylen zu beachten?

197. Welche Maßnahmen sind beim Schweißen in Kesseln oder engen Räumen zu treffen?

198. Was ist vor Beginn des Schweißens in Räumen mit Feuer- und Explosionsgefahr, z. B. Instandsetzungen, Erneuerungen schadhafter Anlagen usw., in Brandschutzangelegenheiten zu beachten?

199. Warum sollen glühende Elektrodenenden nicht achtlos weggeworfen werden?

200. Worauf sollte der Schweißer im eigenen Interesse in gesundheitlicher Hinsicht achten?

201. Was bringt die Arbeitsschutz- und Brandschutzanordnung 193/2 „Schiffbau“ in schweißtechnischer Hinsicht?

202. Was ist beim Arbeiten mit radioaktiven Isotopen hinsichtlich des Arbeitsschutzes zu beachten?

203. Wer ist für den Unfallschutz im Betrieb verantwortlich?

204. An wen muß man sich bei ungenügendem Unfallschutz wenden?

205. Was ist die Aufgabe der für den Unfallschutz im Betrieb verantwortlichen Personen?

206. Was ist in bezug auf Arbeits- und Unfallschutz für die Schweißerin zu beachten?

Arbeits- und Unfallschutz

Antwort:

171. a) Vor Beginn einer Arbeit hat man sich genau über die Fragen des Arbeits- und des Unfallschutzes zu orientieren! Nur dadurch kann man sich vor Unfällen schützen. Sich n a c h dem Unfall zu orientieren, ist insofern falsch, als das Unglück mit all seinen mehr oder weniger schweren Folgen ja bereits eingetreten ist.

b) Die Bestimmungen des Arbeits- und Unfallschutzes mit fortschreitender Praxis und dadurch zunehmender Vertrautheit nicht vernachlässigen, sondern genauso streng zu beachten wie am ersten Tag!

c) Als Facharbeiter auch die Kollegen, die als Helfer mitarbeiten oder in einem Lehrverhältnis stehen, auf die Arbeitsschutzanordnungen hinweisen und sie darüber unterrichten!

d) Für den Lichtbogenschweißer oder die -schweißerin gelte insbesondere folgende Regel: Beginne nicht eher mit der Arbeit, bevor du dich nicht mit der Handhabung der Schweißstromquelle und sonstiger Geräte auch hinsichtlich des Arbeitsschutzes vertraut gemacht hast! Darum beschäftige dich nicht nur einmal, sondern des öfteren mit den Fragen und Antworten des Abschnitts: „Arbeits- und Unfallschutz". Auf den Auszug der gesetzlichen Vorschriften am Schluß des Buches sei besonders hingewiesen.

172. Anzug aus festem Drell, auch Segeltuch, hohe Lederschnallenschuhe, Stiefel oder Gamaschen (Holzsohle gute Isolierung), Lederhandschuhe mit Stulpen (auf einwandfreien Zustand der Handschuhe ist zu achten), Lederschürze, Kappe ohne

Schirm. Bei Warmschweißungen Asbestanzug, Asbesthandschuhe usw.

173. An den Handgelenken eng anliegend. Der Kragen soll hochgeschlossen sein, damit keine Metallspritzer – besonders bei Überkopfschweißungen – in den Anzug fallen und am Körper schwere Verbrennungen hervorrufen. Hosen nicht in die Stiefel stecken. Keine Taschen an der Vorderseite des Anzugs, um Verbrennungen durch Spritzer vorzubeugen. Keine brennbaren Gegenstände in die Taschen stecken. Anzug möglichst feuerhemmend imprägniert. Vorschriften über Waschen dieser Anzüge beachten.

174. Um Augen und Gesicht vor den auftretenden Strahlen zu schützen.

175. Licht- oder Blendstrahlen, ultraviolette und ultrarote oder Wärmestrahlen.

176. Die Haut verbrennt. Eine Abart ist der Sonnenbrand. Deshalb sind Handschuhe z. B. nicht nur zum Schutz gegen Metallspritzer, sondern auch zum Schutz gegen die Strahlenwirkung notwendig. Daher auch nicht mit ungeschütztem Körper (z. B. aufgekrempelten Ärmeln, entblößtem Oberkörper) schweißen.

Die Augen werden „verblitzt“ (Bindehautentzündung), d. h., es kommt zu einer Entzündung der Bindehäute. Bei starkem „Verblitzen“ bilden sich Bläschen, die sich wie Sandkörner in den Augen anfühlen.

177. Die Augen brennen, und man hat ein Gefühl, als ob Sand in den Augen wäre. Die Augenlider sind gerötet, die Augen tränen. Reiben der Augen erhöht die Schmerzen und auch die Tränenbildung.

178. Er muß sich sofort bei seinem Meister oder beim Betriebsarzt melden. Dieser träufelt Tropfen in die Augen, die den Schmerz lindern. In kleineren Be-

trieben muß man sich ebenfalls sofort in ärztliche Behandlung begeben.
Die Tropfen müssen in jeder Betriebssanitätsstelle einer Schweißwerkstatt vorhanden sein.
Nachts lege man feuchte Tücher auf die Augen (Kühlung).

179. Die Farbgläser sollen die ultravioletten und die ultraroten Strahlen von den Augen fernhalten und die Lichtwirkung so weit herabsetzen, daß der Schweißvorgang gut beobachtet werden kann. Die Farbgläser sind genormt.

180. Das farblose Glas soll das Farbglas vor Metallspritzern schützen, die es schnell undurchsichtig machen würden. Man braucht also nicht das teure Farbglas, sondern nur das billigere, farblose Glas auszuwechseln.

181. Zum Schutz vor gegenseitigem „Verblitzen", wenn mehrere Schweißer an einem Werkstück auf engem Raum schweißen. Dieses Glas besteht aus besonderen Stoffen, z. B. Chromoxid. Schutzbrillen mit seitlichem Blendschutz sind vorteilhaft.

182. Durch Aufstellen von Trennwänden. Schweißen in Kabinen.

183. Am besten schwarz. Diese Farbe nimmt die ultravioletten Strahlen in sich auf (absorbiert sie) und wirft sie nicht wieder zurück (reflektiert sie nicht) wie die weiße Farbe. Vergleiche Spiegel in der Sonne. Keine glänzenden Farben verwenden. Mattgrün ebenfalls sehr vorteilhaft, beruhigt das Auge und gestaltet den Arbeitsplatz freundlicher.

184. Dunkel (s. a. F. u. A. 183). Weitere Erkenntnisse ergaben, daß sich auch eine mattgrüne Farbe (Zinkgrün) sehr gut eignet.

185. Eine Warnungstafel mit der Aufschrift: „Achtung! Schweißarbeiten! Nicht in den Lichtbogen sehen!" Wenn möglich, eine Schutzwand aufstellen. Kinder sind vor dem Hineinsehen in den Lichtbogen zu warnen.

186. Bei Ausführung von Schweißarbeiten an besonders gefährdeten Stellen müssen die Schweißer angeseilt werden.

187. Im allgemeinen nicht. Der menschliche Körper hat einen so hohen Widerstand, daß die geringe Arbeitsspannung von etwa 15 bis 45 V bei Umformern dem Schweißer nichts ausmacht.
Ist die Haut des Körpers aber feucht, z. B. beim Schweißen im Kessel, so sinkt sein Widerstand beträchtlich, und der Strom kann lebensgefährlich wirken. Verschärfend wirkt die großflächige Berührung.

188. Weil die Wechselspannung leichter spürbar wird und die Leerlaufspannung (gegenüber einem Umformer mit Spannungsverminderungsschütz 42 V) beim Schweißtransformator allgemein bis zu 70 V beträgt. Der pulsierende Wechselstrom ist außerdem gefährlicher als Gleichstrom.
Die Höhe der Spannung, nicht aber die Stromstärke ist maßgebend für die Lebensgefährlichkeit. *Infolge der höheren Leerlaufspannung soll das Auswechseln der Elektroden grundsätzlich mit Handschuhen erfolgen.*

189. Mit Schweißtransformator möglichst nicht im Freien, im Regen und auf keinen Fall im Kessel schweißen. Immer Handschuhe tragen. Schweißkabelbeschädigungen und Kabelverbindungen gut isolieren. Elektrodenhalter nicht unter den Arm klemmen. *Schweißkabel nicht über die Schulter hängen* (letzteres gilt für alle Schweißstromquellen). Bei feuchtem oder gut leitendem Boden isolierende Unterlage schaffen.

190. Daß die Geräte durch Abschalten vom Netz spannungsfrei sind. Bei Schweißtrafos mit Kondensatoren noch etwa fünf Minuten bis zum Beginn der

Instandsetzungsarbeiten warten! Netzstecker aus der Steckdose ziehen!

191. a) Daß die Schweißstromquelle vor dem Transport oder Verschieben vom Stromnetz abgeschaltet und dadurch stromlos wird. Netzstecker aus der Steckdose ziehen!

b) Daß die Schweißkabel beim Transport oder Verschieben der Schweißstromquelle nicht überfahren werden, um sie nicht zu beschädigen. Gar mancher hat durch ein schadhaftes oder beschädigtes Schweißkabel infolge Verkettung unglücklicher Umstände sein Leben lassen müssen!

c) Beschädigte Schweißkabel nicht benutzen. Sofort nach den Vorschriften der Elektrotechnik instand setzen lassen.

192. Durch einen dafür zugelassenen Elektro-Fachmann alle 6 Monate.

193. **Erst Strom abschalten.**
Der Arzt ist sofort zu benachrichtigen. Wiederbelebungsversuche sind bis zum Eintreffen des Arztes durchzuführen. Unbedingt die Methode Atemspende bis zum Eintreffen des Arztes anwenden.
Häufig tritt bei einem solchen Unfall nur Scheintod ein, so daß Wiederbelebungsversuche, die unermüdlich stundenlang durchgeführt wurden, oft noch zum Erfolg geführt haben.

194. *Stickoxide.* Sie kommen in so geringer Menge vor, daß sie im allgemeinen nicht schädlich auf den menschlichen Körper einwirken. (Merkblatt über Nitrosegase der UVV beachten!)
Fluorverbindungen. Fluorwasserstoff wie auch organische Zersetzungsprodukte aus fettigen Verunreinigungen des Werkstücks oder aus der

Umhüllung der Elektroden kommen in geringen Mengen vor und wirken sich daher nicht schädlich aus.

Beim Schweißen verzinkter Teile treten Zinkdämpfe – erkenntlich an einem weißen Niederschlag – auf, die eine Zinkgasvergiftung hervorrufen können. Diese wird auch mit „Gießfieber" bezeichnet.

Eine Erkrankung erkennt man an Atembeschwerden, Kopfschmerzen, Schwindelgefühl, schnell ansteigendem Fieber.

Arbeit sofort einstellen. Unter Umständen ins Freie begeben und hinlegen, also Ruhe! Sehr gut bewährt sich anschließende Bettruhe und Schwitzen. Meist sind die Beschwerden in ein oder zwei Tagen vorüber, ohne irgendwelche Nachwirkungen zu hinterlassen. In schwereren Fällen sofortiges Hinzuziehen eines Arztes.

Beim Schweißen verzinkter Werkstücke für gute Lüftung sorgen oder im Freien arbeiten. Atemschutzgerät mit Kolloidfilter tragen. Auch beim Schweißen von Messing, Kupfer und Bronze sollte wegen der schädlichen Dämpfe eine Atemschutzmaske getragen werden. Bei Schweißungen an Werkstücken, die mit bleihaltigen Farbanstrichen versehen sind, ist besondere Vorsicht geboten. Atemschutzgerät mit Kolloidfilter erforderlich. Schwammgummi oder Wattefilter unbrauchbar. Frischluftgeräte zweckmäßig.

195. Zu den staubförmigen Verunreinigungen gehören Kieselsäure, Erdalkalioxide, Schwermetallrauche und vor allem Schwermetalloxidschwaden, also hauptsächlich Bestandteile der Elektrodenumhüllung. Jedoch werden diese durch das Schweißerschutzschild in starkem Maße von den Atmungsorganen abgehalten, so daß bisher ernstliche Lungenschäden nicht bekannt geworden sind.

Vorsicht kann aber auf keinen Fall schaden. Das Absaugen oder Wegblasen der Dämpfe und des Rauches ist besonders wichtig. Es sollte dieser Frage nicht nur in engen Räumen, sondern generell größte Aufmerksamkeit gewidmet werden.
Schweißtische mit Absaugvorrichtung haben sich gut bewährt. Bild 13 zeigt einen solchen Schweißtisch.

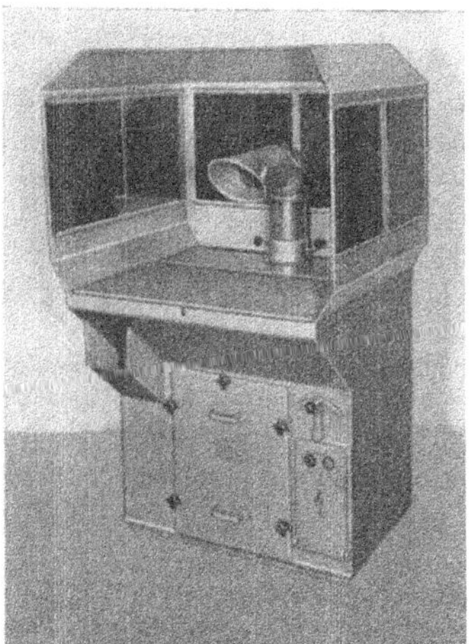

Zu Antwort 195

Bild 13. Schweißtisch mit Absaugevorrichtung, Blendschutzaufsatz und Elektrodenköcher

196. Trichloräthylen ist eine farblose Flüssigkeit. Siedepunkt 87 °C. Bereits bei Raumtemperaturen weist es eine bemerkenswerte Dampfspannung auf. Der Dampf ist nicht brennbar, aber giftig!
Trichloräthylen ist ein starkes und gefährliches Nervengift. Den Beginn einer Tri-Vergiftung zeigt

meist ein subjektiv sehr angenehmer Rauschzustand an, der aber schon unheilbare Schäden hinterlassen kann.

In geschlossenen Räumen – auch Werkhallen – darf mit Trichloräthylen nicht gearbeitet werden.

Trichloräthylen hat eine stark fettlösende Eigenschaft und wird daher zum Reinigen verölter Maschinenteile und zum Entfetten von Werkstoffen verwandt (z. B. Leichtmetalle bei der WIG-Schweißung (argonarc).

Der Schweißer hat folgendes zu beachten:

a) Wenn Werkstoffe oder Werkstücke zur Vorbereitung für die Schweißung mit Trichloräthylen entfettet wurden, ist dafür zu sorgen, daß das Trichloräthylen gewissenhaft und sorgfältig entfernt wird. Die Werkstücke werden einem Wasserdampfstrom ausgesetzt und gründlichst gebürstet.

b) Räumliche Trennung der Entfettungsanlage von der Schweißerei ist notwendig, da sonst direkt durch das Trichloräthylen oder durch die infolge der Hitze entstehenden Zersetzungsprodukte (Phosgen) die Gefahr einer schweren Vergiftung droht.

c) *Trichloräthylen darf nicht in Lichtbogennähe vorhanden sein. Die als Gefahrenzone festgestellte Entfernung beträgt etwa 4 m. Es wird keinesfalls schaden, diese Entfernung beträchtlich zu erhöhen, um sich zuverlässig vor einer Vergiftung zu schützen.*

197. Kesselschweißungen dürfen nur von Betrieben ausgeführt werden, die dazu zugelassen sind. Die für Kesselschweißungen eingesetzten Schweißer müssen die erforderlichen Prüfungen gemäß den Vorschriften abgelegt haben.

Für Kessel-Innenschweißungen keine Schweißtransformatoren verwenden, sofern es sich nicht um für derartige Arbeiten *zugelassene* Schweißtransformatoren handelt, die sich *zwangsläufig* bei einer Leerlaufspannung über 42 V *ausschalten.*

Die Leerlaufspannung darf bei Arbeiten im Kessel nur 42 V betragen. Daher dürfen beim Schweißen in Kesseln, Behältern und Rohrleitungen im allgemeinen nur Gleichstromquellen (Schweißumformer oder Schweißgleichrichter) verwendet werden. Erforderlichenfalls ist ein Spannungsminderungsschütz einzubauen. Die Schweißstromquellen dürfen nur außerhalb der Kessel, Behälter und Rohrleitungen aufgestellt werden. Für Handlampen werden im allgemeinen 24 V verwendet.

Bei der Ausführung von Schweißarbeiten in Kesseln, Behältern usw. ist die Gefahr einer schnellen und sehr gefährlichen Vergiftung besonders groß. Nicht nur durch die Entwicklung der Elektrodendämpfe (s. F. u. A. 194 und 195), sondern auch durch die Erwärmung des Kesselsteins entsteht im Kesselinneren eine außerordentliche Luftverschlechterung, die ernste Vergiftungsgefahren in sich birgt. Es ist daher zu beachten:

a) Sämtliche Mannlöcher, Luken, Schlammlöcher usw. müssen geöffnet sein, um viel Frischluft ins Kesselinnere hineinzubekommen.

   Vor dem *erstmaligen* Befahren des Kessels durch Hineinhalten eines brennenden Lichts – so weit hinein wie möglich – feststellen, ob Kesselluft genügend Sauerstoff hat. Erlischt das Licht, darf der Kessel vorerst nicht befahren werden. Gilt nicht für das Befahren von Behältern, Apparaten, Rohrleitungen usw., in denen sich explosible Gase oder Dämpfe befinden oder ansammeln können. Es ist bei dieser vorgeschlagenen Vorsichtsmaßregel ausschließlich an Dampfkessel gedacht (s. a. Absatz n dieser Antwort).

b) Frischluft soll außerdem in den Kessel durch ein Gebläse eingeführt oder umgekehrt die schlechte Luft aus dem Kessel abgesaugt werden. Dabei ist die günstigste Wirkung des Luftstroms festzustellen, damit dem Schweißer nicht durch die unrichtige Leitung des Luftstroms statt frischer und kalter, schlechte und heiße Luft zugeführt wird. Die Einführung von Druckluft ist nicht anzuraten. Der Luftzug kann dann nämlich so stark sein, daß beim Glimmen des Schweißeranzugs dieser in Brand gerät. Schwere Brandwunden, wenn nicht gar tödliche Verletzungen, können die Folge sein.

Es sei ausdrücklich darauf hingewiesen, daß keinesfalls reiner Sauerstoff — etwa aus Sauerstoffflaschen — eingeführt werden darf, da dadurch die im Kessel oder in engen Räumen arbeitenden Kollegen in größte Lebensgefahr gebracht werden.

c) Es ist mit guten Atemschutzgeräten zu arbeiten. Auch die Verwendung von Frischluftgeräten ist zu empfehlen. Dem Schweißer wird bei diesen *von außen her durch eine besondere Schlauchleitung* Frischluft zugeführt. Bei langen Schlauchleitungen muß Frischluft unter geringem Druck zugeführt werden.

d) Mit dem Kopf möglichst entfernt von der Schweißstelle bleiben um so wenig wie möglich von den Gasen, den Dämpfen und der Hitze belästigt zu werden.

e) *Vor Beginn der Arbeit im Kessel strengste Kontrolle der Schweißkabelleitungen auf Beschädigungen. Nur unbeschädigte Schweißkabel verwenden, Schweißkabel nicht über die Schulter legen.* Zwecks Isolierung eine Holzunterlage im Kessel schaffen! Alle elektrisch leitenden Flächen, mit denen der Körper in Berührung kommen könnte, isoliert abdecken. Vorsicht ist keine Feigheit.

Zwecks Isolierung gegen die Umgebung: Arbeitsschutzkleidung aus schlechtleitenden Stoffen.

f) Bei der Einstiegöffnung Schild anbringen mit folgendem Text: „Befahren des Kessels während Ausführung der Schweißarbeiten untersagt!“

g) Die Schweißer müssen schwer entflammbare (imprägnierte) Anzüge tragen. Nach Waschen derartiger Anzüge muß Imprägnierung erneuert werden.

h) Um schwere Verletzungen der Füße durch abspringende glühende Kesselsteinteile, Metallspritzer usw. zu vermeiden, die etwa in die Schuhe gelangen, sollen Stiefel getragen werden. Hosen nicht in die Stiefel stecken.

i) Außerhalb des Kessels muß ein Arbeitskollege den oder die Schweißer unter ständiger Kontrolle halten (Kontaktseil), um im Gefahrenfall sofort Hilfe bringen zu können. *Er ist eingehend darüber zu belehren, daß er in der Beobachtung nicht nachlassen, seinen Platz ohne Meldung nicht verlassen darf und daß im Gefahrenfall die Schweißstromquelle sofort auszuschalten ist.*

j) Abwechselndes Schweißen von zwei Schweißern bei größeren Reparaturschweißungen ist zu empfehlen.

k) Bei Unterbrechung der Schweißarbeiten Schweißstromquelle ausschalten.

l) Da der Schweißer beim Durchführen von Schweißungen in Kesseln, Behältern usw. der Hitze, schädlichen Dämpfen und Gasen ausgesetzt ist, sollten die Arbeiten nur von solchen

Facharbeitern ausgeführt werden, deren Herz und Lunge völlig gesund sind.

m) Werden auch nur *Anzeichen eines beginnenden Unwohlseins* bemerkt, Kessel sofort verlassen. Kurze Zeit im Kesselhaus hinlegen, mit Decken einhüllen lassen, wenig Bewegung, erst dann ins Freie begeben. In schweren Fällen sofort ärztliche Hilfe rufen!

n) Beim Befahren von Behältern, Apparaten, Rohrleitungen, Gruben usw. und Arbeiten an oder in denselben, in denen sich giftige sowie explosible Gase oder Dämpfe ansammeln können, sind die hierfür erlassenen Anordnungen, Vorschriften und Merkblätter vor Beginn der Tätigkeit zu beachten und ist danach zu handeln.

198. Vor Beginn des Schweißens ist die schriftliche Genehmigung des Brandschutzverantwortlichen einzuholen. Im Gefahrenfall müssen Sicherheitsposten und Löschgeräte aufgestellt werden.
Es liegt im ureigensten Interesse eines jeden Schweißers, nicht früher mit der Arbeit zu beginnen, bis nicht die schriftliche Genehmigung (Schweißererlaubnisschein) vorliegt und alle Maßnahmen des erforderlichen Brandschutzes getroffen sind.

199. Brand — Unfallgefahr! Die Elektrodenenden gehören in den dafür vorgesehenen Behälter!

200. Soweit es die betrieblichen Arbeitsverhältnisse zulassen, soll er sich vor Erkältungen schützen. Zugfreier Arbeitsplatz, Vermeiden erheblicher und schnell wechselnder Temperaturunterschiede an einzelnen Körperteilen (z. B. vorn warm, hinten kalt oder umgekehrt). Nicht auf kalten Stahl oder Eisen setzen! (Nebenbei bemerkt: eine leider sehr verbreitete üble Angewohnheit, die man sich im eigenen Interesse abgewöhnen sollte.) In erhitztem

Zustand keine kalten, sondern leicht erwärmte Getränke zu sich nehmen!

201. Unter anderem:

§ 7: Alle Werktätigen, die mit A- und E-Schweißern zusammen arbeiten, müssen Blendschutzbrillen tragen. Hauer und Stemmer müssen Schutzbrillen mit splitterfreien Gläsern verwenden. Bei allen Arbeiten, wo die Gefahr der Augenverletzung besteht (Bohrarbeiten über Kopf, Schmirgelarbeiten, Brennerarbeiten, Nietarbeiten usw.), sind Schutzbrillen zu tragen.

§ 25: (1) Als enge Schiffsräume gelten solche Räume, die keine unmittelbar ins Freie führenden Öffnungen besitzen, keine natürliche Belüftung haben und nur durch Mannlöcher, enge Luken und von anderen Räumen aus, durch Niedergänge betreten werden können, z. B. Zellen der Doppelböden, Wassertanks, Bunker, Wellentunnel, Lasten, Bilgen, Vorder- und Hinterpieks.

(2) Wird in engen Schiffsräumen gearbeitet, so sind diese Räume vor und während der Arbeit ausreichend zu be- und entlüften. Falls die Entlüftungsmöglichkeiten nicht ausreichen, sind Frischluftmasken zu tragen. Die Be- und Entlüftungseinrichtungen sind ständig zu kontrollieren. Bei besonderer Gefährdung sind die Werktätigen durch einen dafür eingesetzten Sicherheitsposten zu beobachten.

§ 27: (3) Bei allen Arbeiten in engen Schiffsräumen ist die Aufsicht über die Werktätigen einer zuverlässigen Person als Sicherheitsposten zu übertragen, die vom leitenden Mitarbeiter einzuweisen ist. Dem Sicherheitsposten darf die Aufsicht über eine zweite nahe bei der ersten gelegenen Arbeitsstätte übertragen werden. Er ist verpflichtet, in unmittelbarer Nähe der Arbeitsstätte bis zur Ablösung zu bleiben oder bis sämtliche Werktätige die Räume, in denen gearbeitet wird, verlassen haben. Er ist ferner verpflichtet, sich regelmäßig vor Beginn der

Arbeit davon zu überzeugen, daß für ausreichend Frischluft gesorgt ist.

(4) Werktätige, die mit dem Umgang von brennbaren, explosiven sowie gesundheitsschädigenden Mitteln betraut werden, sind über die Wirkungsweise und Gefahren des zu verarbeitenden Stoffes zu unterrichten. Über die Belehrung ist unter Inhaltsangabe schriftlich Nachweis zu führen. Den Werktätigen ist bekanntzugeben, daß sie den Anordnungen des Sicherungspostens in jedem Falle Folge zu leisten haben.

§ 30: (1) Bei der Verwendung von Polyesteranstrich als Anstrichmittel ist damit zu rechnen, daß bei Hitzeeinwirkung, z. B. beim Schweißen stark reizende Gase und Dämpfe entstehen. Aus diesem Grunde ist Polyesteranstrich an den zu schweißenden Stellen zu entfernen. Bei der Verarbeitung von flüssigen Polyestergießharzen sind langärmelige Schutzkleidung, Schutzhandschuhe und Schutzbrillen zu tragen. Nach Ausführung der Arbeiten ist eine gründliche Reinigung der freien Körperteile notwendig. Die Anwendung von Hautschutzsalbe ist Pflicht. Weiterhin sind Werkzeuge zu verwenden, die einen direkten Kontakt mit dem Polyesterharz ausschließen.

§ 37: (1) Bei der Ausführung von Brennarbeiten im Freien sollen die damit beauftragten Werktätigen nach Möglichkeit so arbeiten, daß die entstehenden Dämpfe von ihnen wegziehen.

(2) Müssen derartige Arbeiten in geschlossenen Räumen vorgenommen werden, so sind zur ausreichenden Lüftung große Öffnungen in die Wandungen einzuschneiden oder durch künstliche Belüftung Bleidämpfe, Stäube oder andere schädliche Gase ins Freie abzuführen. Andere mit Brennarbeiten beschäftigte Werktätige dürfen sich während dieser Arbeiten in den geschlossenen Räumen nicht aufhalten.

(3) Beim Entfernen der Bleifarbanstriche ist in geschlossenen Räumen in gleicher Weise für gute Lüftung zu sorgen.

§ 38: (1) Jedem Werktätigen, der Schneidearbeiten vornimmt, ist ein Atemschutzgerät zur Verfügung zu stellen. Die Masken sind entsprechend der Arbeitsschutzanordnung 72 vom 6. Juli 1955 – Atemschutzfiltergeräte, Sauerstoffkreislaufgeräte und Frischluftgeräte (Schlauchgeräte) – (GBl. I S. 483) zu behandeln.

(2) Beim Schneiden von Wandungen usw., die mit Blei- oder Zinkfarbe gestrichen sind, muß ein Atemschutzgerät benutzt werden.

(3) Bei den aufgeführten Arbeiten ist das Bleimerkblatt[1]) zu beachten.

§ 44: (1) Bei allen Schweiß- und Schneidarbeiten sind die Bestimmungen der Arbeitsschutzanordnung 615 vom 6. Januar 1953 – Schweißen und Schneiden – (GBl. S 153) und der Arbeitsschutz- und Brandschutzanordnung 870 vom 28. April 1959 – Lagerung von Kalziumkarbid und Bau und Betrieb von Azetylen-Erzeugungsanlagen (Azetylen-Anordnung) – (Sonderdruck Nr. 304 des Gesetzblattes) sowie die betrieblich erlassenen Instruktionen einzuhalten.

(2) Vor der Durchführung von Schweiß-, Schneid-, Löt- oder anderen feuergefährlichen Arbeiten sind alle brennbaren und explosiven Stoffe bzw. eine Explosionsgefahr zu beseitigen oder die Stoffe entsprechend zu schützen. Diese Arbeiten sind von dem jeweils zuständigen leitenden Mitarbeiter, mit Einverständnis des Brandschutzverantwortlichen,

---

[1]) Wenn auch in F. u. A. 201 lediglich vom autogenen Brennschneiden die Rede ist, finden diese Vorschriften sinngemäß auch für das Brennschneiden mit Lichtbogen Anwendung. Viele Lichtbogen-Schweißer, die im Schiffbau tätig sind, verrichten aber auch Brennschneidearbeiten mit Gasflammen, so daß eine genaue Orientierung über diese Anordnungen und Vorschriften unerläßlich ist.

unter Festlegung der erforderlichen Sicherheitsmaßnahmen sowie der Bereitstellung zusätzlicher Feuerlöschgeräte und -mittel durch einen Schweißschein (Schweißgenehmigung) zu genehmigen.

(3) Schweiß-, Schneid-, Löt- oder andere feuergefährliche Arbeiten dürfen nur dort ohne besondere Genehmigung (Schweißschein) und Einhaltung zusätzlicher Sicherheitsmaßnahmen durchgeführt werden, wo keine brennbaren und explosiven Stoffe vorhanden sind und keine Explosionsgefahr besteht. Jeder Werktätige hat vor Beginn derartiger Arbeiten seinen Arbeitsplatz daraufhin zu überprüfen.

(4) Schweiß-, Schneid-, Löt- oder andere feuergefährliche Arbeiten dürfen mit anderen Arbeiten, die eine Feuer- oder Explosionsgefahr herbeiführen können, nicht gleichzeitig durchgeführt werden.

(5) In Schiffsräumen, in denen Arbeiten mit brennbaren, leicht flüchtigen Stoffen durchgeführt werden, sind Schweiß-, Schneid-, Löt- oder andere feuergefährliche Arbeiten verboten. Der gefährdete Abschnitt ist bis zur Gasfreiheit als feuer- oder explosionsgefährdeter Raum zu kennzeichnen.

(6) Die Gasfreiheit ist von einem sachkundigen Werktätigen durch eine Gasspürung festzustellen, und die Ungefährlichkeit des Luftgemisches ist schriftlich zu bestätigen.

(7) Wasservorlagen, Gaserzeuger, Brenngas- und Sauerstoffflaschen dürfen auf Schiffsobjekten nur an Deck und mit Genehmigung des jeweils zuständigen leitenden Mitarbeiters untergebracht werden. Bei längerer Arbeitsunterbrechung sind die Gasschläuche aus den Räumen zu entfernen.

(8) Bei Tankreinigungs- und Ausbesserungsarbeiten sowie bei Arbeiten auf Tankschiffen ist die Arbeitsschutzanordnung 374 vom 8. November 1952 – Tankreinigungs- und Ausbesserungsarbeiten auf Schiffen mit Öltanks – (GBl. S. 1235) einzuhalten.

Tankschiffe dürfen nur in gasfreiem Zustand Werfthäfen anlaufen. Für Schweiß-, Schneid-, Löt- oder andere feuergefährliche Arbeiten ist ein Schweißschein (Schweißgenehmigung) erforderlich.
(9) Das Auffüllen von Lötlampen ist im Freien vorzunehmen.
§ 48: (7) Schweiß-, Schneid-, Löt- oder andere feuergefährliche Arbeiten dürfen während der Bebunkerung an Bord nicht durchgeführt werden. Ausnahmen sind nur mit Genehmigung des Betriebsleiters nach Einverständnis des Brandschutzverantwortlichen bei Einhaltung entsprechender Sicherheitsmaßnahmen gestattet.
§ 49: (3) E-Schweißkabel sind so zu isolieren, daß Lichtbogen- und Funkenbildung durch Berührung mit Masse ausgeschlossen ist.

202. Das Arbeiten mit radioaktiven Isotopen zwecks Werkstoff- und Schweißnahtprüfung ist noch verhältnismäßig neu. So gut auch die Werkstoffprüfung, die Schweißnahtprüfung usw. mit Isotopen ist und daher auch in steigendem Maße eingesetzt wird, so wichtig aber ist es, daß sich auch der Schweißer mit den Arbeitsschutzmaßnahmen etwas vertraut macht, um sich nicht unbewußt einer Gefahr auszusetzen.
Einiges sei daher nachstehend erläutert:
Das Arbeiten mit Isotopen setzt Räume voraus, die für diese Arbeiten besonders hergerichtet sind (Strahlenschutzräume). Personen, die mit den Arbeiten nichts zu tun haben, ist der Aufenthalt in diesen Räumen verboten. Die Arbeitsräume müssen mit Absaugventilen, Frischluftzufuhr und mit besonderen Abzugsvorrichtungen versehen sein, Wände und Decken müssen glatt sein, um sie leicht von Staub und Schmutz reinigen zu können. Alle Abfälle, die radioaktive Stoffe enthalten, müssen in besonderen Schutzkästen gesammelt und so lange aufbewahrt werden, bis ihre Aktivität zur Gefahr-

losigkeit abgesunken ist. Die Arbeitsräume müssen täglich aufgewischt und monatlich mindestens einmal, einschließlich Ausrüstung und Möbel, gründlich gereinigt werden. Die Arbeitsräume unterliegen einer ständigen Kontrolle hinsichtlich der Höhe

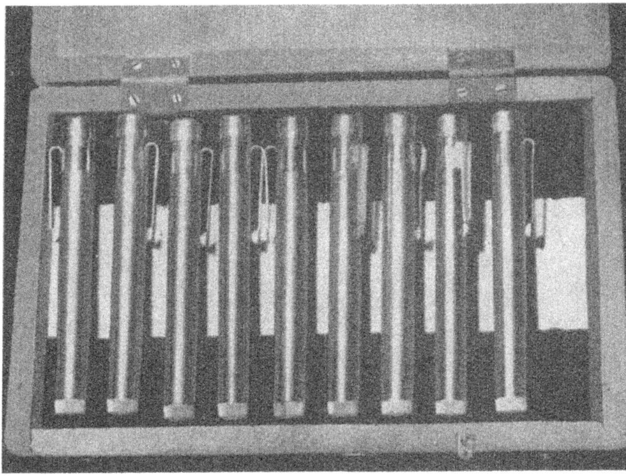

Zu Antwort 202

Bild 14. Taschendosimeter (Strahlungsmesser), mit dessen Hilfe der Träger jederzeit den Grad der eigenen Bestrahlung ablesen kann. Kein Schutz gegen Gammastrahlen

der Bestrahlung. Um eine Verunreinigung der Hände, des Körpers und der Kleidung mit radioaktiven Stoffen möglichst zu vermeiden, muß mit Kitteln oder Schutzanzügen, Handschuhen und besonderem Schuhwerk gearbeitet werden. Der Träger verfügt über Strahlungsmesser (Bild 14), mit denen er jederzeit an sich selbst die Höhe der augenblicklichen Bestrahlung feststellen kann. Ebenso kann er die Strahlungsdosis messen, die er etwa im Laufe des Tages oder während der Arbeits-

Zu Antwort 202

Bild 15. Vollisolierter Schutzanzug mit Frischluftzuführung, verhindert unabhängig von radioaktiv verseuchter Raumluft Einwirkung von radioaktivem Staub, radioaktiven Lösungen, Säuren, Laugen u. dgl. auf die Haut des in radioaktiv verseuchten Räumen arbeitenden Menschen. Kein Schutz gegen Gammastrahlen

zeit aufgenommen hat. Die Schutzanzüge sind meist mit Frischluft ausgerüstet. Ausgang der zugeführten Frischluft am unteren Teil des Schutzanzugs (Bild 15). Grundmaterial des Schutzanzugs: Polyvinylchlorid. Die Reinigung der Schutzanzüge von radioaktiver Verschmutzung hat nach jedem Gebrauch zu erfolgen, wozu sich eine 5- bis 9prozentige Salpetersäurelösung eignet. Mit den Schutzanzügen kann bei Temperaturen von 50 bis 60 °C und von –10 °C bis –20 °C gearbeitet werden.
Das Aufbewahren und Verzehren von Lebensmittel, ebenso das Rauchen ist in den Arbeitsräumen verboten. Die Hände sind sorgfältigst mit Seife und warmem Wasser zu reinigen oder mit solchen Stoffen zu waschen, die eine Lösung der radioaktiven Verschmutzung herbeiführen.
Personen, die mit radioaktiven Stoffen zu tun haben oder die einer Strahlung ausgesetzt sind, müssen unter ärztlicher Beobachtung stehen und in bestimmten Zeitabständen untersucht werden.
Die in allen Ländern und Staaten jeweils erlassenen Gesetze und Anordnungen sind von den Personen, die mit radioaktiven Stoffen und Präparaten unmittelbar oder mittelbar arbeiten, im eigenen Interesse wegen der großen Gefahren sorgfältigst zu beachten. „Vorsicht ist die Mutter der Weisheit", so sagt ein deutsches Sprichwort. Man soll nicht nur, nein, man muß danach handeln.

203. Zunächst der Betriebsinhaber oder Betriebsleiter. Hiernach die von ihm dafür beauftragten Personen (Sicherheitsingenieure, Meister usw.).
Auch der Schweißer ist verantwortlich für das Einhalten der Unfallverhütungsvorschriften. Das geschieht nicht nur im Interesse seiner Kollegen, sondern auch in seinem Interesse. Er schützt sich und seine Kollegen dadurch vor Unfällen und Gesundheitsschäden.

204. An die im Betrieb dafür Verantwortlichen oder an die von der Betriebsleitung dafür verantwortlich eingesetzten Personen.

205. Den Schweißer und die Schweißerin über alle Fragen des Unfallschutzes durch Wort und Schrift zu unterrichten und darauf zu achten, daß die Unfallverhütungsvorschriften auch eingehalten werden. Es liegt weder im Interesse des Betriebs noch im Interesse der Kollegen und Kolleginnen, daß erst nach einem eingetretenen Unfall mit mehr oder weniger schweren Schäden lang und breit die Unfallverhütungsvorschriften erörtert werden; **denn dann ist es zu spät!**

Da bei Nichteinhaltung der Unfallverhütungsvorschriften — vielleicht sogar fahrlässig — strafrechtliche Folgen entstehen können, ist es notwendig, daß sich auch der Schweißer und die Schweißerin über die Unfallverhütungsvorschriften „15" orientieren.

Am Schluß des Buches befindet sich ein Auszug aus der „VGB 15". Der Auszug enthält im genauen Wortlaut die Stellen, die auf das Lichtbogen-Schweißen und -Schneiden Bezug nehmen.

Aushänge von anderen Unfallverhütungsvorschriften, Merkblättern usw. sind sorgfältig zu studieren und bei der täglichen Arbeit auch anzuwenden.

206. Das gleiche wie für den Schweißer. Daß der Schweißerin n i c h t g e r a d e d i e k ö r p e r l i c h a n s t r e n g e n d s t e n Schweißarbeiten übertragen werden sollen, sondern der Durchschnitt zu wählen ist, muß als selbstverständlich gelten. Ebenso selbstverständlich muß es aber auch für unsere Schweißerinnen sein, stets ein Kopftuch zu tragen, nicht allein aus Gründen des Arbeits- und Unfallschutzes, sondern auch zum Schutz des schönen Frauenhaares selbst!

Und noch eines: Ringe sind ein sehr schöner und beliebter Schmuck, namentlich bei Frauen, aber bitte – nicht während der Arbeit! Viele schwere Finger- und Handverletzungen sind die Folge davon, daß die Arbeitsschutzanordnungen und Unfallverhütungsvorschriften in dieser Hinsicht nicht beachtet wurden! Das gleiche gilt für Metallarmbänder.

Allgemeines über das Schweißen

Frage:

207. Welche Grundregeln sind beim Schweißen allgemein zu beachten?

208. Welche Voraussetzungen werden von denen verlangt, die sich für den Schweißerberuf entschieden haben?

209. Was versteht man unter Schweißen?

210. Warum wird geschweißt?

211. Was heißt homogene Schweißverbindung?

212. Worin besteht der Unterschied zwischen einer Schweiß- und einer Lötverbindung?

213. Wie entsteht beim Schweißen der Lichtbogen?

214. Wie wirkt Wärme auf den Lichtbogen?

215. Welche Lichtbogenarten kennen wir?

216. Wie ist ein Schweißer zu nennen, der nachlässige Arbeit liefert?

217. Kann von einem „Schweißer", der nachlässig schweißt, weil seiner Meinung nach die gerade vorliegende Arbeit nicht viel zu halten oder nicht dicht zu sein braucht, überhaupt eine sorgfältige Arbeit verlangt und erwartet werden?

218. Kommt es in erster Linie auf das Aussehen einer Schweißnaht oder auf das Durchschweißen an?

219. Die Schweißnaht sieht sonst gut, aber ungleichmäßig aus. Deutlich sind Absätze zu erkennen. Woran liegt das?

220. Welche Hilfsmittel benötigt der Schweißer, um arbeiten zu können?

221. Welche Faktoren können beim Schweißen für den Erfolg von ausschlaggebender Bedeutung sein?

222. Was heißt Horizontalschweißung?

223. Was heißt Vertikalschweißung?

224. Was heißt Überkopfschweißung?

225. Was ist eine Stumpfnaht?

226. Was ist ein I-Stoß?

227. Was ist ein V-Stoß und ein HV-Stoß?

228. Was ist ein X-Stoß?

229. Was ist ein Tulpenstoß (U-Naht)?

230. Was ist ein Bördelstoß?

231. Was ist eine Kehlnaht

232. Wie soll eine einwandfreie Kehlnaht beschaffen sein?

233. Wie soll eine gute Kehlnaht aussehen?

234. Wie hält man bei einem T-Stoß die Elektrode?

235. Was ist eine Stirnkehlnaht?

236. Was ist eine Flankenkehlnaht?

237. Was ist eine Bocknaht?

238. Was ist eine Ecknaht?

239. Was ist eine Kappnaht?

240. Was ist eine konkave Kehlnaht?

241. Was ist eine konvexe Kehlnaht?

242. Was ist eine flache Kehlnaht?

243. Was versteht man unter einer Zugnaht?

244. Was versteht man unter einer Führungsnaht?

245. Welches sind die Merkmale einer Schweißnaht im Querschnitt?

246. Wie sollen die Festigkeitseigenschaften der Schweißnaht gegenüber dem zu verchweißenden Werkstoff sein?

247. Was ist eine Wurzelnaht?

248. Wodurch wird das Schweißgut überhitzt?

249. Warum muß der Stumpfstoß immer einen Luftspalt (Stegabstand) haben (Handschweißung)?

250. Wie kann eine Schweißnaht vergütet werden?

251. Wie wird das wurzelseitige Schweißen vorbereitet?

252. Welches Werkzeug eignet sich gut zum Vorbereiten der Gegenseite?

253. Worin unterscheidet sich der Fugenhobler vom Schneidbrenner?

254. Anwendungsgebiete des Fugenhoblers?

255. Welche Vorteile besitzt der Fugenhobler gegenüber dem Auskreuzen mit dem Meißel?

256. Welche Werkstoffe können gehobelt werden?

257. Von welcher Werkstoffdicke ab kann gehobelt werden?

258. Warum soll bei Anwendung des Fugenhoblers v o r Beginn der Hobelarbeit die Dichtheit der Schlauchanschlüsse und Schlauchverbindungen geprüft werden?

259. Gibt es noch ein anderes Verfahren, mit dem Fugen gehobelt werden können?

260. Worauf ist bei der Gegenschweißung zu achten?

261. Auswirkung einer nicht gut gegengeschweißten Wurzel?

262. Was heißt Heftschweißung?

263. Was heißt „in Wannenlage" schweißen?

264. Welche Vorteile bietet das Schweißen „in Wannenposition"?

265. Wie schweißt man Ecknähte?

266. Warum soll jede Schweißstelle nach Möglichkeit metallisch rein sein?

267. Warum müssen die Schweißstöße sorgfältig vorbereitet werden?

268. Was ist das Wesentliche einer haltbaren Schweißverbindung?

269. Was heißt Einbrand?

270. Was erfolgt, wenn man keinen guten Einbrand – also auch kein gutes Aufschmelzen des Werkstoffs – erreicht?

271. Worauf ist ein schlechter Einbrand zurückzuführen?

272. Was sind Einbrandkerben?

273. Welches sind die Gefahren der Einbrandkerben?

274. Worauf ist zu achten, um bei der Mehrlagenschweißung im Nahtinneren Kerben oder Bindefehler zu vermeiden?

275. Was ist ein Krater?

276. Kann ein Endkrater für die Schweißnaht gefährlich werden?

277. Kann die Bildung eines Endkraters geschwächt oder beseitigt werden?

278. Ist es zulässg, nach dem Elektrodenwechsel an dem Endkrater ohne weiteres zu schweißen?

279. Worin besteht der Unterschied zwischen einer Verbindungs- und Auftragschweißung?

280. Sind die Zusatzwerkstoffe (Elektroden) bei einer Stahlverbindungsschweißung die gleichen wie bei einer Stahlauftragschweißung?

281. Welche Zusatzwerkstoffe (Elektroden) sind bei einer Stahlauftragschweißung zu unterscheiden?

282. Welche Aufgabe hat die Elektrode beim Lichtbogen-Handschweißen zu erfüllen?

283. Was sind Spritzverluste?

284. Wie kann das Festfressen von Schweißspritzern verhindert werden?

285. Warum wird die Elektrode rotwarm?

286. Regel für die richtige Lichtbogenlänge?

287. Warum bleibt die Elektrode am Werkstück hängen?

288. Wie hält man die Elektrode beim Verschweißen zweier verschieden dicker Bleche?

289. Wann hat der Schweißer die richtige Schweißstromstärke gewählt?

290. Wie kann sich eine zu hohe Schweißstromstärke auf die Schweißnaht auswirken?

291. Wie kann sich eine zu niedrige Schweißstromstärke auf die Schweißnaht auswirken?

292. Wie sind die Schweißstromstärken bei der Waagerecht-, Senkrecht- und Überkopfschweißung bei gleichem Elektrodentyp und Elektrodendurchmesser?

293. Was ist bei der Rohrschweißung in erster Linie zu beachten?

294. Wie wird eine gebrochene Welle zum Schweißen vorbereitet?

295. Wie wird die abgelaufene und etwa 100 mm lange Lagerstelle einer Welle aufgetragen?

296. Was sind Doppelungen?

297. Wie kann man während des Schweißens feststellen, ob sich in dem Schweißgut Schlackeneinschlüsse befinden?

298. Wie unterscheidet man im Schmelzbad die Schlacke vom Stahl?

299. Warum soll von jeder Schweißnaht die Schlacke entfernt werden, und was ist dabei besonders zu beachten?

300. Wie vermeidet man Schlackeneinschlüsse?

301. Was versteht man bei der Lichtbogen-Schweißung unter der Blaswirkung?

302. Welche Mittel gibt es zur Verminderung der Blaswirkung?

303. Was versteht man unter Schweißnahtrissigkeit?

304. Was sind Bindefehler?

305. Wie kann der Schweißer an Strom und Elektroden sparen?

306. Was versteht man unter einer Elektrode ohne Einspannende?

307. Was versteht man unter einer Bündelschweißung?

308. Wie kann der Schweißer von Zeit zu Zeit die Güte seiner Arbeit selber nachprüfen?

309. Was versteht man unter der „Unterpulver-Schweißung“ (UP)?

310. Was versteht man unter der „Elektroschlacke-Schweißung“ (ES)?

311. Wann wird das Elektroschlacke-Schweißen (ES) angewendet?

Allgemeines über das Schweißen

Antwort:

207. Außer der üblichen Schutzbekleidung, wie Kopfbedeckung, Handschuhe, Schürze, Gamaschen und Ärmelschützer, wird bei der Lichtbogen-Schweißung in erster Linie grundsätzlich mit Schutzschild (Blende) gearbeitet. Gerade der Anfänger glaubt, mit dem Schutzschild nicht schweißen zu können. Begründung: „Ich kann nichts sehen!" Richtig! Solange der Lichtbogen noch nicht gezündet ist, kann man allerdings nichts sehen. Das Schutzschild aber soll erst dann seinen Zweck erfüllen, wenn der Lichtbogen vorhanden ist. Da bei der Lichtbogen-Schweißung die Augen sehr schnell verblitzt werden können, sollten Zweifler nicht erst versuchen, die Probe aufs Exempel zu machen, da u. U. s c h w e r e Sehstörungen die Folge wären! Der Schweißer — und natürlich auch die Schweißerin, nicht wahr? — darf zumindest während der Schweißung selbst nicht nervös werden! Ruhe, Ruhe und nochmals Ruhe bei der Durchführung einer jeden Schweißarbeit! Vor und nach dem Schweißen kann man seinen Gefühlen freien Lauf lassen, aber: „Nehmt ihr den Elektrodenhalter zur Hand, muß absolute Ruhe in euch einkehren, die mit fortschreitender Arbeit immer größer werden muß! Der Fortfall jeder Nervosität während des Schweißens, ja, die sich immer mehr steigernde Ruhe, sind geradezu Vorbedingung für den Erfolg der Schweißung!"

208. a) Eine ruhige und sichere Hand.

b) Eine gute Auffassungs- und Beobachtungsgabe.

c) Geduld und Ausdauer.

d) Gewissenhaftigkeit und ein großes Verantwortungsgefühl.

e) Gesundes Herz und gesunde Lunge.

f) Ein gutes Auge.

209. Metallschweißen ist ein Vereinigen metallischer Werkstoffe unter Anwendung von Wärme oder von Druck oder von beiden, und zwar mit oder ohne Zusätze von artgleichem Werkstoff mit gleichem oder nahezu gleichem Schmelzpunkt.

210. Um eine feste und innige Verbindung von Werkstoff zu Werkstoff herzustellen. Darüber hinaus gegenüber einer anderen Art Verbindung (z. B. Nieten) Werkstoff, Zeit, Lohn und Arbeitskräfte einzusparen.

211. Homogen heißt gleich oder gleichartig. Das Schweißgut soll demgemäß die gleichen Eigenschaften aufweisen wie der ungeschweißte Grundwerkstoff.

212. Beim Schweißen werden Werkstoffe gleicher oder verschiedener Art (z. B. Stahl/Stahlguß) miteinander vereinigt, indem sie an den Stoß- oder sonstigen Verbindungsstellen unter Einwirkung einer Wärmequelle in teigigen oder flüssigen Zustand versetzt werden. Als Zusatzwerkstoff dient im allgemeinen ein Werkstoff gleicher oder ähnlicher Zusammensetzung mit gleicher oder annähernd gleicher Schmelztemperatur.
Beim Löten — gleich, ob es sich um eine Weichlötung (unterhalb 450 °C) oder um eine Hartlötung (oberhalb 450 °C) handelt — verwendet man als Zusatzwerkstoff ein Fremdmetall (z. B. Zinn, Kupfer, Messing, Silber) mit einer niedrigeren Schmelztemperatur als die des Grundwerkstoffs. Der Grundwerkstoff wird beim Löten nicht aufgeschmolzen.

213. Der Lichtbogen ist eine beständige elektrische Entladung von großer Stromstärke, die eine Gas- bzw. Luftstrecke zwischen Elektroden überbrückt. Er

dient als Wärmequelle und entsteht, wenn zwei unter einer genügend hohen elektrischen Spannung befindliche Elektroden (Schweißelektrode – Werkstück) kurz in Berührung gebracht und dann wieder voneinander abgezogen werden. Bei Berührung der beiden Elektroden ist der Strom kurzgeschlossen. Durch den Berührungswiderstand gerät die Berührungsstelle in eine starke Erwärmung, die sich auf die diese Stelle unmittelbar umgebende Luft überträgt. Dadurch wird die vorher nicht leitende kalte Luft leitend, und der Lichtbogen kann gezogen werden. Beim Einhalten eines geringen Abstands bleibt der Lichtbogen erhalten, vergrößert sich der Abstand aber über ein bestimmtes Maß, reißt er ab. Die Eigenart des Lichbogens ist von der Stromart und der Elektrode abhängig.
Bei Verwendung von Gleichstrom sind die Temperaturen an den beiden Polen unterschiedlich, wobei der Pluspol die höhere Temperatur hat. Die höhere Gradzahl am Pluspol ist auf die Richtung des Elektronenflusses im Lichtbogen zurückzuführen. Diese kleinsten, negativ geladenen elektrischen Urteilchen bewegen sich vom Minus- zum Pluspol (Katode → Anode), wo sie infolge ihrer ungeheuren Geschwindigkeit mit großer Wucht auftreffen. Auf dem Weg durch die Luft werden durch sie noch neutrale Gasmoleküle gespalten, wodurch weitere Elektronen und positiv sowie negativ geladene Ionen (Restatome) entstehen, die nun zum negativen bzw. positiven Pol hinströmen. Der starke Aufprall der Elektronen und Ionen auf die Pole verursacht an der Aufprallstelle eine hohe Erhitzung, die zum Abschmelzen der Elektrode und zum Aufschmelzen des Werkstücks führt.

Durch diesen als Ionisierung der Luft bezeichneten Vorgang wird die Luft erst stromleitend gemacht, andernfalls wäre das Entstehen eines elektrischen Lichtbogens unmöglich.

Beim Wechselstromlichtbogen ändern sich die Verhältnisse im Lichtbogen insofern, als die Polarität ständig wechselt. Mit dem hundertmaligen Wechsel zwischen Plus- (Anode) und Minuspol (Katode) tritt ebenso oft eine Änderung der Elektronen- und Ionenrichtung ein, wodurch das Halten eines Wechselstromlichtbogens schwieriger ist.

214. Wärme lenkt den Lichtbogen ab. Dies ist darauf zurückzuführen, daß Stahl im hocherhitzten Zustand (oberhalb 770 °C) unmagnetisch wird. Dadurch wird das sonst übliche, um jeden Stromleiter bei Stromdurchgang entstehende magnetische Kraftfeld – in diesem Fall um die Schweißelektrode und das Werkstück – zur geschweißten Naht hin stark geschwächt. Es bildet sich ein stärkeres magnetisches Kraftfeld vor dem Lichtbogen im kälteren, noch ungeschweißten Werkstoff, wodurch der Lichtbogen zur wärmeren Seite, also entgegengesetzt der Schweißrichtung, abgedrängt bzw. geblasen wird. Eine Erscheinung, die sich besonders beim Schweißen der ersten Lage bemerkbar macht, wenn vor dem Lichtbogen noch der Luftspalt besteht. Nach der Überbrückung des Luftspalts, also bei den nächsten Lagen, läßt das Wegblasen des Lichtbogens nach. Die Blaswirkung nimmt auch mit dem Näherkommen der Schweißraupe an das Blechende zu, da der ungeschweißte Nahtteil immer kürzer wird und die Kraftlinien sich mehr und mehr verdichten (s. a. F. u. A. 301 und 302).

215. Den Gleich- und Wechselstromlichtbogen.
Den Kohle- und den Metall-Lichtbogen.

216. Ein Pfuscher, der nicht in den Betrieb gehört. Ein Saboteur am Aufbau und an der Schweißtechnik aber, wenn er *bewußt* nachlässige Schweißungen ausführt.

217. Nein! Wer je nach Bedarf einmal nachlässig und einmal sorgfältig schweißt, wird niemals in der Lage sein, eine absolut einwandfreie Schweißarbeit auszuführen! Darum muß es selbstverständlich sein, daß jede Schweißung mit gleich großer Sorgfalt und höchstem Verantwortungsgefühl ausgeführt wird.
Vor den Kosten einer Schweißung hat immer die Güte der Schweißarbeit zu stehen!

218. Eigentlich auf beides, vor allem jedoch in erster Linie auf das Durchschweißen; denn hiervon hängt zunächst die Haltbarkeit der Schweißverbindung ab. Das Aussehen der Schweißnaht kann mit fortschreitender Praxis verbessert werden. Die äußere Ansicht einer Schweißnaht läßt ohne weiteres einen Rückschluß auf die bei der Schweißung angewendete Sorgfalt zu. Nicht richtig ist es jedoch, die Güte einer Schweißnaht n u r nach dem Aussehen zu beurteilen, denn es *nutzt auch das beste Aussehen nichts und führt zu bösen Überraschungen, wenn nur halb oder noch weniger durchgeschweißt wird. Die Endformel aber lautet: Eine gut durchgeschweißte und in der Naht gut aussehende Schweißverbindung wird bei Verwendung des geeigneten Zusatzwerkstoffs stets allen Anforderungen genügen.*
Bei Kehlnähten ist außer einer guten Oberfläche das sorgfältige Erfassen der Nahtwurzel (im Winkel) erforderlich.

219. Der Schweißer hat abgesetzt und wieder dort angefangen, wo er aufgehört hat. Dadurch entsteht in der Naht eine Vertiefung oder Erhöhung. Dieser Fehler kann vermieden werden, wenn nicht da angefangen wird, wo aufgehört wurde, sondern dort angefangen wird, wo sich die letzte Schuppe der Schweißraupe befindet. Die Elektrode muß also immer hinter der letzten Schuppe angesetzt wer-

den, wobei noch einige Millimeter der fertigen Schweißnaht aufgeschmolzen werden.

220. a) Die Schweißstromquelle.

b) Den Strom (als Wärmequelle).

c) Die Elektrode (als Zusatzwerkstoff und Lichtbogenträger).

d) Elektrodenhalter mit Kabel (Festklemmen der Elektrode).

e) Das Schutzschild (zum Schutz gegen die Strahlen und Gase).

f) Die Handschuhe und die Schürze (zum Schutz der Hände und Arbeitskleidung).

g) Kopfbedeckung. (Gilt nicht nur für Männer, sondern b e s o n d e r s für die Frauen!)

h) Pickhammer und Drahtbürste (zum Reinigen der Schweißnaht).

j) Schweißnahtlehre und Stempel (zur Kontrolle).

221. a) Der Grundwerkstoff.

b) Die Konstruktion des Werkstücks in schweißtechnischer Hinsicht.

c) Die Nahtvorbereitung.

d) Der Zusatzwerkstoff (Schweißelektroden).

e) Die Schweißstromstärke.

f) Die Elektrodenführung.

g) Die Blaswirkung.

h) Die Schweißfolge.

i) Das Können, das Verantwortungsbewußtsein und die Gesamteinstellung des Schweißers oder der Schweißerin zur Arbeit, was von entscheidender Bedeutung ist und daher eigentlich an erster Stelle stehen sollte.

222. Das Schweißen in waagerechter Position.

223. Es wird in senkrechter Lage von unten nach oben oder von oben nach unten geschweißt. Das Schweißen von unten nach oben wird mit Steignaht, das Schweißen von oben nach unten wird mit Fallnaht bezeichnet.

224. Die Schweißstelle befindet sich über dem Kopf des Schweißers. Beim Überkopfschweißen wird der Tropfen nicht nur durch den Lichtbogen allein auf das Werkstück geschleudert, sondern die größere Oberflächenspannung (Haftkraft) des Werkstücks gegenüber der Elektrodenspitze trägt in gleichem Maße dazu bei, den Schweißvorgang überkopf zu ermöglichen.

225. Die Schweißverbindung zweier Werkstücke, deren Stoßkanten in gleicher Ebene liegen und zwischen sich das Schweißgut aufnehmen.

226. Schweißkanten des Werkstoffs werden nicht zugearbeitet, sondern unter Einhalten eines entsprechenden Luftspalts (Stirnflächenabstand), der sich in der Breite nach der Werkstoffdicke und der verwendeten Elektrode richtet, stumpf zusammengelegt (Anwendung bis 4 mm Werkstoffdicke).

227. Schweißkanten werden im allgemeinen auf je 30 ° abgeschrägt und unter Einhalten eines entsprechenden Luftspalts (Stegabstand), der sich in der Breite nach der Werkstoffdicke und der verwendeten Elektrode richtet, zusammengelegt. Als Anhaltspunkt: Anwendung 4 bis 14 mm Werkstoffdicke. Ausnahme Elektroden Tf (Tiefeinbrandelektroden).
Ist nur eine Schweißkante abgeschrägt, so handelt es sich um einen HV-Stoß.

228. Schweißkanten werden gegeneinander x-förmig (meist je 30°) abgeschrägt und unter Einhalten eines entsprechenden Luftspalts (Stegabstand), der sich in der Breite nach der Werkstoffdicke und der ver-

wendeten Elektrode richtet, zusammengelegt. Als Anhaltspunkt: Anwendung bis 25 mm Werkstoffdicke (Ausnahme: Elektrode Tf).

229. Bei Werkstoffdicken über 25 mm werden oft die Schweißkanten der beiden Bleche derart zugearbeitet, daß sie im Querschnitt ein tulpenähnliches Aussehen ergeben. Um ein Durchsacken des Schweißbads zu verhindern, bleibt in der Nahtwurzel eine etwa 2 bis 3 mm hohe Stegflanke „Schulter“ stehen. Der einseitige Tulpenstoß wird vor allem dann angewendet, wenn man das Werkstück nicht wenden kann. Er ist jedoch in seiner Herstellung teuer. Wirtschaftlicher ist daher der Steilflankenstoß.

230. Schweißkanten werden umgebördelt und ohne Zusatz von Werkstoff niedergeschmolzen. Bördelhöhe = Werkstoffdicke, Anwendung 0,5 bis 2 mm Blechdicke. (Schweißen mit Kohlelichtbogen, Arcatom, Schutzgasschweißung.)

231. Die Schweißverbindung zweier Werkstücke, von denen eines der Teile meist rechtwinklig auf das darunterliegende zu stehen kommt. Beide Teile bilden eine Kehle mit geschlossenem Kehlgrund. Der Kehlgrund wird unter Aufschmelzen des Grundwerkstoffs mit flüssigem Zusatzwerkstoff ausgefüllt, wodurch eine dreieckförmige Naht entsteht.

232. a) Guter Wurzeleinbrand.

b) Symmetrische Lage der Schweißnaht.

c) Maßhaltigkeit der Schweißnaht innerhalb der zulässigen Toleranz.

d) Keine Einbrandkerben.

e) Keine Poren, keine Schlackeneinschlüsse, keine Bindefehler.

f) Glatte Oberfläche.

233. Der Nahtquerschnitt soll ein gleichschenkliges Dreieck darstellen. Wo dies nicht der Fall ist, wird die

Naht unwirtschaftlich. Werkstoff- und Zeitvergeudung: denn nur der kleinere Dreieckschenkel wird für die Festigkeit gewertet.

234. Mehr zum durchgehenden Blech (60°), da dieses doppelt soviel Wärme wie das Stegblech aufnimmt. Zu berücksichtigen sind auch die Elektrodenart und die magnetische Blaswirkung.

235. Beim Überlappstoß die Kehlnaht, bei der die Beanspruchung q u e r zur Naht erfolgt.

236. Beim Überlappstoß die Kehlnaht, bei der die Beanspruchung l ä n g s zur Naht erfolgt.

237. Die Bocknaht ist eine Ecknaht. Die zu verschweißenden Bleche bilden zusammengestellt einen „Bock“ mit der Naht nach oben. Bocknähte werden besonders während der Ausbildung geübt. Die „Bocknaht“ ist mehr in der Ausbildung als in der Fertigung üblich.

238. Eine Schweißverbindung zweier Bleche (Eckstoß), deren Stoßflächen so zueinander gelegt werden, daß sie meist einen Winkel von 90° bilden. Der Raum zwischen den Stoßflächen wird mit Zusatzwerkstoff ausgefüllt. Die Stoßflächen werden hier nicht besonders zugearbeitet.

239. Eine auf der Rückseite gegengeschweißte Naht. (Wird auch als Wurzelgegenzug bezeichnet.)

240. Eine Naht, deren Oberfläche nach innen gewölbt ist (Hohlnaht).

241. Eine Naht, deren Oberfläche nach außen gewölbt ist (Wölbnaht).

242. Eine Naht, deren Oberfläche flach, also nicht gewölbt ist (Flachnaht).

243. Eine Schweißnaht, die in Nahtrichtung in einem Zug ohne seitliche oder pendelnde Bewegung der Elektrode verschweißt wird. (Dünnflüssige Elektrode zweckmäßig.)

244. Während des Schweißens wird außer dem gleichmäßigen Vorgehen eine bestimmte Bewegung ausgeführt. Sie kann eine Dreieck-, Schleifen- oder Pendelbewegung sein.

245. Eine Schweißnaht, im Querschnitt gesehen, setzt sich, sofern Zusatzwerkstoff verwendet wird, aus vier — im Gefügeaufbau — verschiedenen Zonen zusammen;

1. Aus dem niedergeschmolzenen Zusatzwerkstoff, also dem Schweißgut.
2. Aus der Übergangszone, also dort, wo sich an den aufgeschmolzenen Werkstoffkanten der Zusatzwerkstoff mit dem Grundwerkstoff verbunden hat.
3. Aus der wärmebeeinflußten Werkstoffzone, wo die Schweißwärme noch so hoch war, um eine kristalline Veränderung im Gefügeaufbau des Grundwerkstoffs herbeizuführen.
4. Aus dem nicht wärmebeeinflußten und daher auch im Gefüge nicht veränderten Grundwerkstoff.

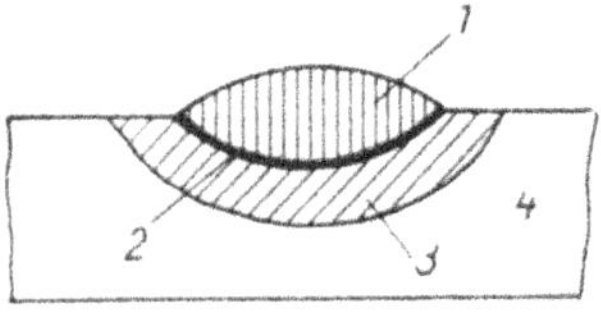

Zu Antwort 245
Wärmezonen bei einer Schweißnaht

246. Die Schweißnaht soll nach Möglichkeit mindestens die gleichen Festigkeitswerte wie der zu verschweißende Werkstoff besitzen.

247. Die Wurzelnaht ist bei einer Verbindungsschweißung, die als Mehrlagenschweißung ausgeführt wird, die als erstes geschweißte Lage (Wurzellage).

248. a) Durch zu hohe Stromstärke.
b) Durch zu langsames Schweißen.
c) Durch Schweißen mit Elektroden mit zu dickem Durchmesser bei zu hoher Stromstärke.

249. Einen der Werkstoffdicke entsprechenden Luftspalt (Stegabstand) muß der Schweißstoß haben, um das einwandfreie Durchschweißen zu ermöglichen.

250. Durch Normalglühen oder Hämmern (letzteres in Sonderfällen).

251. Durch Auskreuzen der Gegenseite. Es muß aber darauf geachtet werden, daß Fehlerstellen nicht durch Quetschen beim Meißeln verdeckt und dann überschweißt werden.

252. Der Fugenhobler (Bild 16). Allerdings muß man bei Gebrauch desselben etwas von der Gasschweißung verstehen, zumindest aber den Fugenhobler bedienen können. Kann man das nicht, so ziehe man einen Kollegen von der anderen Fakultät – von der Gasschweißung – hinzu.

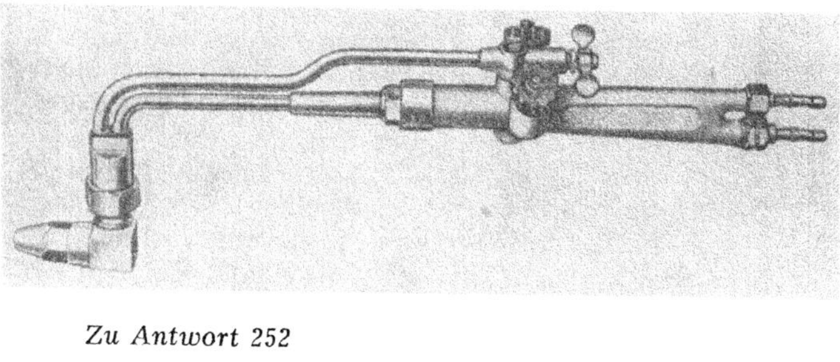

Zu Antwort 252

Bild 16. Fugenhobler mit schwenkbarem Brennerkopf; Heizgas: Azetylen oder Stadtgas (Leuchtgas)

253. Der Fugenhobler hobelt (Bild 17) Risse, Schlackeneinschlüsse und sonstige Fehlerstellen aus dem vollen Werkstoff heraus. Die Meinung, daß der

Fugenhobler Fehlerstellen überschweißt, ist falsch. Das Gegenteil ist richtig! Der Fugenhobler legt auch die geringsten Fehlerstellen — *die beim Hobeln schwarz erscheinen* — frei.

Zu Antwort 253

Bild 17. Oben: Ausgehobelte Fuge in fehlerfreiem Werkstoff — Unten: Vom Fugenhobler freigelegte Fehlerstellen

254. Der Fugenhobler eignet sich gut zur Vorbereitung der Nahtgegenseite, zum Aushobeln von Rissen, Anbrüchen usw. im vollen Werkstoff. Der Fugenhobler sollte daher in einem größeren Maße als bisher nicht nur zur Vorbereitung der Gegenseite, sondern z. B. auch zur Dampfkessel-Reparaturschweißung eingesetzt werden (Bild 18).

Beim Aushobeln von Rissen und sonstigen Fehlerstellen in großen Stahlblöcken wird ein größerer Brenner angewandt, der mit Sauerstoff- oder Blockhobler bezeichnet wird (Bild 19).

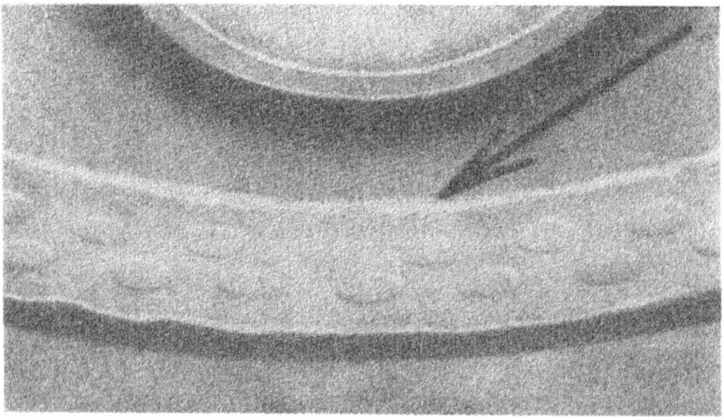

Zu Antwort 254
Bild 18. Mit Fugenhobler ausgehobelte Krempenanbrüche an der vorderen Stirnwand eines Wasserrohrkessels

Zu Antwort 254
Bild 19. Blockhobler zum Beseitigen von Oberflächenrissen und Überwalzungen an Brammen und Rohblöcken aus Stahl, an Schmiede- und Preßstücken u. dgl.

255. Das laute Geräusch des hand- oder maschinellen Auskreuzens fällt weg (Schonung des Gehörs, Arbeitsschutz).
Kein Überdecken oder Zudrücken der Fehlerstellen, sondern Freilegen auch kleinster Fehlerstellen.
Gegenüber allen anderen Bearbeitungsverfahren Aufwenden einer bedeutend geringeren Arbeitszeit.

256. Alle Stähle, die mit dem Schneidbrenner getrennt werden können. Auch Stahlguß kann fugengehobeit werden.

257. Ab 6 mm. Bei Werkstoffdicken unter 6 mm besteht die Gefahr, daß der Werkstoff durchgehobelt wird.

258. Es wird mit verhältnismäßig hohem Sauerstoffdruck gearbeitet. Schon bei geringfügiger Undichtheit des Sauerstoffanschlusses am Fugenhobler kann durch Funkenwurf sehr schnell ein gefährlicher Schlauchbrand entstehen. Zweistufige Druckminderer verwenden.

259. Ja! Dabei handelt es sich um ein Gerät, das mit dem Kohlelichtbogen den Werkstoff aufschmilzt und den aufgeschmolzenen Werkstoff mit Druckluft wegbläst. Das Verfahren ist in England entwickelt und von anderen Ländern übernommen worden, z. B. Polen, Bundesrepulik, Deutsche Demokratische Republik.
Ein in der Deutschen Demokratischen Republik vom „ZIS“ Halle entwickeltes Kohle-Lichtbogen-Druckluft-Fugenhobelgerät, das auch zum Schneiden benutzt werden kann, zeigt Bild 20. Am Klemmstück sind die beiden Austrittlöcher für die Druckluft sichtbar. Ein Ventil für die Zuführung der Druckluft befindet sich am Handgriff des Geräts. Das Kohle-Lichtbogen-Druckluftverfahren kann zum Fugenhobeln bei folgenden Metallen angewendet werden:[1])

---

[1]) Schweißtechnik 12/1957.

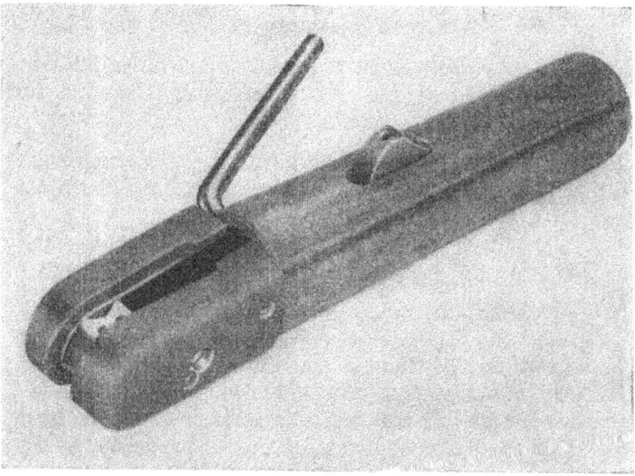

Zu Antwort 259

Bild 20. Kohle-Lichtbogen-Druckluftgerät zum Fugenhobeln

Mit plusgepolter Elektrode:
Stahlguß, sämtliche Stahllegierungen, insbesondere austenitische Stähle, Sikromal und Hartlegierungen.
Mit minusgepolter Elektrode:
Messing, Bronze, Aluminiumbronze, Rotguß, Kupfer, Aluminium und Grauguß.
Das Anwendungsgebiet dieses Verfahrens ist demgemäß größer als beim Autogen-Fugenhobeln. Allerdings fallen beim Lichtbogen-Drucklufthobeln die Fugen nicht so sauber und gleichmäßig aus, was eine vermehrte Schweißarbeit und dadurch Kostenerhöhung bedeutet. Auch ist die Erkennbarkeit der Fehler nicht so gut.
Jeder Lichtbogen-Schweißer kann das Gerät ohne Schwierigkeiten bedienen. Als Stromquelle werden die üblichen Schweißstromquellen von 300 und

500 A verwandt. Druckluftdruck: 6 at. Kohle: Kohle-Graphit-Elektrode, verkupfert.

260. Auf eine gut ausgearbeitete Wurzel, gutes Erfassen derselben und aus wirtschaftlichen Gründen auf eine möglichst schmale Fuge.

261. Der nicht verschweißte Raum in der Wurzel ergibt eine Querschnittverminderung und somit einen Abfall der Festigkeit.
Bei dynamisch beanspruchten Schweißnähten tritt eine starke Herabsetzung der Dauerfestigkeit ein.

262. Vor dem Schweißen werden die losen Bleche an mehreren Stellen je nach Werkstoffdicke in bestimmten Abständen durch kurze oder längere Schweißnähte zusammengeheftet.
Die Heftstellen sollen ein Schließen der Schweißfuge oder ein Verwerfen der Bleche verhindern und sollen so kräftig ausgeführt sein, daß sie den Beanspruchungen durch eine Lageveränderung des Werkstücks gewachsen sind.
Bei Heftschweißnähten an dicken Blechen Endkrater vermeiden. Rißgefahr. Endkrater ausschweißen. Heftschweißnähte sind als ein Teil der Schweißnaht anzusehen. Daher müssen die Heftschweißnähte ebenso sorgfältig wie die Schweißnaht selbst ausgeführt werden.

263. Das Legen von Kehlnähten in waagerechter Position, wobei beide Schenkel des Werkstücks nach oben gerichtet sind, d. h. im Winkel von 45° zur Lotrechten stehen, also eine „Wanne“ bilden.

264. a) Es gestattet dickere Nähte in einer Lage durch Einsatz dickerer und dünnflüssiger Elektroden herzustellen.

b) Elektrodendurchmesser und Schweißstromstärke können — soweit dadurch nicht die Güte der Schweißnaht leidet — höher gewählt, die Wirtschaftlichkeit mithin gesteigert werden.

c) Der Querschnitt einer gleichschenkligen Schweißnaht läßt sich leichter erreichen.

d) Einbrandkerben werden vermieden.

e) Die angestrebte konkave Schweißnaht läßt sich leichter herstellen.

265. Bei den Ecknähten schmelzen die Kanten sehr leicht auf, deshalb erst auf den Grund gehen. Kann der Eckstoß nicht durch eine Lage aufgefüllt werden, wird eine zweite Lage oder eine dritte usw. gelegt. Luftspalt beachten.

266. Verunreinigungen (Rost, Öl, Farbe, Zunder usw.) ergeben schlechte Schweißverbindungen.

267. Gute, sorgfältige und maßgerechte Vorbereitung der Schweißkanten bedeuten für den Schweißer halbe Arbeit. Mit dem Schneidbrenner oder dem Fugenhobler vorbereitete Schweißkanten müssen frei von Zunder und Schlacke sein. Die mit dem Handschneidbrenner vorbereiteten Schweißkanten sollen nicht aussehen, als ob „die Ratten dranrumgefressen" haben, sondern sollen einen glatten Schnitt aufweisen.
Bei Stählen mit über 0,22% C auf Kantenanrisse achten. Bei Vorhandensein derselben Schweißkanten nacharbeiten.

268. Ein einwandfreier und ausreichender Einbrand. Gutes Durchschweißen der Wurzel, gutes Erfassen des Winkels bei Kehlnähten.

269. Die Tiefe, bis zu der der Werkstoff durch die Einwirkung des Lichtbogens aufgeschmolzen wird.

270. Grundwerkstoff und das Schweißgut sind nicht innig miteinander verbunden, sondern „kleben" nur. Diese „Nahtverbindungen" gehen bei der geringsten Beanspruchung zu Bruch.

271. Geringe Schweißstromstärke. Übermäßig langer Lichtbogen. Falsche Polung der Elektroden und falsche Elektrodenführung.

272. Der Werkstoff weist links und rechts der Schweißnaht am Übergang vom Schweißgut zum Grundwerkstoff mehr oder weniger starke Vertiefungen auf, die mit Einbrandkerben bezeichnet werden und unbedingt wegen Bruchgefahr bei dynamischer Beanspruchung vermieden werden müssen. Einbrandkerben können durch zu hohe Stromstärke, ungeeignete Elektroden und durch eine falsche Elektrodenführung entstehen. Also Fehler, die einem guten Schweißer nicht unterlaufen sollten! (Siehe Skizze zu Antwort 272.)

273. Einbrandkerben ziehen stets eine Verringerung des Werkstoffquerschnitts nach sich, wodurch die Belastbarkeit sinkt. Zusätzlich entstehen durch die

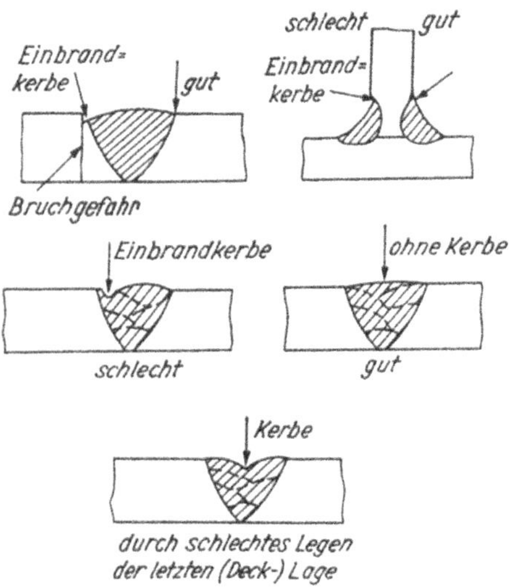

Zu Antwort 272.

Querschnittverminderung bei Belastung Spannungsspitzen, weil der Kraftlinienfluß unterbrochen bzw. abgelenkt wird und sich dadurch verdichtet. Der geschwächte Werkstoffquerschnitt muß aber die gleiche Belastung wie der ungeschwächte Werkstoff aufnehmen, wodurch dann an der Kerbe der Bruch auftritt. Eine Kerbe, gleich welcher Art, wirkt am Werkstoff wie ein Keil.

274. Bei der Mehrlagenschweißung muß darauf geachtet werden, nebeneinanderliegende Nähte zu „verketten“. Die Nähte müssen glatt ineinander überlaufen, so daß es den Anschein hat, als ob es nur e i n e Naht wäre.
Vor dem Legen einer neuen Lage ist das darunterliegende Schweißgut von der Schlacke zu säubern und dann gut aufzuschmelzen.

275. Eine schalenähnliche Vertiefung, die auf jeden Fall nur während der Dauer des Schweißens gebildet wird, aber bei Beendigung der Schweißnaht oder Schweißung unbedingt ausgefüllt werden muß. Bleibt die Vertiefung bestehen, so spricht man von einem Endkrater.

276. Ja! Er hat Kerbwirkung und neigt nicht nur bei Stählen höherer Festigkeit, sondern auch bei den Massenbaustählen zu den sog. Endkraterrissen, die zum Ausgangspunkt größerer Risse werden und darüber hinaus zu katastrophalen Brüchen führen können.
Offene Endkrater sind beim Schweißen bei niedrigen Temperaturen – auch bei Heftschweißnähten – ebenfalls sehr gefährlich!

277. Ja! Es ist zweckmäßig, die Elektrode nicht zu schnell abzuziehen. Langsames Abziehen gibt die Möglichkeit, den Krater noch mit den letzten Tropfen der Elektroden auszufüllen. Bei geschicktem seitlichen Abziehen hat man Erfolg. Noch besser

ist es, den Lichtbogen etwas in die geschweißte Naht zurückzuziehen.
Zweckmäßig ist es auch, die Schweißraupe am Nahtende um die Werkstoffkante etwas herumzulegen oder ein sog. Auslaufstück zu verwenden. Auf alle Fälle muß der Krater am Schweißnahtende aufgefüllt werden.

278. Nein! Jede unterbrochene Schweißung bedingt, daß die Endstelle erst gründlich gesäubert und von Schlacke freigemacht wird. Beim Entfernen der Schlacke Schutzbrille tragen.

279. Bei einer Verbindungsschweißung werden zwei Stücke zu einem verbunden.
Bei einer Auftragschweißung dagegen wird die abgenutzte oder geschwächte Stelle eines Werkstücks durch Auftragen von Zusatzwerkstoff wieder auf die notwendige Dicke gebracht.

280. Nein! Das Schweißgut der Elektroden für Verbindungsschweißungen hat eine zu geringe Härte und damit einen zu geringen Verschleißwiderstand. Andererseits sind die Auftragelektroden für Verbindungsschweißungen zu hart und zu spröde.
Ist das Auftragen schlecht vorbereiteter Schweißkanten notwendig, so geschieht dieses Auftragen unter Verwenden der auch für die Verbindungsschweißung benötigten Elektroden.

281. Die Auftragelektroden gliedern sich in drei Gruppen:

1. Dichtes, zähes, hartes und verschleißfestes Gefüge, mit normalen Werkzeugen noch gut bearbeitbar,
2. Dichtes, zähes, hartes und verschleißfestes Gefüge, nur mit sehr standfesten Werkzeugen bearbeitbar,
3. Dichtes, zähes, sehr hartes und verschleißfestes Gefüge, nur mit Schleifwerkzeugen bearbeitbar.

282. Sie dient als Stromleiter, hat den Lichtbogen zu bilden und die Nahtfuge mit Schweißgut zu füllen.

283. Es handelt sich um flüssige Metallteilchen, die bei der offenen Lichtbogen-Schweißung während des Abschmelzens der Elektrode vom Schmelzbad nach außen „verspritzen“ und daher der Schweißnaht bzw. dem Schweißgut nicht zugute kommen.

284. Die vor den Spritzern zu schützenden Teile des Werkstücks werden mit Siliconöl dünn bestrichen oder aufgespritzt. Das Auftragen des Öls braucht nicht unmittelbar vor dem Schweißen, sondern kann einige Tage vor Durchführung der Schweißarbeiten vorgenommen werden. Man benutzt zweckmäßig die für diesen Zweck eigens hergestellten Siliconöle, Siliconfette oder Silicon-Lösungen.

285. Schweißstromstärke zu hoch. Schlechte Elektrodenklemmung. Ungeschickte Elektrodenführung. Festkleben der Elektrode.

286. Lichtbogenlänge etwa gleich Elektrodenkerndrahtdurchmesser, außer bei Kb-Elektroden.

287. Bei nackten und Seelenelektroden zu geringe Schweißstromstärke, ganz allgemein, fehlerhaftes oder ungeschicktes Lichtbogenzünden. (Für die Elektrodenarten Fe und Tf – Eisenpulver- und Tiefeinbrandelektroden – gilt dies nicht.)

288. Mehr zum dickeren Blech, weil dort die größte Wärmeableitung erfolgt. Zwecks gleichmäßiger Wärmeverteilung, also mehr Wärme zum dickeren Werkstück.

289. Die Schweißstromstärke ist als richtig zu bezeichnen, wenn nach dem ununterbrochenen Verschweißen einer Elektrode das Elektrodeneinspannende (etwa 35 mm) keinen Farbumschlag erfährt. Für den Anfänger ist dieser Hinweis sehr wichtig, und er sollte sich diese Faustregel gut einprägen.

290. Ungünstig, und zwar aus folgenden Gründen:

a) Elektrode kommt frühzeitig zum Glühen. Zunahme der Abschmelzgeschwindigkeit. Schlechter Einbrand.

b) Hohe Spritz- und Abbrandverluste der Elektrode.

c) Porenbildung. Die Schweißnahtoberfläche weist in Nahtmitte eine pfeilförmige Schuppenbildung auf.

d) Bei Stählen höherer Festigkeit können Risse in der Schweißnaht entstehen, die Naht wird flach und läuft auseinander.

e) Das Schweißgut und der Grundwerkstoff werden in der Übergangszone überhitzt.

f) Einbrandkerben.

g) Erhöhte Verwerfungen und Schweißspannungen.

291. Ungünstig, und zwar aus folgenden Gründen:

a) Grundwerkstoff wird zu wenig aufgeschmolzen, daher Bindefehler. Minderwertige Schweißverbindung.

b) Beim Schweißen mit umhüllten Elektroden Gefahr von Schlackeneinschlüssen.

c) Schweißraupe wird sehr wulstig, also stark nach außen gewölbt. Lichtbogen reißt leicht ab.

292. Die Waagerechtschweißung benötigt die höhere Stromstärke, die Senkrechtschweißung die geringste Stromstärke, dazwischen liegen die Stromwerte für die Überkopfschweißung.

293. Trotz guten Durchschweißens der Wurzel darf der lichte Querschnitt des Rohres infolge Durchhängens der Wurzellage oder einzelner Tropfen nicht verengt werden. Es können dadurch Störungen bei Inbetriebnahme der Leitung entstehen.

294. Bruch wird x-förmig abgeschrägt. Von einer kegel- oder körnerähnlichen Abschrägung ist wegen Arbeitserschwerung entschieden abzuraten. *Das Einsetzen von Stiften in die Bruchenden zwecks genauer Paßarbeit ist wegen Kerbwirkung und der sich daraus ergebenden Bruchgefahr falsch!*

295. Immer in Längsrichtung der Lagerstelle. Es empfiehlt sich wechselseitiges (gegenüberliegendes) Schweißen, um einem Verzug entgegenzuwirken.

296. Durch zu kaltes Walzen im Inneren des Werkstoffs vorhandene unganze Stellen.

297. Der Schweißer muß nicht nur das Schmelzbad, sondern auch die hinter dem Schmelzbad im Erstarren befindliche Schlacke beobachten. Bemerkt der Schweißer in der Mitte des Schmelzbads oder am Übergang zum Grundwerkstoff in der schon zum Teil erstarrenden Schlacke einen für kurze Zeit zurückbleibenden hellen Streifen, so ist das ein sicheres Zeichen dafür, daß an dieser Stelle die Schweißnaht durch Eindringen flüssiger Schlacke getrennt ist. Beim Verschweißen von umhüllten Elektroden macht sich diese Erscheinung besonders bemerkbar.
(Ursache hierfür: Zu niedrige Schweißstromstärke, zu langer Lichtbogen, schlechte Elektrodenführung.)

298. Die Schlacke erscheint heller als der Stahl, was der Schweißer schon durch das Schutzglas erkennen kann.

299. a) Bei einer Mehrlagenschweißung ist es eine Selbstverständlichkeit, daß vor dem Schweißen einer neuen Lage die zuletzt geschweißte Lage gründlich gereinigt wird, da sich die Schlacke nicht restlos mit dem Lichtbogen aufschmelzen läßt. Es kann daher auch keine einwandfreie Verschmelzung mit der darunterliegenden Schweißnaht erfolgen.

b) Entfernen der Schlacke ist auch wegen Kontrolle (Einbrandkerben, Poren) und Messen der Schweißnaht notwendig.

c) Auch die letzte Schweißlage (Decklage) muß von der Schlacke gereinigt werden, damit ein nachfolgender Farbanstrich nicht auf die Schlacke, sondern auf den Grundwerkstoff zu liegen kommt. Ein späteres Abplatzen der Schlacke würde sonst zur Folge haben, daß an diesen Stellen das Werkstück wegen Fehlens des Farbschutzanstrichs Korrosionsangriffen ausgesetzt ist.

d) Die Oberfläche der Schweißnaht soll beim Reinigen mit dem Pickhammer oder Meißel nicht beschädigt werden. Die hierdurch entstehenden Kerben können die Ursache für Rißbildungen sein. Aus diesem Grund verwendet man am besten ein Schlackenabstoßeisen.

e) Auf Druckluft-Putzhämmer zum Entfernen der Schweißschlacke und Säubern der Schweißnähte sei hingewiesen. Beim Entfernen der Schlacke Schutzbrille tragen. Augenverletzungen werden dadurch vermieden.

300. Durch sorgfältiges Ausspülen des Schmelzbads mit dem Lichtbogen. Kein Schlacken- oder Materialvorlauf. Bei Mehrlagenschweißung gutes Säubern der fertigen Lagen und gutes Aufschmelzen. Schlackeneinschlüsse deuten auf einen ungeübten Schweißer. Er beherrscht nicht das Schmelzbad.

301. Der Lichtbogen wird von der eigentlichen Schweißstelle abgedrängt oder „weggeblasen“. Der Schweißer verliert dabei häufig die Beherrschung des Schmelzbads. Sofortige Abhilfe ist notwendig, sonst Fehlschweißung! Die Ursache sind magnetische Felder, die durch die magnetische Rückwirkung des Schweißstroms innerhalb des Werkstücks hervorgerufen werden (s. a. F. u. A. 214).

302. a) Neigung der Elektrode *gegen die Blaswirkung.*
b) Legen von Heftstellen, verteilt auf die Länge des Schweißstoßes.
c) Gegebenenfalls Vorwärmen des Werkstücks.
d) Schweißen im Pilgerschritt. Unterbrochenes und sprunghaftes Schweißen.
e) Verlegung des Polkabels gegen die Richtung der Lichtbogenablenkung.
f) Einsatz von Schweißtransformatoren.

303. Risse in der Schweißnaht. Sie entstehen meist beim Verschweißen von Stählen höherer Festigkeit. Weitere Ursachen:
Legen zu schwacher Nähte in der ersten Lage,
Verwendung ungeeigneter Elektroden,
Erschütterung während des Schweißvorgangs,
Überhitzen des Schweißguts,
starke Schweißspannungen, die vom Schweißgut nicht mehr aufgenommen werden können.

304. Bindefehler sind Schweißfehler, die dadurch entstehen, daß Schweißgut und Werkstoff nicht mit- und ineinander verbunden sind. Der Zusatzwerkstoff hat also keine Verbindung mit dem Grundwerkstoff und kann daher ohne große Mühe entfernt werden. Eine solche Arbeit kann nicht als Schweißung angesehen werden. Sie ist unbrauchbar und zu verwerfen.

305. a) Auf einwandfreie Anschlußkontakte achten.
b) Schweißkabel nur in der unbedingt erforderlichen Länge verwenden, andernfalls unnötiger Spannungsabfall, der durch höhere Leistungsabgabe der Schweißstromquelle wieder ausgeglichen werden muß.
c) Zwecks voller Auslastung sind die Schweißstromquellen entsprechend der jeweils zu verschweißenden Elektroden einzusetzen. Für dünne Elektroden mithin Schweißstromquellen geringerer

Leistung, für dicke Elektroden Schweißstromquellen stärkerer Leistung verwenden.

d) Richtige Schweißstromstärke einhalten, andernfalls hohe Spritzverluste.

e) Bei Stumpfstößen Öffnungswinkel und Luftspalt nicht zu groß wählen.

f) Schweißnaht nicht dicker ausführen als erforderlich.

g) Toleranz der Schweißnaht genau einhalten.

h) Elektrodenrest bis zum geringstmöglichen Rest (etwa 30 mm) abschmelzen.

i) Abschalten der Schweißstromquelle in den Arbeitspausen. Auch Schweißtransformatoren müssen abgestellt werden. Sie verbrauchen im Leerlauf Strom zur Magnetisierung des Eisenpakets.

306. Die Elektrode ohne Einspannende dient der Elektrodeneinsparung. Sie besitzt kein Einspannende,

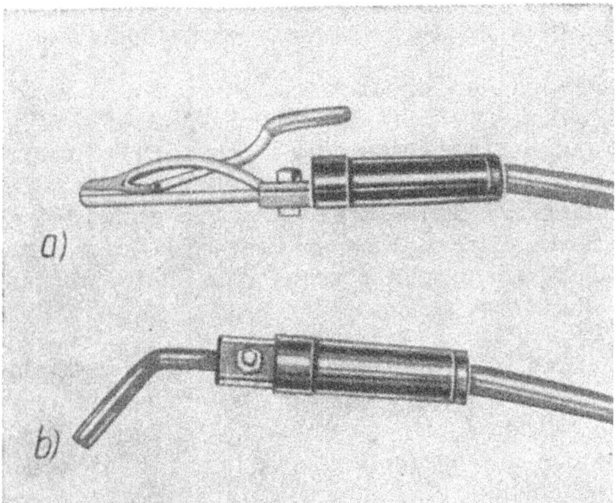

Zu Antwort 306

Bild 21. Elektrodenhalter

a) normal
b) für Elektrode ohne Einspannende

sondern wird an den Elektrodenhalter angeschweißt. Die Einsparung an Elektroden beträgt etwa 10%.

Bild 21 zeigt bei a) einen normalen Elektrodenhalter, bei b) einen Elektrodenhalter, dessen Einspannvorrichtung durch ein 10 bis 12 mm dickes Rundstahlstück ersetzt ist.

Bild 22 zeigt den Anschweißvorgang. Um ein gutes Anschweißen der Elektrode an den Elektrodenhalter zu ermöglichen, befindet sich am Boden des Behälters eine etwa 10 mm dicke Formkohlenplatte. Der Elektrodenbehälter ist stets gut gefüllt zu halten, um die Zeit des Suchens und Tastens nach der einzelnen Elektrode zu verkürzen.

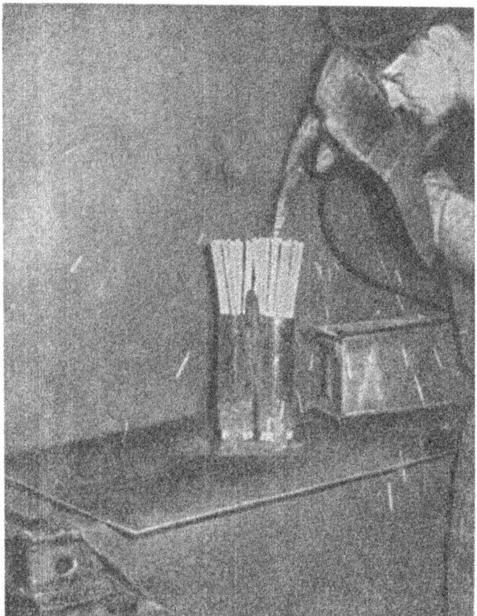

Zu Antwort 306

Bild 22. Anschweißen der Elektrode ohne Einspannende

Bei dünnen Elektroden in den Elektrodenbehälter nur 20 bis 25 Elektroden stellen, damit sie oben strahlenförmig auseinanderspringen. Das Festschweißen mehrerer Elektroden wird dadurch vermieden.

Bild 23 zeigt das Herausziehen der an den Elektrodenhalter angeschweißten Elektrode, die nun restlos verschweißt werden kann. Stehen Elektroden ohne Einspannende nicht zur Verfügung und soll das Verfahren trotzdem angewandt werden, so muß das Einspannende abgetrennt werden. (Das bedeutet Materialverlust.) Das Verfahren ist nur bedingt anwendbar.

Zu Antwort 306

Bild 23. Herausziehen der angeschweißten Elektrode aus dem Elektrodenbehälter

307. Es wird nicht mit einer, sondern mit mehreren Elektroden geschweißt, die in einem Bündel vereinigt sind.
Hierzu sind besondere Elektrodenhalter notwendig. Bild 24 zeigt einen Elektrodenhalter mit einem Elektrodenbündel 7 × 3,25 mm. Der Elektroden-

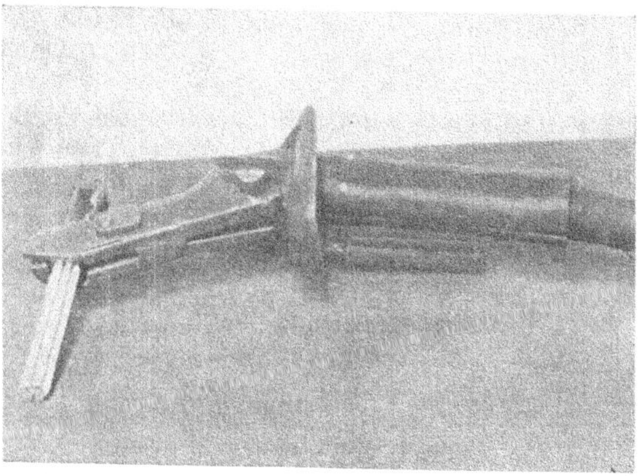

Zu Antwort 307

Bild 24. Elektrodenhalter für die Bündelschweißung

halter ist mit fünf auswechselbaren Bündeleinsätzen ausgerüstet und wird als Universal-Elektrodenhalter bezeichnet, da er nicht nur für die verschiedensten Bündelanordnungen und Elektrodendurchmesser, sondern auch für Einzelelektroden verwendbar ist.
Bei der Bündelschweißung ist sorgfältigst darauf zu achten, daß die gebündelten Elektroden eng und gleichmäßig zusammenliegen, da sonst der Lichtbogen nicht gehalten werden kann und die Güte der Schweißnaht stark absinkt. Es wird oft so verfahren, daß die Elektroden am nackten Ende zu-

sammengeschweißt werden, wodurch auch das Einführen des Elektrodenbündels in den Elektrodenhalter keine Schwierigkeiten bereitet. Im letzten Drittel wird das Elektrodenbündel durch einen Draht oder Ring zusammengehalten. Bei einiger Übung können gegenüber dem Schweißen mit einer Elektrode Ersparnisse bis 30% erreicht werden.

Beim Schweißen mit Elektrodenbündel wird eine höhere Schweißstromstärke als beim Schweißen mit nur einer Elektrode benötigt.

Mit Hilfe der Bündelschweißung ist es durch den Einsatz in der Zusammensetzung verschiedener Elektroden möglich, das Schweißgut maßgebend zu beeinflussen.

Die Bündelschweißung ist bei Verwendung geeigneter Elektroden, guter Paßlage, richtiger Stromstärke leichter auszuführen als das Schweißen mit der Einzelelektrode, soweit es sich nicht um eine Eisenpulverelektrode handelt. Die Bündelschweißung soll in erster Linie in horizontaler Position angewandt werden. *Für gutes Absaugen der Elektrodendämpfe ist zu sorgen.*

Die Bündelschweißung wird hauptsächlich dann angewandt, wenn dicke Elektroden (z. B. 5 und 6 mm) nicht zur Verfügung stehen, aber dicke Querschnitte geschweißt werden müssen.

308. Bruchversuch. Zwei Blechstreifen, etwa 150 mm × 50 mm × 10 mm, werden stumpf durch V-Naht zusammengeschweißt. Nach dem Erkalten wird die Schweißnaht mit Meißel oder Kalthauer eingekerbt und mit Vorschlaghammer gebrochen. Je reiner, gleichmäßiger und dichter das Bruchgefüge, um so besser die Schweißung. Schwarze Stellen, Poren, Abblättern des Schweißguts sind die Merkmale einer schlechten Schweißung.

309. Die Unterpulver-Schweißung arbeitet ebenfalls mit dem Lichtbogen. Die Schweißung wird unter einer

Pulverschicht entweder maschinell oder von Hand durchgeführt. Da beim „Schweißen unter Pulver“ (UP = Unterpulver-Schweißung) der Lichtbogen nicht sichtbar ist, kann ohne Augenschutz gearbeitet werden.

Zum Schweißen unter Pulver sind hohe Schweißstromstärken notwendig, z. B. bei einer Werkstoffdicke von 60 mm etwa 1600 A bei einer Lichtbogenspannung von 42 V. Infolge der hohen Schweißgeschwindigkeit werden z. B. für das Schweißen von einem Meter 15 mm dicken Stahlblechs nur etwa zwei Minuten benötigt. Es werden Nacktdraht-Elektroden verschweißt.

Das Verfahren kann zum Schweißen von Längs- und Rundnähten in waagerechter oder senkrechter Position angewandt werden. Es setzt sehr gut vorbereitete und genau passende Schweißkanten voraus. Kehlnähte können in einer Lage bis zu einer Höhe von etwa 7 mm in Normallage und bis zu einer Höhe von etwa 12 mm in Wannenlage geschweißt werden, Stumpfnähte ohne Vorbereitung der Werkstoffkanten in beiderseitiger Schweißung bis zu 100 mm.

Etwa 80% des auf das Schmelzbad aufgeschütteten Pulvers können wiederverwendet werden. (S. Abschnitt: „Die Unterpulver-Schweißung“.)

310. Das Elektro-Schlacke-Schweißverfahren (Kurzzeichen = ES) beruht auf der Wärmeerzeugung beim Durchgang des elektrischen Stroms durch geschmolzene Schlacke. Der Schweißvorgang ist ein lichtbogenloser Prozeß und läuft automatisch etwa wie folgt ab: Durch den bei Beginn des Schweißens, unter Schweißpulver besonderer Zusammensetzung, gezogenen Lichtbogen wird zwischen den zu verbindenden Werkstück-Schweißkanten ein Schweißbad gebildet. Das seitliche Abfließen des Schweißbads wird durch wassergekühlte, verschiebbar angeordnete Kupferbacken verhindert. Über dem Schweißbad befindet sich eine Schicht eingeschütteten Schweißpulvers, das in seinem aufgeschmolzenen Teil als flüssiges Schlackenbad über dem Schweißbad steht. Bei einer bestimmten Höhe des Schlakkenbads erlischt der Lichtbogen, und der Schweißvorgang geht selbsttätig in den lichtbogenlosen Zustand über. Die erforderliche Wärme zum Abschmelzen des Schweißdrahts, zum Schmelzen des Schweißpulvers und zur Deckung des Wärmeverlustes durch Wärmeableitung und Wärmeabstrahlung wird durch den Stromübergang vom Schweißdraht über die aufgeschmolzene Schlacke zum Schweißbad erzeugt. Mit fortschreitendem Schweißprozeß verschieben sich die Kupferbacken nach oben.

Zusatzwerkstoffe:

1. Nacktdraht-Elektrode bis 6 mm Dmr. Die Anzahl der gleichzeitig zugeführten Drähte kann 10 Stück überschreiten.
2. Platten-Elektroden (Stahlbänder) für Auftragschweißen.
3. Nacktdraht-Rohrelektroden. Der Draht wird dem feststehenden Rohr innerhalb desselben kontinuierlich (fortdauernd) zugeführt. Draht und Rohr werden gleichzeitig abgeschmolzen und bilden dann das Schweißgut.

Bild 25 zeigt den Schweißvorgang mit der Eindraht-Schweißung.

Bild 26 zeigt ein vom ZIS Halle entwickeltes Zweidraht-Schweißgerät.

Bild 27 zeigt ein ES-Bandschweißgerät. Dieses Gerät kann unter Benutzung bestimmter Umbauteile für die UP-Eindraht- und Zweidraht-Schweißung und Schutzgasschweißung eingesetzt werden.

Das Elektro-Schlacke-Schweißverfahren (ES) wurde in der Sowjetunion im Paton-Institut für Elektroschweißung, Kiew, entwickelt. Es ist ein Hoch-

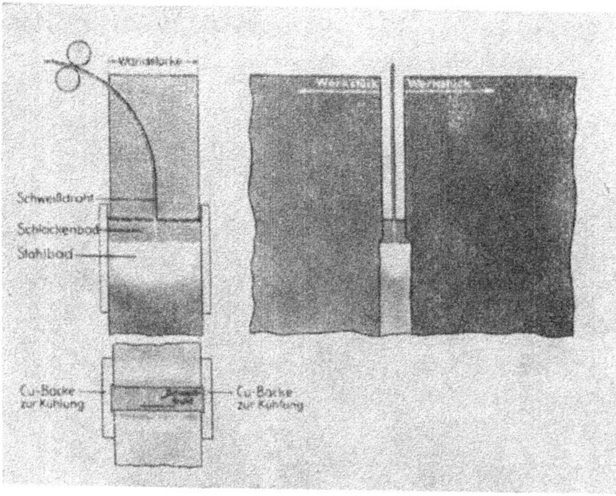

Zu Antwort 310
Bild 25. ***Darstellung der ES-Schweißung (Elektro-Schlacke-Schweißung)***

Zu Antwort 310
Bild 26. ***Zweidraht-Elektro-Schlacke-Schweißgerät***
1 Gerät, **2** Drahttrommeln, **3** Drahttransport, **4** Drahtausgang, **5** Kupferbacken (wassergekühlt), **6** Schalt- und Kontrolltafel, **7** Steuerschrank

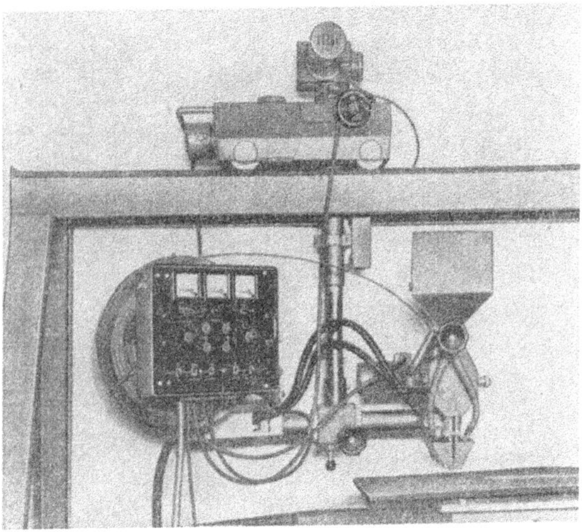

Zu Antwort 310

Bild 27. ES-Schweißgerät mit Bandelektroden

Fahrbar hängende Anordnung. Bandmaße bis 80 mm ×1,5 mm. Bandvorschubgeschwindigkeit: 0,26 bis 9,6 m/min. Fahrgeschwindigkeit: 0,18 bis 4,8 m/min

leistungs-Schweißverfahren, mit dem ohne Schwierigkeiten hochwertige Schweißungen an Werkstoffdicken von 20 bis 1000 mm ohne Schweißkantenvorbereitung – jedoch mit entsprechendem Luftspalt – durchgeführt werden können.

Die Schweißleistung beträgt z. B. bei 120 mm Werkstoffdicke unter Verwendung eines Schweißdrahts von 4 mm Dmr. und einer Schweißstromstärke von 750 A = 1 m in der Stunde.

Das ES-Schweißen wird in vertikaler Position – Steignaht – durchgeführt und ist auch für Rundnähte anwendbar.

Nach Bekanntwerden dieses in der Sowjetunion entwickelten Hochleistungs-Schweißverfahrens – es bedeutete bei Bekanntwerden eine Sensation – wird es im Lizenzverfahren von vielen Ländern der Welt, darunter auch USA, England, Deutsche Bundesrepublik und Schweden, angewandt.

311. Die Elektro-Schlacke-(ES-)Schweißung wird angewendet für Stumpf- und Kehlnähte an Werkstoffdicken von 20 bis 1000 mm und darüber. Besondere Bedeutung hat die Anwendung dieses Verfahrens im Schwermaschinen- und Kesselbau. Es kann Stahl, Stahlguß, Grauguß und hochfestes legiertes Gußeisen geschweißt werden.

Zu Antwort 311

Bild 28. Stahlguß-Laufringsegment (Teilansicht)
Fehlende Schrumpfringwarze angesetzt und zur ES-Schweißung vorbereitet. Keine Schweißkantenvorbereitung. Luftspalt

Das Verfahren hat nicht nur eine große wirtschaftliche Bedeutung für die Neufertigung, sondern auch für den Reparatursektor, Bilder 28 bis 30[1]).
In der Sowjetunion sind ES-Schweißgeräte für Montagezwecke entwickelt und befinden sich dort im Großeinsatz (Bilder 31 und 32).

[1]) Schweißtechnik 1958/11 und 1961/2.

Zu Antwort 311
Bild 29. Stahlguß-Laufringsegment beim ES-Schweißgerät zum Anschweißen der Schrumpfringwarze

Zu Antwort 311
Bild 30. Stahlguß-Laufringsegment (Teilansicht)

Schrumpfringwarze durch ES-Verfahren angeschweißt

Zu Antwort 311

Bild 31. Einsatz von ES-Montage-Kleingeräten auf Großbaustellen in der Sowjetunion

Zu Antwort 311

Bild 32. Schweißen mit dem ES-Montagegerät auf Großbaustellen an gewölbten Flächen in der Sowjetunion

Schweißnahtformen und Schweißnahtvorbereitung

Frage:

312. Was ist eine wesentliche Voraussetzung für eine gute Schweißnaht?

313. Worauf ist demnach zu achten?

314. Was versteht man unter einem Öffnungswinkel?

315. Warum Öffnungswinkel?

316. Nachteil eines zu großen Öffnungswinkels?

317. Nachteil eines zu kleinen Öffnungswinkels?

318. Was ist ein Luftspalt?

319. Was für Arten von Schweißnahtformen unterscheidet man?

320. Was ist bei dem Verschweißen von Dünnblechen zu beachten?

321. Der Tulpenstoß und seine Anwendung?

322. Vorbereitung der Schweißstoßkanten bei dicken und sehr dicken Blechen?

323. Wo wird der Stirnstoß angewandt?

324. Wo wird der T-Stoß angewandt?

325. Was ist ein Kreuzstoß, und wann wird er angewandt?

326. Was ist ein Dreiblechstoß?

327. Was ist eine HV- und K-Naht beim T-Stoß?

328. Wann Winkel- oder Eckstoß?

329. Wie entsteht der Überlappstoß?

330. Was ist eine Schlitznaht, und wann wird sie angewandt?

331. Welches sind die Merkmale eines Überlappstoßes?

332. Was ist zweckmäßig zu tun, wenn zwei verschieden dicke Bleche oder Werkstücke durch Stumpfstoß verschweißt werden sollen?

333. Was findet statt, wenn ein Schweißstoß versetzt ist?

334. Können zwei frei und parallel zueinanderliegende Bleche ohne Hilfsmittel durch eine Stumpfnaht verschweißt werden?

335. Wann werden Heftbügel angewandt?

336. Wie werden die Schweißnähte noch unterteilt?

337. Wann ist eine Schweißnaht durchlaufend?

338. Wann ist eine Schweißnaht unterbrochen?

339. Warum wird eine Schweißnaht unterbrochen geschweißt?

340. Was für Arten von unterbrochenen Kehlnahtschweißungen unterscheidet man?

341. Was ist eine Einlagenschweißung?

342. Was ist eine Mehrlagenschweißung?

343. Wie ist die Schweißnahtvorbereitung bei Verwendung der Eisenpulver- oder Hochleistungselektrode?

344. Wie ist die Schweißnahtvorbereitung bei Verwendung der Tiefeinbrandelektrode?

345. Lassen sich Eisenpulver- und Tiefeinbrandelektroden kombinieren?

Schweißnahtformen und Schweißnahtvorbereitung

Antwort:

312. Unter anderem: Die Nahtvorbereitung.

313. Auf eine gute Vorbereitung der Schweißstoßkanten, die der Art und Dicke des Werkstoffs entsprechen muß, wobei auf gute Paßarbeit besonders zu achten ist. Die Schweißstoßkanten müssen auch frei von Zunder, Farbe, Zink und Schmutz sein. Unsaubere Schweißstoßkanten (Öl) sind schlechte Stromleiter, auch verunreinigen sie das Schmelzbad. Dadurch schlechtes Schweißgut und Absinken der Festigkeit der Schweißnaht. Farbdämpfe sind gesundheitsschädigend. Darum auch in dieser Beziehung Vorsicht!

314. Den durch das Abschrägen der Schweißstoßkanten entstehenden Winkel.

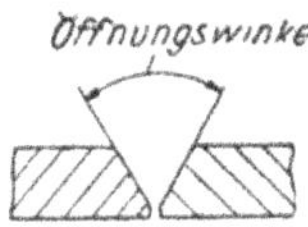

315. Durch die Kantenabschrägung schafft man sich Bewegungsfreiheit für die Elektrode, um überall gut schweißen zu können, d. h. sowohl die Wurzel gut durchzuschweißen als auch die Kanten zwecks guter Durchmischung mit dem Zusatzwerkstoff gut anzuschmelzen.

316. Zu hoher Verbrauch an Zusatzwerkstoff (Elektroden), Zeitverlust, zu hoher Stromverbrauch, erhöhte Schweißspannungen.

317. Behinderte Elektrodenführung, ungenügender seitlicher Einbrand, Wurzel wird nicht erfaßt.

318. Bei der I-Naht der Abstand zwischen den Blech-Stirnflächen (Fugenbreite), bei der V- und X-Naht der Abstand unterhalb des Öffnungswinkels (s. Bild). Der Luftspalt ermöglicht bei richtiger Elektrodenführung ein einwandfreies Durchschweißen der Wurzellage, verhindert aber zugleich auch bei richtig bemessenem Kantenabstand das Durchfallen des Zusatzwerkstoffs.

319. Die Bördelnaht, die Stirnnaht, die Stumpfnaht, die Kehlnaht und die Schlitznaht.

Bördelnaht

Stirnflachnaht ohne besondere Vorbereitung

Stirnfugennaht mit Fugenvorbereitung

Die Stumpfnaht wird unterteilt in:

I-Naht

V-Naht

HV-Naht

Steilflankennaht

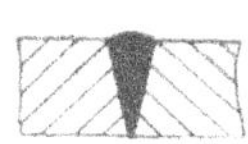

X-Naht

K-Naht

U-Naht (Tulpennaht)

Die Kehlnaht erscheint bei:

Stirnstoß

Überlappstöße

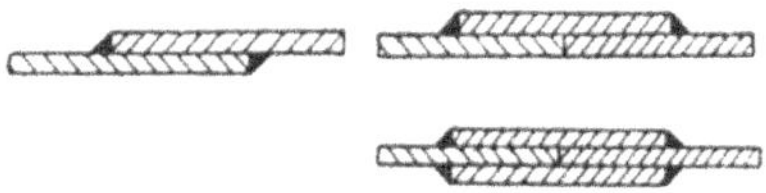

T-Stoß

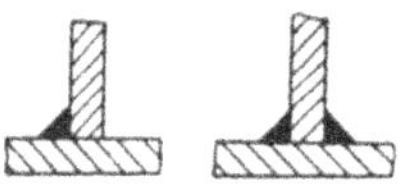

Kreuzstoß

Winkel- oder Eckstoß

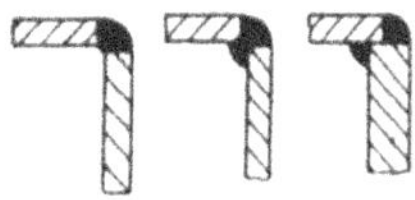

und in gewissem Umfang beim T-Stoß auch bei der HV- und K-Naht

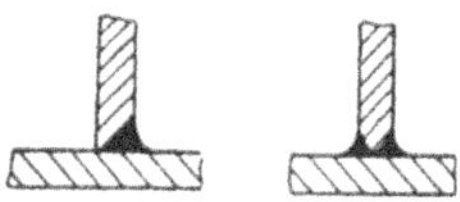

Die Schlitznaht unterscheidet sich in:

Langlochnaht

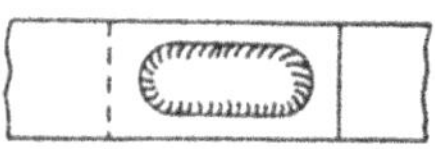

Rundlochnaht

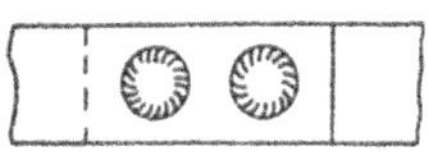

Bei der Überlappschweißung unterscheidet man je nach Kraftrichtung a) Stirnkehl- und b) Flankenkehlnaht.

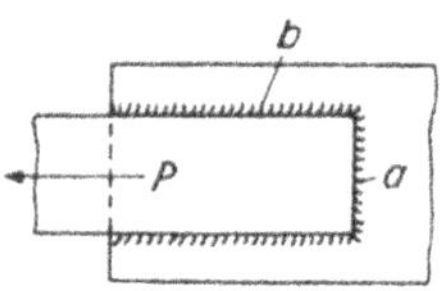

320. Da Dünnbleche schwierig zu verschweißen sind, außerdem ein gutes Durchschweißen notwendig ist, soll bei einseitigem Schweißen eine *genutete Kupferunterlage* verwendet werden. Sie garantiert zudem eine gut aussehende Nahtrückseite. Unter Umständen kann auch ein Flachstahl gegengelegt werden, der, falls erwünscht, der besseren Steifigkeit halber mit verschweißt wird.

321. Es gibt den einfachen und den doppelten Tulpenstoß. Für letzteren gelten die gleichen Vorteile wie für die X-Naht gegenüber der V-Naht: weniger Zusatzwerkstoff, Zeit und Stromersparnis und fast restlose Aufhebung der Winkelschrumpfung durch beiderseitiges Verschweißen.

U-Stoß

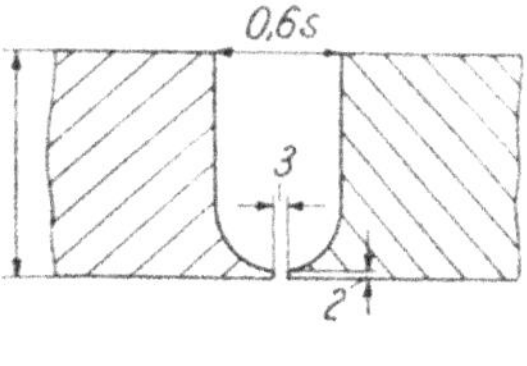

doppelter U-Stoß

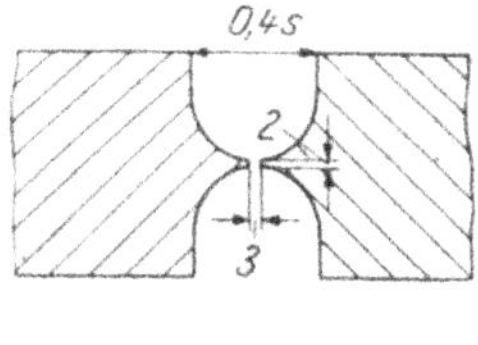

Nachteil: Kantenvorbereitung teurer, daher wird die U-Naht so wenig wie möglich angewandt. Unter Berücksichtigung der gleichmäßigen Verteilung der Winkelschrumpfung bei der Doppel-U-Naht muß das Werkstück nach jeder Schweißlage gedreht werden.

Durch eine besonders gestaltete Hobeldüse zum Fugenhobler (s. F. u. A. 252 bis 258), die die Schweißkante J-förmig zum Tulpenstoß aushobelt, werden die Kosten der Fugenkantenvorbereitung gegenüber der mechanischen Bearbeitung ganz erheblich gesenkt. Beim maschinellen J-Fugenhobeln entfällt jede Nacharbeit.

322. Durch den Steilflankenstoß. (Öffnungswinkel verkleinert sich mit zunehmender Werkstoffdicke.)

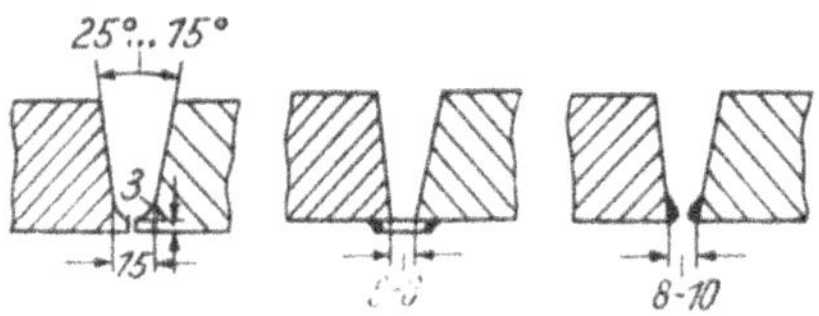

unter 40 mm — Blechstreifen gegengeschweißt — Kanten angetragen

323. Beim Einschweißen von Böden in Behältern, sofern es sich um etwas dickere Bleche handelt. (Bei Druckbehältern verboten.) Bei Dünnblechen wird die Bördelkante gleichgesetzt und ohne Zusatzwerkstoff verschweißt.

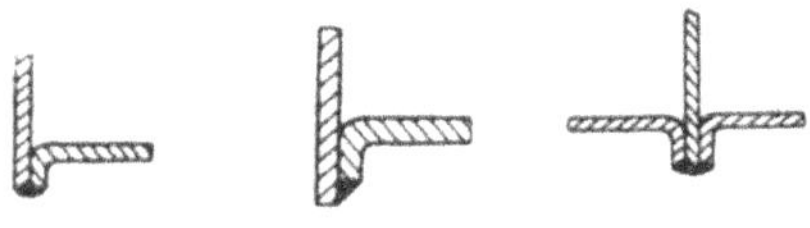

324. Überall dort, wo zwei Bleche unter einem Winkel von 90° verbunden werden. Er kann einseitig oder doppelseitig durch Kehlnähte verbunden werden. Seltener durch HV-Naht oder K-Naht (s. F. u. A. 319 und 327). Der normale T-Stoß (ohne Vorbereitung des stoßenden Blechs) wird mehr für statische und ruhende Belastung verwendet.

325. Ein Doppel-T-Stoß. Anwendung in der Praxis gering, weil spannungsmäßig ungünstig. Er wird daher in erster Linie als Prüfform für Zerreißversuche angewendet. Wo es in der Praxis nicht zu umgehen ist, empfiehlt es sich, die stoßenden Bleche gegeneinander etwas zu versetzen.

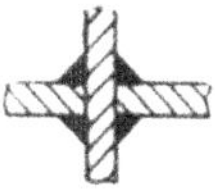

326. Ein T-Stoß. Er wird angewandt, wenn Kehlnähte von innen nicht gelegt werden können; u. U. ist leichtes V-förmiges Anschrägen der Seitenbleche zu empfehlen.

327. Bei der HV-Naht und K-Naht findet die Verschweißung nicht wie bei dem normalen T-Stoß durch eine Kehlnaht statt, sondern durch eine Schweißnaht, die je zur Hälfte aus einer HV- und einer Kehlnaht gebildet wird (s. F. u. A. 319).
Bei guter Durchschweißung haben die Nähte gegenüber der Kehlnaht ohne Vorbereitung des stoßenden Blechs den Vorteil hoher dynamischer Beanspruchung (schwingende Belastung). Nachteil: Bearbeitung der Kante des Stegblechs. Anwendung der HV-Naht kann auch dort erfolgen, wo die dicke Kehlnaht bei einem normalen T-Stoß stört.

328. Wenn zwei Bleche zu einer Ecke verschweißt werden sollen (s. F. u. A. 319). Saubere Paßarbeit notwendig. (Bei Druckbehältern verboten.)
Bei starker Beanspruchung auf Biegung ist es zweckmäßig, zusätzlich von innen eine Lage gegenzulegen.

329. Durch Übereinanderlegen zweier Bleche, Flachstähle o. ä. Je nach Größe und Lage der Bleche entstehen Stirn- oder Flankenkehlnähte (s. F. u. A. 319).

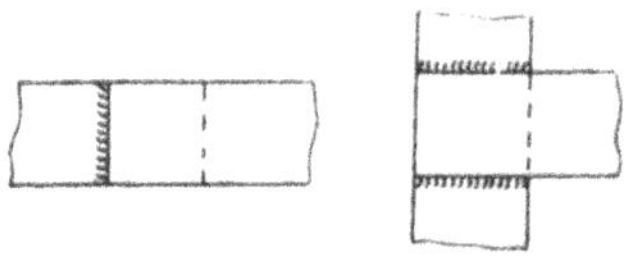

Der überlappte Stoß hat gegenüber dem Stumpfstoß den Nachteil eines nicht geradlinigen Kraftflusses. Es sollte daher möglichst der Stumpfstoß angewandt werden.

330. Eine Abart der überlappten Schweißverbindung. Man unterscheidet bei der Schlitznaht eine Lang- und eine Rundlochnaht.

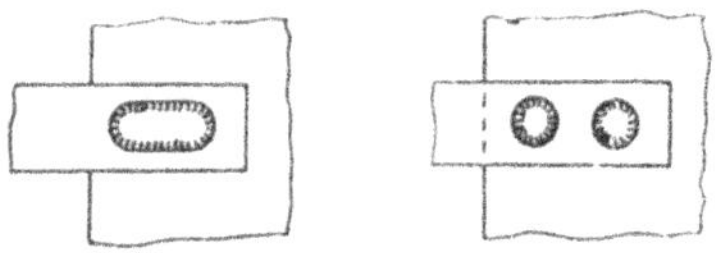

Sie wird überall dort angewendet, wo die Möglichkeit des Verschweißens von Teilen, z. B. einer Lasche durch Flanken- oder Stirnnähte, nicht möglich ist. Dort, wo eine Laschenverschweißung durch Flanken- bzw. Stirnnähte erfolgt ist, kann die Schlitznaht zusätzlich zur Schweißquerschnittvergrößerung und damit zur Steigerung der Festigkeit beitragen, sofern durch die Anschlußnähte die erforderliche Festigkeit nicht erreicht wird. Bei der Vorbereitung ist darauf zu achten, *daß die Schlitzbreite oder der Lochdurchmesser genügend groß ist,* um ein einwandfreies Führen der Elektrode und einwandfreies Schweißen der Wurzel zu garantieren.

331. Die Werkstücke überlappen sich (s. F. u. A. 319). Sofern es sich um Überlappstöße nach untenstehender Skizze handelt, können die Überlappstöße ein- oder doppelseitig sein.

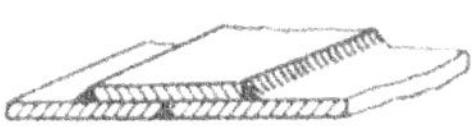

Ist der Überlappstoß einseitig, so ist es u. U. notwendig, den Stumpfstoß der zu verbindenden Bleche vorher zu verschweißen. Bei einem doppelseitigen Überlappstoß ist dies nicht erforderlich.

332. Das dickere Blech an der Schweißstoßkante auf das Maß des dünneren Blechs abzuarbeiten. Sofern der Dickenunterschied mehr als ein Viertel der dünneren Blechdicke beträgt und größer als 3 mm ist, muß das dickere Blech auf einer Kantenbreite von 3 bis 5 *s* (= Blechdicke) abgearbeitet werden.

Kerbwirkung

nur für ruhende Belastung

Vorteil: gleichmäßigere Wärmeverteilung und günstiger Kraftlinienfluß.

333. Es findet eine Ablenkung des Kraftlinienflusses statt, wodurch sich gefährliche Spannungsspitzen ergeben, außerdem Kerben und die Gefahr des Nichtdurchschweißens der Nahtwurzel.

Kraftlinienverlauf

Spannungsspitze
(Sp.-Anhäufung)

Kerben

Kerbe
Schlechte Schweißverbindung

334. Nein! Die Nahtfuge würde sich durch die Querschrumpfung der Schweißnaht schließen. Daher Luftspalt (Schweißfuge) keilförmig herrichten oder die Bleche festspannen bzw. heften.

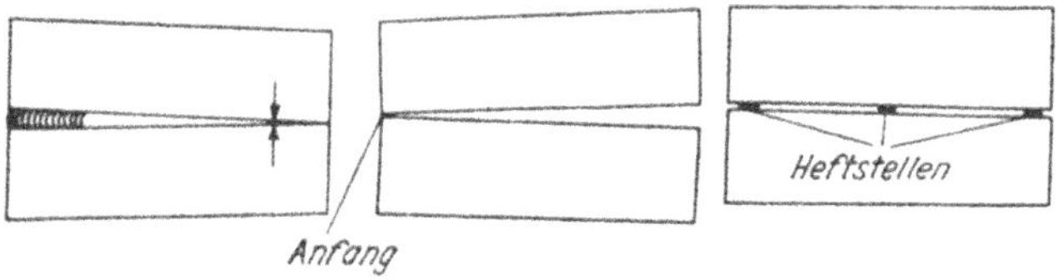

335. Als Ersatz für Heftstellen in der Naht, die später wieder aufgeschmolzen werden müssen. Heftbügel dürfen des leichteren Abschlagens wegen nur von einer Seite angeschweißt werden.
Es können auch Magnet-Halte- und Magnet-Spannwerkzeuge angesetzt werden.

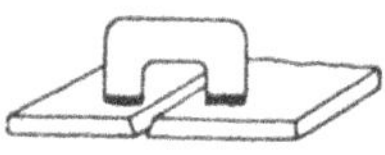

336. a) In durchlaufende Schweißnähte.
b) In unterbrochene Schweißnähte (gilt jedoch nur für Kehlnähte).

337. Wenn sie keine Unterbrechung aufweist.

338. Wenn die Naht in ihrer Länge unterbrochen, d. h. unterteilt ist.

339. Um Elektroden, Strom und Zeit zu sparen. Schweißspannungen und Blechverwerfungen werden durch die geringere Wärmezufuhr herabgemindert. Diese Schweißart hat jedoch den Nachteil, daß sich zwischen die nichtverschweißten Nahtstöße Feuchtigkeit setzt und dadurch die Rostbildung begünstigt

wird, was der Konstrukteur schon bei Anordnung einer unterbrochenen Schweißnaht zu berücksichtigen hat.
Anwendung nicht bei Dichtschweißungen und nur bei Nähten ohne große Festigkeit. Bei Schweißungen mit größerer Beanspruchung ist die durchlaufende Naht vorzuziehen, da bei gleicher Festigkeit die unterbrochene Naht einen größeren Querschnitt haben muß als die durchlaufende, wodurch die Vorteile der unterbrochenen Naht aufgehoben werden und die Naht unwirtschaftlich wird.

340. Die Ketten- und die Zickzackschweißung.
Bei der Kettenschweißung liegen die geschweißten Nahtstellen gegenüber, bei der Zickzackschweißung sind sie gegeneinander versetzt.

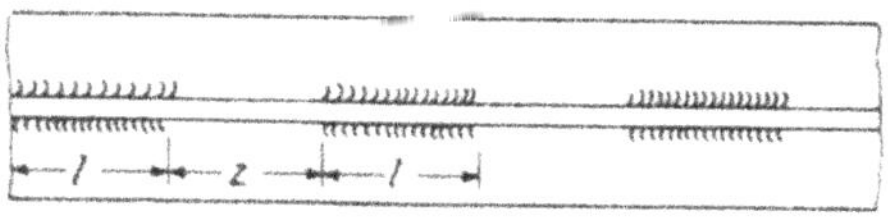

Kettenschweißung

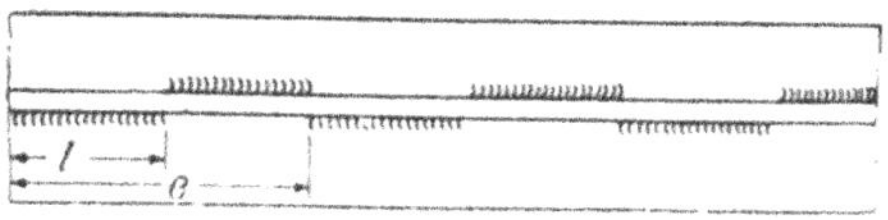

Zickzackschweißung

341. Eine Schweißung, bei der durch eine Schweißlage der gesamte Nahtquerschnitt ausgefüllt wird.

Einlagenschweißung

342. Eine Schweißung, bei der durch mehrere Schweißlagen der Nahtquerschnitt ausgefüllt wird.

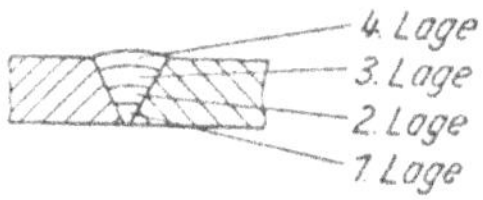

Mehrlagenschweißung

Raupenschweißung
eine Abart der Mehrlagenschweißung

343. Die gleiche Nahtform wie bei den normalen Elektroden (s. F. u. A. 319). Nur in waagerechter Position zu verschweißen.

344. Bis 12 mm Werkstoffdicke mit geringerem Luftspalt ohne Kantenabschrägung. Geschweißt wird von beiden Seiten je eine Lage. (Erfordern Schweißstromquellen mit erhöhter Arbeitsspannung.)

345. Ja! Die kombinierte Verwendung von Eisenpulver- und Tiefeinbrandelektroden zeigen die nachstehenden Abbildungen (nach *F. Richter*):

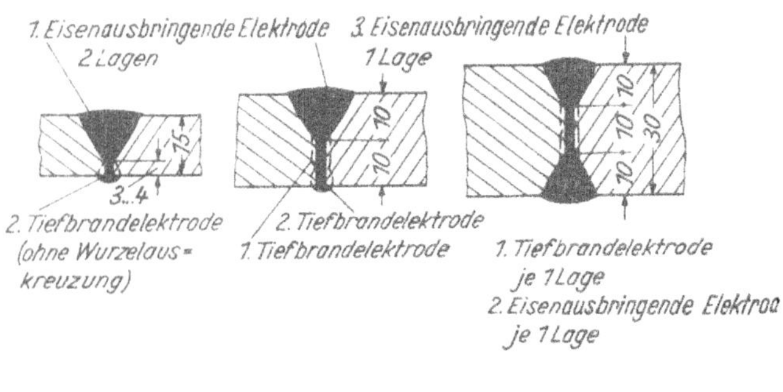

Die Güte und Prüfung einer Schweißnaht

Frage:

346. Welche Faktoren bestimmen die Güte einer Schweißnaht?

347. Nach welchen Gesichtspunkten kann die Prüfung einer Schweißnaht ausgewertet werden?

348. Was ist der Zweck der Schweißnahtprüfung?

349. Welche Prüfverfahren sind grundsätzlich zu unterscheiden?

350. Bei welchen Prüfverfahren wird das zu prüfende Stück zerstört?

351. Bei welchen Prüfverfahren wird das zu prüfende Stück nicht zerstört?

352. Welche mechanischen Gütewerte werden durch den Zugversuch festgestellt?

353. Wie wird der Zugversuch durchgeführt?

354. Was versteht man unter „Elastizitätsgrenze“?

355. Was versteht man unter „Streckgrenze“?

356. Was versteht man unter „Zugfestigkeit“?

357. Was versteht man unter „Dehnung“?

358. Was versteht man unter „Einschnürung“?

359. Wie wird der Faltversuch durchgeführt?

360. Wie wird der Kerbschlagbiegeversuch durchgeführt?

361. Wie wird die Prüfung auf Dauerfestigkeit durchgeführt?

362. Wie wird die Härteprüfung durchgeführt?

363. Wie wird die Ritzhärte festgestellt?

364. Wie wird die Brinellhärte festgestellt?

365. Wie wird die Rockwellhärte festgestellt?

366. Wie wird die Vickershärte festgestellt?

367. Wie wird die Rolldurhärte festgestellt?

368. Wie wird die Rücksprunghärte festgestellt?

369. Wie wird die Kugelfall- bzw. Kugelschlaghärte festgestellt?

370. Wie wird der Schmiedeversuch durchgeführt?

371. Was ist der Zweck der metallografischen Untersuchungen?

372. Wie werden die makroskopischen Untersuchungen durchgeführt?

373. Wie werden die mikroskopischen Untersuchungen durchgeführt?

374. Welchen Zweck haben die chemischen Untersuchungen?

375. Welchen Zweck hat die Prüfung des äußeren Befunds von Schweißungen?

376. Wie wird die Prüfung auf Dichtheit einer Schweißnaht bzw. auf Oberflächenrisse durchgeführt?

377. Wie werden die elektromagnetischen Prüfungen durchgeführt?

378. Wie werden die Röntgenprüfungen durchgeführt?

379. Wie wird die Prüfung mit Gammastrahlen durchgeführt?

380. Wie wird die Ultraschallprüfung durchgeführt?

381. Wie wird die Belastungsprüfung durchgeführt?

382. Welche Proben dienen zur Bruchflächenbeurteilung von Stumpf- und Kehlnähten?

383. Welchen Zweck hat die Doppelkehlnahtprobe?

Die Güte und Prüfung einer Schweißnaht

Antwort:

346. Die Güte einer Schweißnaht bestimmen folgende Faktoren:

a) Kenntnisse, Fertigkeit, Zuverlässigkeit und das Verantwortungsgefühl des Schweißers.

b) Wahl des Schweißverfahrens.

c) Güte der Schweißeinrichtung.

d) Konstruktion des zu schweißenden Bauteils.

e) Ausbildung und Reihenfolge der Schweißnähte.

f) Art des zu schweißenden Werkstoffs.

g) Art und Abmessung des Zusatzwerkstoffs.

347. Die Auswertung einer Schweißnahtprüfung richtet sich nach folgenden Gesichtspunkten:

a) Prüfung der Grundwerkstoffe (Werkstoffprüfung).

b) Prüfung der Zusatzwerkstoffe (Elektrodenprüfung).

c) Prüfung des Schweißverfahrens (Verfahrensprüfung).

d) Prüfung der Schweißer (Arbeitsprüfung).

e) Prüfung der Schweißverbindungen (Abnahmeprüfung).

348. Die Schweißnahtprüfung soll nicht nur die Güte der Schweißnaht feststellen, sondern auch die Fehler der Schweißnaht zeigen und damit zu Verbesserungen anregen. Es hat sich erwiesen, daß bei laufenden Schweißnahtprüfungen die Güte der Schweißnähte weitgehend gesteigert wurde, *insbesondere dann, wenn in Diskussionen mit den Schweißern und Schweißerinnen nicht nur die Fehler selbst, sondern auch die Fehlerursache und deren Beseitigung besprochen wurden.*

349. Man unterscheidet im allgemeinen bei Güteprüfungen grundsätzlich folgende Prüfverfahren:

a) Prüfverfahren mit Zerstörung des zu prüfenden Stücks (Werkstoff, Schweißnaht).

b) Prüfverfahren ohne Zerstörung des zu prüfenden Stücks (Werkstoff, Schweißnaht).

350. Bei folgenden Untersuchungen wird das zu prüfende Stück (Werkstoff, Schweißnaht) zerstört:

1. Bei Untersuchungen auf mechanische Gütewerte:
   z. B. Zugversuch
   Faltversuch
   Kerbschlagbiegeversuch
   Prüfung auf Dauerfestigkeit
   Härteprüfung
   Schmiedeversuch.
2. Bei metallografischen Untersuchungen:
   z. B. Makrountersuchungen
   Mikrountersuchungen.
3. Bei chemischen Untersuchungen (vielfach auch ohne Zerstörung des zu prüfenden Stücks).

351. Bei folgenden Prüfverfahren wird das zu prüfende Stück (Werkstoff, Schweißnaht) n i c h t zerstört:

1. Bei Prüfungen des äußeren Befunds.
2. Bei Prüfungen auf Dichtheit bzw. auf Oberflächenrisse.
3. Bei Härteprüfungen.
4. Bei elektromagnetischen Prüfungen.
5. Bei Durchstrahlungsverfahren:
   a) Röntgenprüfung,
   b) Prüfung mit Gammastrahlen,
   c) Ultraschallprüfung.
6. Bei Belastungsprüfungen.

352. Durch den Zugversuch können folgende mechanische Gütewerte festgestellt werden:

Elastizitätsgrenze
Streckgrenze
Zugfestigkeit
Dehnung
Einschnürung.

353. Der Zugversuch ist ein Prüfverfahren mit Zerstörung des zu prüfenden Stücks. Zur Ausführung des Zugversuchs dienen Zerreißmaschinen, in denen der stabförmige Probekörper gespannt und Zugkräften ausgesetzt wird, die parallel zur Stabachse gerichtet und möglichst gleichmäßig über den Querschnitt verteilt sind. Diese Zugkräfte streben den Stab zu verlängern bzw. zu zerreißen. Der Zugstab muß also so in die Prüfmaschine eingebaut werden, daß er zentrisch belastet wird, und muß langsam, gleichmäßig und stoßfrei gereckt werden. Die Zunahme der Belastung kann an einer Kraftmeßvorrichtung verfolgt werden, deren Schleppzeiger dann beim Reißen des Zugstabs stehenbleibt. Der Zugversuch ist genormt (desgleichen Form und Abmessung der Zugstäbe) und wird durchgeführt mit Zugstäben aus metallischen Vollwerkstoffen und aus reinem Schweißgut. Dabei kann der Probestabquerschnitt kreisförmig, quadratisch, rechteckig oder in Ausnahmefällen auch anders geformt sein. Kleine Profilstäbe, kleine Rohre usw. können auch als Ganzes zerrissen werden.

Für dünne Bleche, Grauguß, Temperguß und Druckguß gelten andere Normen.

Für den Zugversuch bei der Schweißnahtprüfung werden Flachstabformen verwendet, die hinsichtlich ihrer Abmessung genormt sind. Hierbei dient die Stabform 1 (Bild 33) zur Prüfung der Schweißverbindung, wobei es gleichgültig ist, ob der Bruch im Schweißgut, in der Übergangszone oder im Grundwerkstoff erfolgt. Es soll bei dieser Stabform

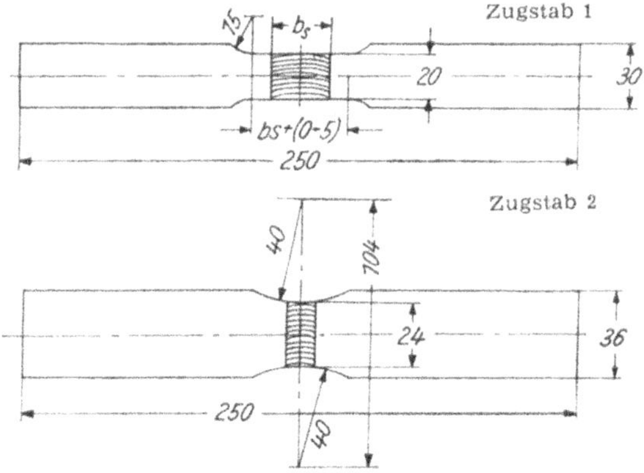

Zu Antwort 353

Bild 33. Zugstabformen für Schweißverbindungen

Stabform 1: Beispiel für 10 bis 20 mm Blechdicke
Stabform 2: Beispiel für 10 bis 12 mm Blechdicke

lediglich festgestellt werden, ob die Schweißverbindung dieselbe Zugfestigkeit erreicht wie der Grundwerkstoff. Dagegen dient die Stabform 2 (Bild 33) zur Prüfung der Schweißnaht selbst. Infolge der Ausrundungen dieses Probestabs tritt der Bruch in der Regel in der Schweißnaht ein. Die Ausrundungen bewirken eine merkliche Dehnbehinderung und damit eine Erhöhung der tatsächlichen Zugfestigkeit um etwa 10 bis 15%.

Weitere Probestabformen zur Ermittlung der Festigkeitseigenschaften von Schweißverbindungen sind z. B. in folgenden Vorschriften festgelegt:

Vorschriften für geschweißte Stahlhochbauten.

Vorschriften für geschweißte vollwandige Straßenbrücken.

Deutsche Bundesbahn, Vogefa (DV 952):

Vorschrift für geschweißte Fahrzeuge.

Deutsche Schiffs-Revision und -Klassifikation (DSRK):

Vorschriften für die elektrische Schweißung im Schiffbau.

Germanischer Lloyd:

Vorschriften für elektrische Schweißung von Schiffen.

Nach diesen Vorschriften werden Zugversuche als Stumpfnaht- und Kehlnahtprüfungen (Bild 34) durchgeführt. Bei Untersuchung von Stirnkehlnähten wird hierbei die Kreuzprobe angewandt (Bild 35), die zur Ermittlung der kombinierten Zug- und Scherfestigkeit (kurz: Zugscherfestigkeit) der Schweißnaht dient.

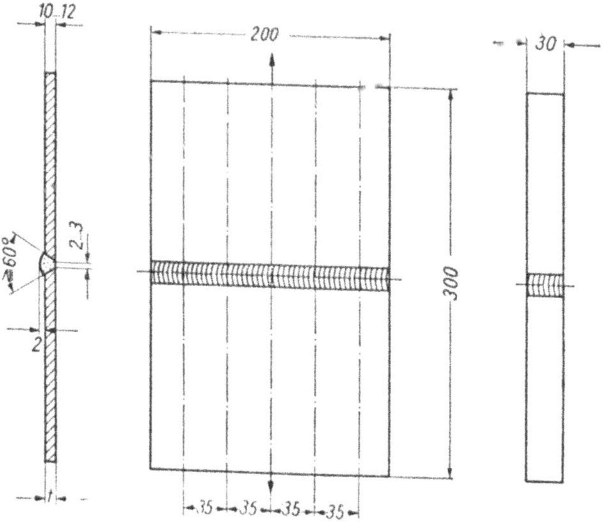

Zu Antwort 353

Bild 34. Stumpfnahtprobe

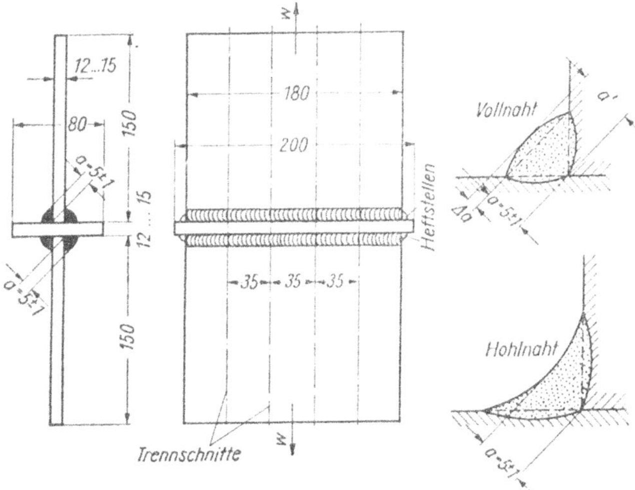

Zu Antwort 353

Bild 35. Kreuzprobe

Anstelle der Kreuzprobe kann auch eine Laschenprobe (Bild 36) angefertigt und zur Ermittlung der Zugscherfestigkeit der Kehlnähte geprüft werden. Dabei können die einzelnen Probenteile durch Brennschnitte hergestellt werden.

354. Die Elastizitätsgrenze wird beim Zugversuch ermittelt und ist jene höchste Belastung, bei der ein Probestab nach der Entspannung wieder seine ursprüngliche Form annimmt. Zur Bestimmung dieses Wertes wird der Stab s o o f t einer fortschreitend höheren Belastung ausgesetzt und nachfolgend wieder entspannt, bis eine b l e i b e n d e Dehnung festzustellen ist. Die Elastizitätsgrenze, ausgedrückt in kp/mm², ist also diejenige kritische

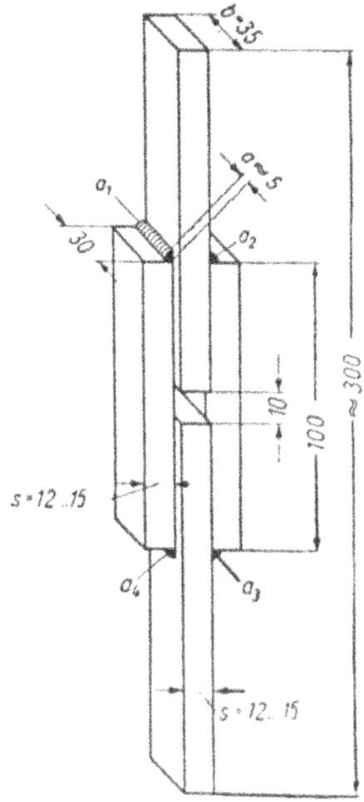

Zu Antwort 353
Bild 36. Laschenprobe

Grenzspannung, bis zu der sich ein Werkstoff rein „elastisch" dehnt, d. h., es bleiben bei Entspannung keine Dehnungsreste zurück, es treten keine bleibenden Formänderungen auf. Die Ermittlung der Elastizitätsgrenze ist genormt.

355. Die Streckgrenze, ausgedrückt in kp/mm², wird beim Zugversuch ermittelt und ist die Spannung bei der die Dehnung des Stabs weiter zunimmt, ohne daß die Belastung erhöht wird. Die Bestimmung der Streckgrenze kann man beobachten durch den ersten Stillstand des Zeigers der Kraftmeßvorrichtung der Zerreißmaschine. Auf diese sichtbare Weise zeigt die Streckgrenze das Ende des elasti-

schen Zustands an. Da nach Erreichen der Streckgrenze also bleibende Veränderungen in einem Werkstoff auftreten, ist sie für den Konstrukteur von sehr großer Bedeutung. Sie ist die höchste Spannung, die bei ruhender Last ohne Eintreten gefährlicher, bleibender Veränderungen des Werkstoffs noch auftreten darf.
Bei Stählen mit höherer Zugfestigkeit ist die Streckgrenze bei der Prüfung des Werkstoffs nicht oder nicht deutlich genug ausgeprägt, so daß man statt der Streckgrenze die 0,2-Grenze ermitteln muß.
Die 0,2-Grenze ist diejenige Spannung, bei der sich im Zugversuch eine bleibende Dehnung von 0,2% der Meßlänge ergibt.

356. Belastet man bei einem Zugversuch einen Zugstab über die Streckgrenze hinaus, dann dehnt er sich bei an sich dehnbaren Werkstoffen bis zu einer Höchstlast, bei deren Überschreitung eine starke Änderung der Form des Zugstabs eintritt, d. h., er beginnt sich örtlich stark zu verengen („einzuschnüren") und zerreißt schließlich infolge des immer kleiner werdenden Querschnitts, wenn sein Verformungsvermögen erschöpft ist, unter einer geringeren Last als der Höchstlast. Dagegen erfolgt bei spröden Werkstoffen (z. B. Gußeisen) der Bruch bei Höchstlast ohne vorherige plastische Verformung. Die Zugfestigkeit, ausgedrückt in kp/mm², wird nach folgender Formel berechnet:

$$\sigma_B = \frac{F_{max}}{A_0} \text{ [kp/mm}^2\text{]}.$$

σ_B Zugfestigkeit in kp/mm²,

F_{max} die von dem Zugstab ertragene Höchstbelastung in kp,

A_0 ursprünglicher Querschnitt des Probestabs in mm².

357. Unter Dehnung, ausgedrückt in Prozenten, versteht man die beim Zugversuch nach dem Bruch gemessene bleibende Dehnung. Die Dehnung eines Werkstoffs oder Schweißguts gibt also an, in welchem Ausmaß (um wie viele Prozente) die ursprüngliche Meßlänge des Probestabs bis zum Zerreißen des Stabs zugenommen hat.
Je größer die Dehnung eines Werkstoffs ist, um so größer ist seine Verformbarkeit (biegen, pressen, kaltziehen, kaltwalzen usw.). Mit steigender Festigkeit eines Stahls sinkt meist seine Dehnung ab. Ein Stahl oder eine Schweiße ist im allgemeinen um so hochwertiger, je höher bei gleicher Festigkeit die Dehnung ist.

358. Unter Einschnürung oder Kontraktion, ausgedrückt in Prozenten, versteht man die Querschnittminderung eines Zugstabs an seiner Bruchstelle beim Zugversuch. Die Einschnürung eines Werkstoffs gibt also an, in welchem Ausmaß (um wie viele Prozente) sich der ursprüngliche Querschnitt des Probestabs bis zum Zerreißen des Stabs verringert hat. Die Einschnürung ist bei weichen Stählen am größten und wird bei Stählen mit steigendem Kohlenstoffgehalt kleiner. Ebenso setzen alle Werkstoffehler (örtliche Verunreinigungen, Einschlüsse, Hohlräume, äußere als Kerben wirkende Beschädigungen usw.) die Einschnürung herab und machen sich um so stärker bemerkbar, je höher die Festigkeit steigt.

359. Der Faltversuch ist ein Prüfverfahren mit Zerstörung des zu prüfenden Stücks. Zur Ausführung des Faltversuchs dienen Prüfmaschinen, in denen der Probestab auf zwei Rollen gelagert und in der Mitte durch einen Stempel (Dorn) bestimmter Abmessung zwischen diesen Auflegerollen durchgebogen wird (Bild 37). Das Biegen soll stetig und möglichst in einem Zug erfolgen bis zum ersten Anriß auf dem

Probestab. Die so erreichte Durchbiegung wird als Biegewinkel bezeichnet.

Der Biegewinkel ist ein Maß für die Zähigkeit und Verformungsfähigkeit eines Werkstoffs und wird deshalb besonders bei der Prüfung von Schweißnähten angewendet.

Form und Abmessung der Faltstäbe sind bestimmt durch die Norm, die Anwendung findet für Zugstäbe aus metallischen Vollwerkstoffen. Dabei werden im allgemeinen Flachstäbe von 30 bis 50 mm Breite oder auch Rundstäbe benutzt, soweit nicht ganze Profile dem Faltversuch unterworfen werden.

Für den Faltversuch bei der Schweißnahtprüfung werden Flachstäbe verwendet, wie sie in der jeweiligen Norm angegeben sind. Bei dem Faltversuch liegt im Regelfall die Wurzel der V-Naht in der Druckzone.

Der Faltversuch kann auch an Faltproben mit Wulst (die Wurzelseite der Schweißnaht aber stets ebnen) zur Prüfung des Schweißers (Arbeitsprüfung)

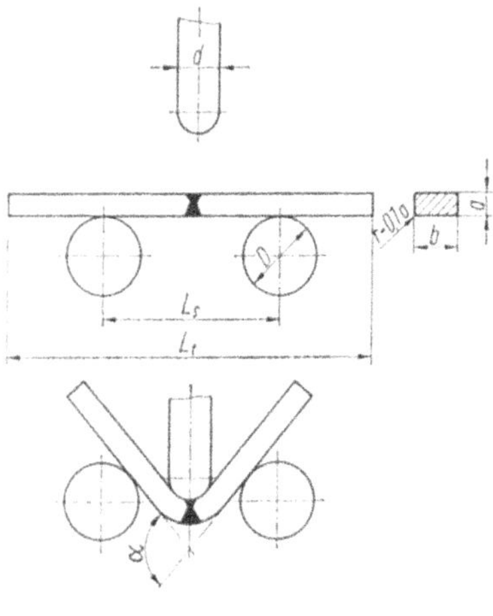

Zu Antwort 359

Bild 37

Faltversuch

a Probendicke
b Probenbreite (30 mm [20 mm])
L_s Stützweite (**D** + **d** + etwa **3a**)
L_t Gesamtlänge der Probe
α Biegewinkel
d Biegedorndurchmesser (etwa **2a** bzw. etwa **3a**)
D Auflagenrollendurchmesser (50 mm)

entsprechend folgenden Vorschriften ausgeführt werden:

Vorschriften für geschweißte Stahlhochbauten.

Vorschriften für geschweißte vollwandige Straßenbrücken.

Deutsche Bundesbahn, Vogefa (DV 952):

Vorschrift für geschweißte Fahrzeuge.

Deutsche Schiffs-Revision und -Klassifikation (DSRK):

Vorschriften für elektrische Schweißung im Schiffbau.

Germanischer Lloyd:

Vorschriften für elektrische Schweißung von Schiffen.

Dagegen wird der Faltversuch an Faltproben o h n e Wulst zur Prüfung des Werkstoffs (Schweißnahtprüfung) durchgeführt.

Bei Blechdicken über 30 mm wird die Probe auf der Seite der geringeren Nahtbreite bis auf eine Restdicke von 30 mm abgearbeitet.

Ausschlaggebend für die Größe des Biegewinkels allgemein ist, außer der Güte der Schweiße selbst, vor allem auch der Grundwerkstoff. Herstellungsart, Glühzustand und besonders die chemische Zusammensetzung haben wesentlichen Einfluß auf die Größe des Biegewinkels.

360. Der Kerbschlagbiegeversuch ist ein Prüfverfahren mit Zerstörung des zu prüfenden Stücks. Kerbschlagbiegeversuche sind Schlagbiegeversuche mit eingekerbten Proben. Derartige mit einer Kerbe versehene Probestäbe werden lose in das Pendelschlagwerk eingelegt (Bild 38), wobei die Kerbschlagprobe nur an ihren beiden Enden aufliegt.

Mit Hilfe eines Pendelhammers wird der Probestab durch einen einzigen Schlag durchschlagen. Der Hammerbär fällt aus einer bestimmten Höhe bogenförmig herab und schlägt im Schwung den Prüfstab durch. Aus der Höhe, die der Hammer

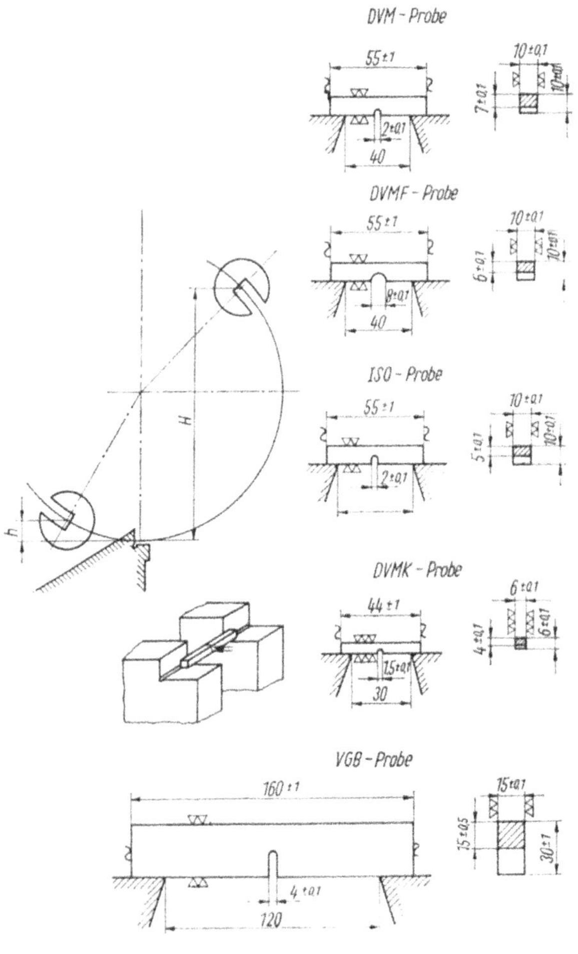

Zu Antwort 360

Bild 38. **Kerbschlagbiegeversuch**

nach dem Durchschlagen des Probestabs im Durchschwingen wieder erreicht, wird gemessen, welche Schlagarbeit in mkp bei dem Versuch verbraucht worden ist. Daraus wird die Kerbschlagzähigkeit, ausgedrückt in mkp/cm^2, berechnet. Die Kerbschlagzähigkeit gibt also die Schlagarbeit an, die erforderlich ist, um einen eingekerbten Probestab durchzuschlagen, und zwar bezogen auf einen Schlagflächenquerschnitt von 1 cm^2. Durch den Kerbschlagbiegeversuch wird die Zähigkeit eines Werkstoffs bei Schlagbeanspruchung ermittelt. Ausschlaggebend ist hierbei die Ausbildung des Gefüges. Die Kerbschlagzähigkeit bei Stahl ist um so größer, je feiner das Gefüge ist. Grobkörniger und damit spröder Stahl (infolge Überhitzung) wird geringe Kerbschlagzähigkeitswerte aufweisen.

Der Kerbschlagbiegeversuch eignet sich also für die Überwachung der Wärmebehandlung sowie für den Nachweis der Neigung zum Trennbruch (z. B. Alterung, Kaltsprödigkeit, Warmversprödung, Werkstoffschädigung). Form und Abmessung der Kerbschlagproben sind in den jeweils gültigen Normen angegeben. In Deutschland ist die DVM-Probe am gebräuchlichsten. Die VGB-Probe wird nur in Sonderfällen angewendet.

Für den Kerbschlagbiegeversuch bei der Schweißnahtprüfung sind ebenfalls die DVM-Proben in den verschiedenen Normen vorgeschrieben (Bild 39). In Sonderfällen ist die VGB-Probe, bei Blechdicken unter 10 bis 6 mm die DVMK-Probe zu verwenden.

Für Dünnblechschweißungen und Rohrschweißungen bei dünnen Rohrwanddicken sind Kleinkerbschlagproben mit einem Spitzkerb (Bild 39) außerordentlich geeignet. Diese Kleinkerbschlagproben werden mit einem entsprechend kleinen Pendelschlagwerk durchschlagen und liefern Kleinkerbschlagzähigkeitswerte, die gut mit denen der DVM-Proben übereinstimmen.

Der Kerbschlagbiegeversuch ist ein wesentlicher Bestandteil der Schweißnahtprüfung und erlaubt die Feststellung des richtigen Glühzustands (z. B. beim Normalglühen) von Gußgefügen, von Überhitzungen (Grobkorn) und Verbrennungen, von Fehlstellen in Form von Schlackeneinschlüssen und Poren sowie von Sprödigkeitssteigerungen (durch Stickstoff, Sauerstoff und Wasserstoff), Aufhärtungs- und Alterungserscheinungen.

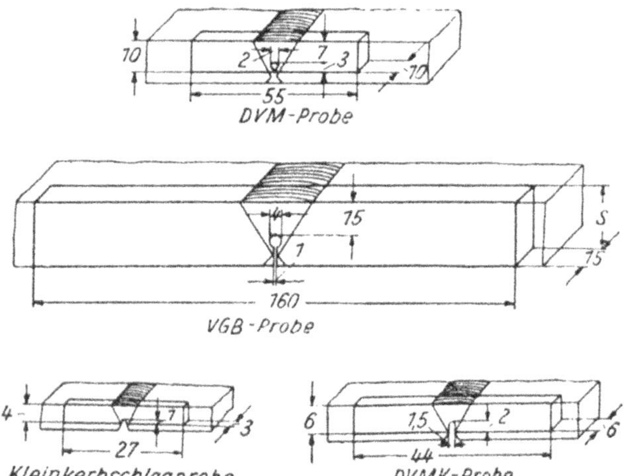

Zu Antwort 360

Bild 39. Kerbschlagproben und Kleinkerbschlagprobe

361. Die Prüfung auf Dauerfestigkeit ist ein Prüfverfahren mit Zerstörung des zu prüfenden Stücks. Ein Bau- und Maschinenstahl (z. B. im Brücken- und Fahrzeugbau) bzw. eine Schweißverbindung kann bei wechselnder Beanspruchung, d. h. bei einer regelmäßig wiederkehrenden Belastung und Entlastung nach längerer Betriebsdauer u. U. brechen, auch wenn die höchste Beanspruchung weit unter der Zugfestigkeit liegt. Man spricht dann von einer Ermüdung des Werkstoffs und nennt derartige Brüche Dauerbrüche. Man versteht also unter Dauerfestigkeit, ausgedrückt in kp/mm^2, die an glatten Stäben mit polierten Oberflächen ermittelte größte, wechselnde Beanspruchung eines Werkstoffs, die gerade noch beliebig lange und oft vom Werkstoff ertragen werden kann, ohne daß er zu Bruch geht. Es gibt verschiedene Arten von Dauerfestigkeiten, und man unterscheidet infolgedessen je nach der Art der Beanspruchung Versuche mit wechselnden Zug-, Druck-, Biege- und Drehbeanspruchungen.

Einwandfreie Werte der Dauerfestigkeit ergibt nur das Wöhlerverfahren.

Die Beschaffenheit der Oberfläche hat auf die Höhe der Dauerfestigkeit einen wesentlichen Einfluß. So vermindern z. B. kleine Kerben, Bearbeitungsfehler, bei Schweißungen insbesondere Einbrandkerben, kleine Schlackeneinschlüsse und Poren die Dauerfestigkeitswerte sehr stark.

362. Die Härteprüfung kann ein Prüfverfahren sowohl mit als auch ohne Zerstörung des zu prüfenden Stücks sein, wobei es darauf ankommt, wo die Härteprüfung vorgenommen wird. Die Härtemessungen an Schweißnähten erfolgen in den meisten Fällen quer zur Schweißnaht, sind also z. B. Prüfverfahren mit Zerstörung des zu prüfenden Stücks. Unter Härte versteht man im allgemeinen den Widerstand, den ein Körper einem von außen eindringenden zweiten Körper (Prüfkörper) entgegensetzt. Dabei muß natürlich der Prüfkörper härter sein als der zu prüfende Körper und ist meist ausgebildet als Kugel, Pyramide oder Kegel. Der Prüfkörper hinterläßt beim Eindrücken in das Prüfstück einen

Eindruck, aus dessen Flächengröße oder Tiefe der Widerstand gegen Eindringen, d. h. die Härte, errechnet wird. Man unterscheidet folgende Härteprüfungen:

1. Statische (beharrende) Härteprüfungen:
   a) Ritzhärteprüfung,
   b) Brinellhärteprüfung,
   c) Rockwellhärteprüfung,
   d) Vickershärteprüfung,
   e) Rolldurhärteprüfung.
2. Dynamische (bewegende) Härteprüfungen:
   a) Rücksprunghärteprüfung,
   b) Kugelfall- bzw. Kugelschlaghärteprüfung.

363. Die Ritzhärteprüfung ist eines der ältesten Härteprüfverfahren und wird heute nur noch wenig angewendet. Bei einer bestimmten Belastung wird das sorgfältig geschliffene und polierte Prüfstück durch eine Schneide oder einen Diamanten geritzt (Bild 40). Die Ritz- oder Strichbreite, die im Vergleich zu den meisten anderen Prüfverfahren sehr klein ist, wird ausgemessen und gilt als Ritzhärte.

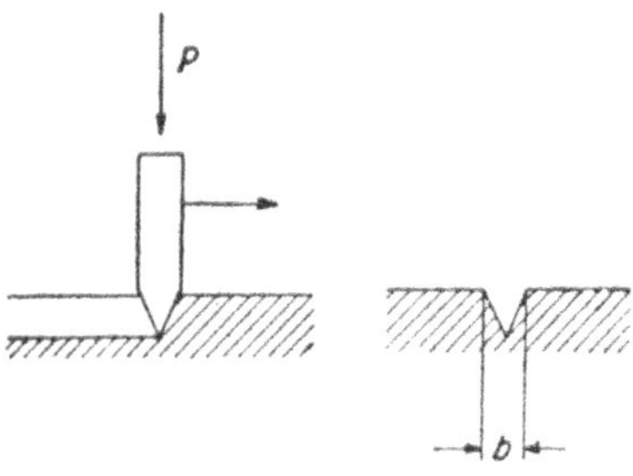

Zu Antwort 363
Bild 40
Prüfung der Ritzhärte

P Belastung
b Ritzbreite

364. Bei der Brinellhärteprüfung wird eine gehärtete Stahlkugel mit einer bestimmten Belastung und für eine bestimmte Zeitdauer in die ebene und blanke Fläche des zu prüfenden Werkstücks gepreßt (Bild 41). Dabei ist bei einem ganz genau festgelegten Druck der Kugeleindruck um so größer, je weicher der Stahl ist. Der Durchmesser der auf diese Weise erzeugten Eindruckoberfläche der Kalotte wird mit Hilfe eines kleinen Mikroskops ermittelt. Aus dem Durchmesser der eingedrückten Kalottenfläche (gekrümmte Oberfläche eines Kugelabschnitts) und der Prüflast wird die Brinellhärte, ausgedrückt in kp/mm^2, berechnet bzw. aus aufgestellten Tabellen abgelesen.

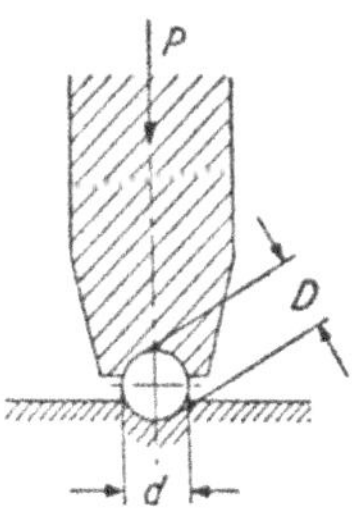

Zu Antwort 364

Bild 41

Härteprüfung nach Brinell

$$HB = \frac{2\,P}{\pi\,D\,(D - \sqrt{D^2 - d^2})} \text{ in } kp/mm^2;$$

D Kugeldurchmesser in mm,

P Belastung der Kugel in kp,

d Durchmesser der Eindruckfläche in mm,

HB Brinellhärte in kp/mm^2

Zwischen Brinellhärte (HB) und Zugfestigkeit (σ_B) besteht ein bestimmtes Verhältnis in der angenäherten Größenordnung 3:1, d. h., die Zugfestigkeit beträgt etwa ein Drittel der Brinellhärte, so daß aus der Brinellhärte die Zugfestigkeit annähernd nach folgenden Formeln errechnet werden kann:

für Kohlenstoffstahl $\sigma_B \cong 0{,}36$ HB,

für legierten Stahl (Cr/Ni, Cr/Mo) $\sigma_B \cong 0{,}34$ HB,

für Schweißungen $\sigma_B \cong 0{,}29 \cdots 0{,}32$ HB,

im Mittel: $\sigma_B \cong 0{,}30$ HB.

365. Eine Abart der Brinellhärteprüfung ist die Rockwellhärteprüfung, bei der für weiche Werkstoffe eine Stahlkugel (Rockwell „B"-Härte = HRB) und für harte Werkstoffe ein Diamantkegel (Rockwell „C"-Härte = HRC) als Prüfkörper verwendet werden. Der Eindringkörper wird zunächst unter einer Vorlast von 10 kp auf die zu prüfende Fläche gedrückt. Dann wird die Zusatzlast (bei HRB: 90 kp, bei HRC: 140 kp) aufgebracht (d. h., die Prüflast setzt sich zusammen aus Vor- und Zusatzlast und beträgt 100 kp bei HRB bzw. 150 kp bei HRC) und drückt den Eindringkörper tiefer in das Prüfstück. Zur Ermittlung der Rockwellhärte wird der bleibende Unterschied der Eindringtiefe bei Vorlast und Prüflast nach Entlastung auf Vorlast gemessen

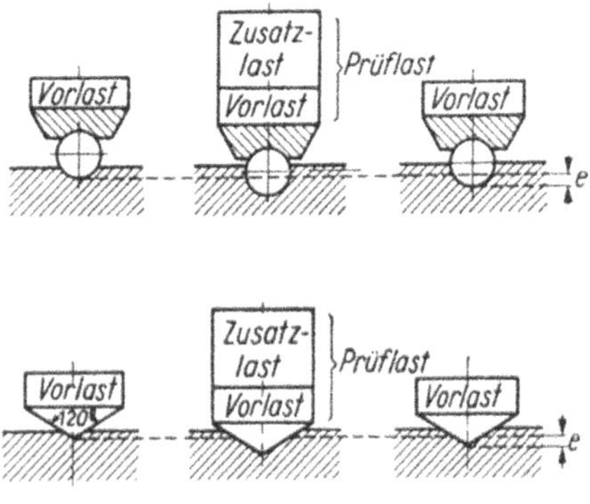

Zu Antwort 365

Bild 42. Härteprüfung nach Rockwell

e bleibende Eindringtiefe nach Entfernung der Zusatzlast in mm

HRB Rockwellhärte „B" (Vorlast = 10 kp, Zusatzlast = 90 kp)

HRC Rockwellhärte „C" (Vorlast = 10 kp, Zusatzlast = 140 kp)

(Bild 42). Dabei gibt beim Rockwellhärteprüfer die Skala der Meßuhr gleich die Rockwellhärtegrade an. Die Rockwellhärteprüfung wird bevorzugt für die Prüfung härterer Werkstoffe angewendet. Aus Vergleichstabellen kann aus der Rockwellhärte die entsprechende Brinellhärte ermittelt werden.

366. Die Vickersprüfung entspricht grundsätzlich der Brinellhärteprüfung. Nur wird hier als Eindringkörper statt der Stahlkugel der Brinellpresse eine vierseitige Diamantpyramide verwendet.
Diese Diamantpyramide erzeugt bei Belastung in dem Prüfstück einen quadratischen Eindruck, dessen beide Diagonalen sich sehr genau messen lassen (Bild 43), weshalb die Vickershärteprüfung genauer ist als die Brinellhärteprüfung. Aus den Diagonalen der Eindruckfläche wird die Eindruckoberfläche errechnet. Aus dem Verhältnis der Prüflast zur Eindruckoberfläche ergibt sich dann die Vickershärte in kp/mm². Aus Vergleichstabellen kann aus der Vickershärte die Brinellhärte ermittelt werden.

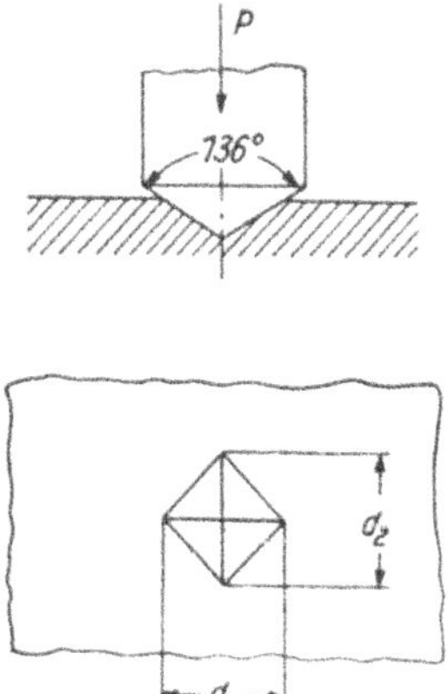

Zu Antwort 366

Bild 43. Härteprüfung nach Vickers

P Belastung der Diamant-Pyramide in kp

d_1, d_2 Diagonale der Eindruckfläche

367. Bei der Rolldurhärteprüfung liegt grundsätzlich der gleiche Vorgang zugrunde wie bei der Brinellhärteprüfung. Während es sich bei der Brinell-, Rockwell- und Vickershärteprüfung nur um eine Punktprüfung handelt, wird bei der Rolldurhärteprüfung die Härte über eine zusammenhängende Strecke bestimmt, wobei in dem Rolldurhärteprüfer eine kleine Stahlkugel unter gleichbleibendem Druck mit einer bestimmten Geschwindigkeit über die Prüffläche rollt. Die auf diese Weise erhaltene Spurbreite der Abrollbahn gibt ein Maß für die Härte, die mit Hilfe einer Tabelle oder Eichkurve auf Grund der gemessenen Breite der Abrollbahn als Brinell- oder Vickershärte ermittelt werden kann. Das Rolldurhärteprüfverfahren gibt die Möglichkeit, auch geringste örtliche Veränderungen der Härte festzustellen und kommt besonders für Härteprüfungen an Schweißnähten in Betracht, bei denen infolge des Einflusses der Schweißhitze und infolge Aufhärtungserscheinungen oft große Härteunterschiede auf engstem Raum auftreten.

368. Bei der Rücksprunghärteprüfung wird in einer Glasröhre, die mit Teilstrichen versehen ist, aus einer bestimmten Höhe eine gehärtete Kugel oder ein kleines Stahlhämmerchen auf den zu prüfenden Werkstoff fallengelassen; die Kugel oder das Hämmerchen springt wieder zurück, und zwar um so höher, je härter der Werkstoff ist (Bild 44). Dabei wird die Rücksprunghöhe des Fallgewichts als Härtemaß benutzt. Der bekannteste Rücksprunghärteprüfer ist das „Skleroskop" von *Shore*.

369. Bei den Schlag- bzw. Fallhärteprüfern wird ein Eindringkörper, meist eine gehärtete Stahlkugel, durch ein Fallgewicht bzw. durch Schlag (Hammerschlag, z. B. beim Poldihammer) oder durch eine sich plötzlich ausdehnende Feder (z. B. beim Schlaghärteprüfer nach Baumann) in die Oberfläche des Werkstoffs hineingetrieben (Bild 45). Die Härte wird bei diesen Prüfverfahren aus der Oberfläche des erzeugten Prüfeindrucks bestimmt, aus der die zugehörige Brinellhärte durch Eichwerte festgelegt werden kann.

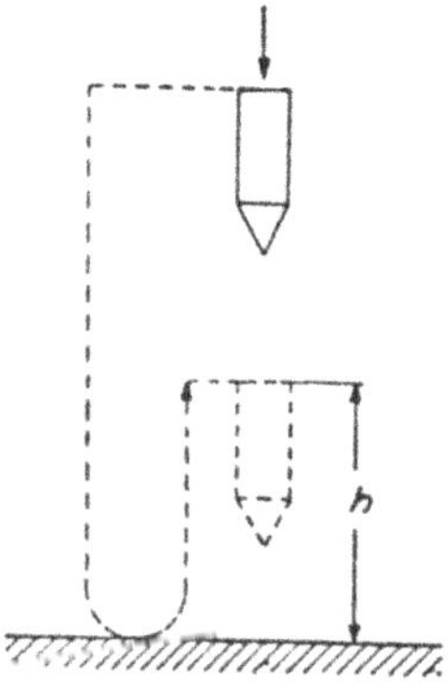

Zu Antwort 368
Bild 44. Prüfung der Rücksprunghöhe
h Rücksprunghöhe

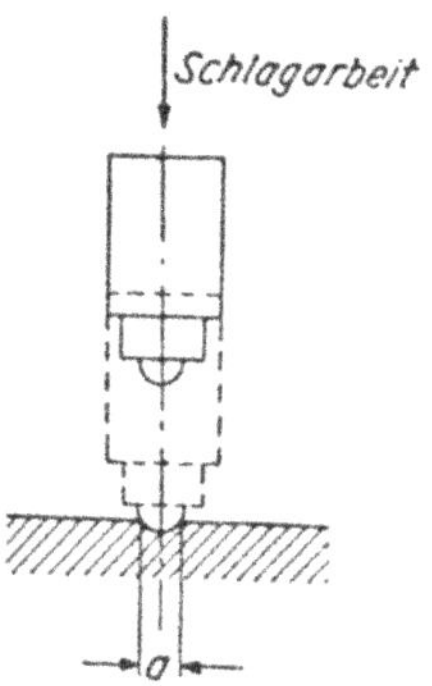

Zu Antwort 369
Bild 45. Prüfung der Kugelfallhärte bzw. der Kugelschlaghärte
a Eindruckdurchmesser

370. Der Schmiedeversuch ist ein Prüfverfahren mit Zerstörung des zu prüfenden Stücks. Ein Probestab von 300 mm Länge und 35 mm Breite wird bei Schmiedetemperatur (Hellrot-Gelbglut) in einer

Hitze auf eine Länge von 10× Probendicke von der Mitte aus auf die Hälfte der Probendicke und Probenbreite ausgeschmiedet. Der ausgeschmiedete Teil der Probe muß sich nach dem Nachwärmen auf Schmiedetemperatur um 360° verwinden lassen, ohne Anrisse zu zeigen. Dieser Schmiedeversuch wird besonders bei Schweißnahtprüfungen angewendet und gibt darüber Aufschluß, ob eine Schweißnaht schmiedbar oder nicht schmiedbar ist, d. h. infolge zu hohen Sauerstoff- und Schwefelgehalts zur Warmrissigkeit bzw. Rotbrüchigkeit neigt.

371. Die metallografischen Untersuchungen sind Prüfverfahren mit Zerstörung des zu prüfenden Stücks. Grundlegend für die metallografische Prüfung ist die Tatsache, daß alle Metalle und Metallegierungen, also auch Stahl und Eisen, aus Kristallen aufgebaut sind. Diese Kristalle entstehen nach bestimmten Gesetzen in Abhängigkeit von der Temperatur des Metalls, der Erstarrungsgeschwindigkeit und den Abkühlungsbedingungen, sind mit bloßem Auge nur in seltenen Fällen erkennbar und können nur unter der Lupe oder im geätzten Zustand unter dem Mikroskop erkannt werden. Die einzelnen Kristallkörner können je nach der Erstarrungsgeschwindigkeit sowie nach der Wärme- und mechanischen Behandlung verschieden groß sein und verschiedene Formen haben. Mit der Größe und Form der Kristalle hängen auch die Güteeigenschaften eines Werkstoffs zusammen. Die mechanischen Güteeigenschaften sind dabei um so günstiger, je feiner die einzelnen Kristalle ausgebildet sind, d. h. je feiner das Korn ist, und je weniger Verunreinigungen im Werkstoff vorhanden sind.

Die metallografische Prüfung ist deshalb auch besonders für die Untersuchung von Schweißnähten geeignet, da infolge des Einflusses der Schweißhitze der Werkstoff an der Schweißstelle — abgesehen von

der Schweißnaht selbst – die verschiedensten Kristallgrößen und -formen aufweisen kann. Dementsprechend können verschiedene mechanische Güteeigenschaften auf eng begrenztem Raum und dadurch teilweise bedingte, oft nicht unerhebliche Spannungen an den Schweißstellen auftreten.
Durch die metallografischen Untersuchungen können außerdem nichtmetallische Einschlüsse (z. B. Schlackeneinschlüsse) sowie Lunker, Dopplungen, Poren, Risse und andere Fehlstellen leicht festgestellt werden.
Bei den metallografischen Untersuchungen sind zu unterscheiden:

a) Makroskopische Untersuchungen,

b) Mikroskopische Untersuchungen.

372. Für die Makrountersuchungen werden aus dem Werkstoff oder aus den Schweißungen Stücke herausgesägt, geschliffen und evtl. noch etwas poliert. Der auf diese Weise hergestellte Schliff wird makroskopisch geätzt mit Kupferammoniumchlorid oder dem Ätzmittel nach Alder-Matting. Besonders das zuletztgenannte Ätzmittel eignet sich für Makrountersuchungen an Schweißungen und läßt die Unterschiede in den verschiedenen Zonen einer Schweißung deutlich hervortreten, so daß schon mit bloßem Auge, erst recht unter schwacher Vergrößerung (z. B. mit einer Lupe), die überhitzte Zone neben der Schweißnaht und bei einer Schmelzschweißung der Einbrand und die einzelnen Lagen von Mehrlagenschweißungen, Risse in der Schweißnaht oder in der Übergangszone, die Abbindung zwischen Schweißnaht und Grundwerkstoff, Schlackeneinschlüsse und Poren gut erkannt werden können. Anfertigung des Ätzmittels nach Alder-Matting:

3 g Kupferammoniumchlorid werden in 25 cm^3 destilliertem Wasser gelöst. Daraufhin werden

50 cm^3 Salzsäure (Dichte 1,19) zugegeben und dann 15 g Eisenchlorid (Ferrichlorid) zugesetzt und aufgelöst.

373. Bei den Mikrountersuchungen werden aus dem Werkstoff oder aus den Schweißungen Stücke herausgesägt, geschliffen und sauber poliert. Der auf diese Weise hergestellte Schliff wird meist mit zweiprozentiger alkoholischer Salpetersäure (Dichte 1,40) geätzt und unter dem Mikroskop mit meist starker Vergrößerung auf das Kleingefüge und den Aufbau des Werkstoffs oder der Schweißung untersucht. Aus der Struktur des Mikrogefüges kann man dann Schlüsse auf die Herstellung und die Behandlung des Werkstoffs oder der Schweißung ziehen.

374. Chemische Untersuchungen sind Prüfverfahren mit Zerstörung des zu prüfenden Stücks, wenn auch die Beschädigung desselben, die durch die Probennahme eintritt, vielfach gering ist. Aus dem zu prüfenden Stück werden Proben (meist Späne) entnommen, deren Zusammensetzung in den chemischen Laboratorien mittels chemischer Analyse oder Spektralanalyse qualitativ und quantitativ bestimmt wird. Die Methoden, nach denen die chemischen Bestimmungen ausgeführt werden, wurden größtenteils in den Eisenhüttenlaboratorien entwickelt und gewährleisten trotz rascher Durchführungsweise eine große Genauigkeit und Zuverlässigkeit der ermittelten Analysenwerte.

Die Kenntnis der chemischen Analyse eines Werkstoffs, z. B. eines Stahls, ist von großer Wichtigkeit, da daraus Rückschlüsse auf seine Festigkeit und Verwendbarkeit gezogen werden können. Desgleichen ist die Kenntnis des zu schweißenden Grundwerkstoffs unbedingt erforderlich, da sie eine der wichtigsten Voraussetzungen für den Erfolg einer Schweißung ist. Aus der chemischen Analyse des Grundwerkstoffs können vielfach bereits Rück-

schlüsse auf die Anwendbarkeit einer Schweißung überhaupt, auf die Wahl des Schweißverfahrens, des Zusatzwerkstoffs, der Schweißbedingungen und auf eine erforderliche Wärmebehandlung gezogen werden.
Mit Hilfe der chemischen Analyse der Schweißnähte können die Ursachen von Fehlschlägen bei der Schweißung ermittelt und Schweißzusatzwerkstoffe, insbesondere umhüllte Schweißelektroden, entwickelt und während der Herstellung überwacht werden.

375. Die Prüfung des äußeren Befundes der Schweißung ist ein Prüfverfahren ohne Zerstörung des zu prüfenden Stücks und kann nur grobe Fehler erfassen, wie z. B. schlechte Schweißraupen, nicht genügendes Durchschweißen, Risse, Poren und Schlackeneinschlüsse an der Oberfläche, starke Überhitzungen und Einbrandkerben. Dieser äußere Befund der Schweißnähte kann schon Anhaltspunkte für ihre Güte geben, besagt aber nicht, daß eine von außen nicht zu beanstandende Naht im Inneren fehlerfrei ist. Diese Prüfung muß daher unbedingt durch weitere ergänzt werden. Eine erste Ergänzung hierfür ist die Prüfung mit einer einfachen oder binokularen (für beide Augen eingerichtet) Lupe, wobei äußere Schweißnahtrisse schon ziemlich deutlich erkennbar werden. Man darf sich trotzdem nicht täuschen lassen, da äußerlich gut aussehende Nähte z. B. in der Wurzel Bindefehler, Schlackeneinschlüsse und Poren enthalten können.

376. Die Prüfungen auf Dichtheit bzw. auf Oberflächenrisse sind Prüfverfahren ohne Zerstörung des zu prüfenden Stücks. Bei der Prüfung auf Dichtheit wird die mit einem kleinen Damm aus Kitt umgebene Schweißnaht mit Petroleum übergossen, während man die andere Nahtseite mit Kreide bestreicht. Infolge seiner Dünnflüssigkeit dringt das

Petroleum durch die undichten Stellen der Naht durch und färbt die Kreide dunkel.

Ähnlich kann man auch zwecks Feststellung von Oberflächenrissen in Schweißnähten leichtflüssiges Öl in die Schweißnaht eindringen lassen, nach einigem Einwirken den Rest des Öls abwischen und dann die Schweißnaht mit Kreide bestreichen. Nach kurzer Zeit wird die Kreide durch das Öl, das in den äußeren Rissen der Naht zurückgeblieben ist, dunkel gefärbt und so der Riß auf der Kreide sichtbar gemacht.

Eine weitere Prüfung auf Dichtheit ist bei Hohlkörpern die Druckprobe mit Luft, Wasser oder Öl, die allerdings nur bei der Druckprobe mit Wasser oder Öl bis zur Streckgrenze des Werkstoffs ausgedehnt werden kann.

Man wendet als Oberflächen-Rißprüfmittel auch „Prüfrot ZIS“ an, das ein einfaches und zuverlässiges Mittel ist, um Oberflächenrisse und ähnliche Fehler bei Schweißnähten bzw. bei Gegenständen aus Eisen, Stahl, Metallen, Leichtmetallen, Porzellan, Kunststoffen usw. festzustellen. „Prüfrot ZIS“ macht in kürzester Zeit die kleinsten und feinsten Risse in der Oberfläche sichtbar, ohne daß dazu Geräte oder Instrumente erforderlich sind und das zu untersuchende Werkstück ausgebaut werden muß. Die Prüfmethode mit „Prüfrot ZIS“ ist folgende: Bei verölten und verschmutzten Metallteilen oder Schweißnähten muß die zu überprüfende Oberfläche mit Petroleum gereinigt werden. Die Reinigung durch Sandstrahlen ist zu vermeiden, da hierdurch die feinsten Risse zugeschlagen werden. Das in die Poren eingezogene Petroleum wird durch einen dicken Anstrich mit „Kontrastweiß ZIS“ (kann auch aufgespritzt werden) wieder herausgeholt. Der Kontrastanstrich kann nach dem Trocknen wieder abgestaubt werden. Bei neuen Teilen ist diese Reinigung nicht erforderlich, sofern sie nicht zu sehr mit Öl oder Fett behaftet sind. Die neuen oder gereinigten Teile werden nun mit dem „Prüfrot ZIS“ bestrichen oder gespritzt (kleinere Teile kann man auch in das Prüfmittel eintauchen). Man läßt den Anstrich dann etwa zwei bis fünf Minuten einwirken. Das „Prüfrot ZIS“ wird mit Putzwolle oder einem saugfähigen Lappen abgewischt, evtl. kann es auch mit einem scharfen Wasserstrahl abgespritzt werden. Darauf wird die wieder abgewischte und trockene Oberfläche mit einem Pinsel mit „Kontrastweiß ZIS“ dünn bestrichen (evtl. auch mit der Spritzpistole bespritzt). Nach etwa zwei bis drei Minuten treten dann evtl. vorhandene Oberflächenfehler als rote Linien, Punkte oder Kleckse in Erscheinung und können ausgewertet werden. Eine rauhe Oberfläche erschwert das Erkennen von Fehlern.

377. Die elektromagnetische Prüfung eines Werkstoffs oder einer Schweißung ist ein Prüfverfahren ohne Zerstörung des zu prüfenden Stücks. Dabei wird das zu prüfende Werkstück zwischen zwei Pole eingespannt. Dem Durchgang des elektrischen Stroms oder eines durch Magneten erzeugten Kraftlinienflusses setzen in magnetisierbaren Werkstücken Unterbrechungen des metallischen Zusammenhangs, wie z. B. Risse, Bindungsfehler, Poren, Lunker, Schlackeneinschlüsse, Strukturfehler und dgl., höheren Widerstand entgegen, d. h., der Kraftlinienfluß wird gestört. Wenn auf den magnetisierten Prüfkörper, dessen Magnetfeld durch solche Fehlerstellen auf diese Weise gestört ist, ein magnetisierbares Pulver, z. B. feinstes Eisenpulver in einem geeigneten Öl (Viskosität = etwa 4,5) aufgeschlämmt (ein derartiges Gemisch wird Metallöl genannt), gegossen wird, sammelt sich das magnetisierbare Pulver über den Fehlstellen an und zeigt dadurch deren Vorhandensein und deren Ausbildung an. Man kann auch das magnetisierte Prüfstück mit

einem Gemisch aus drei Teilen Zinkoxid und einem Teil Magnetit, in Öl aufgeschlämmt, mit einem Pinsel bestreichen. Das in Öl aufgeschlämmte Zinkoxid-Magnetit-Gemisch sammelt sich dann über den Fehlstellen an, die durch das in dem Gemisch enthaltene Zinkoxid deutlich gekennzeichnet werden. Durch dieses Magnetpulververfahren können feinste Risse aufgedeckt werden, die an oder nahe der Oberfläche des Prüfkörpers liegen. Die Tiefeneinwirkung dieses Verfahrens ist aber nur gering und spricht nur wenig auf Poren, Schlackeneinschlüsse und auf allmählich verlaufende Querschnittänderungen an. Dagegen zeigt das elektromagnetische Prüfverfahren eine starke Empfindlichkeit auf Oberflächenunterschiede, wie z. B. feine Walz-, Dreh- oder Schleifriefen sowie auch auf Gefügeunterschiede, die bei Schweißungen meist nicht als Fehlstellen zu betrachten sind. Die Deutung der Magnetpulveranhäufungen ist deshalb mit Vorsicht vorzunehmen und es bedarf einiger Erfahrung, um die Ergebnisse des elektromagnetischen Prüfverfahrens richtig auszuwerten. Dieses Verfahren zeigt auch nur Fehler an, die nicht in Richtung des Kraftlinienflusses liegen, so daß das Prüfstück zwecks Erfassung aller etwaigen Fehler in zwei aufeinander senkrechten Richtungen magnetisiert werden muß. Und zwar wird Gleichstromfremderregung in erster Linie für die Längsmagnetisierung eines Prüfstücks angewendet, wobei die Fehler senkrecht zur Längsachse des Prüfstücks angezeigt werden, während die Wechselstromdurchflutung für die Quermagnetisierung eines Prüfstücks benutzt wird, wobei die Fehler parallel zur Längsachse des Prüfstücks sichtbar gemacht werden (Bild 46).

378. Die Röntgenprüfung ist das weitaus wichtigste Verfahren für die zerstörungsfreie Prüfung von Schweißungen und beruht darauf, daß kurzwellige (harte)

Röntgenstrahlen durch die meisten Werkstoffe hindurchgehen. Die Röntgenstrahlen werden dabei je nach der Werkstoffdicke und -dichte geschwächt. Sie bringen nach ihrem Austritt aus dem Prüfkörper einen Leuchtschirm mehr oder weniger stark zum Aufleuchten bzw. schwärzen eine fotografische

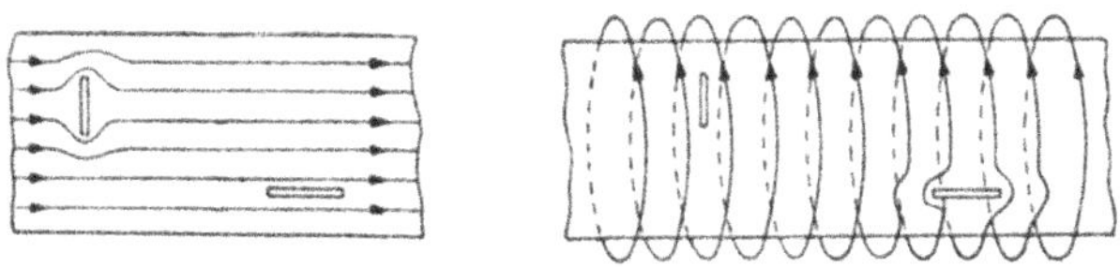

Gleichstrom-Fremderregung Magnetischer Kraftlinienverlauf zwischen 2 Polen

Wechselstromdurchflutung Ringmagnetfeld kreisförmig um die Strombahn

Zu Antwort 377
Bild 46. Elektromagnetische Prüfung

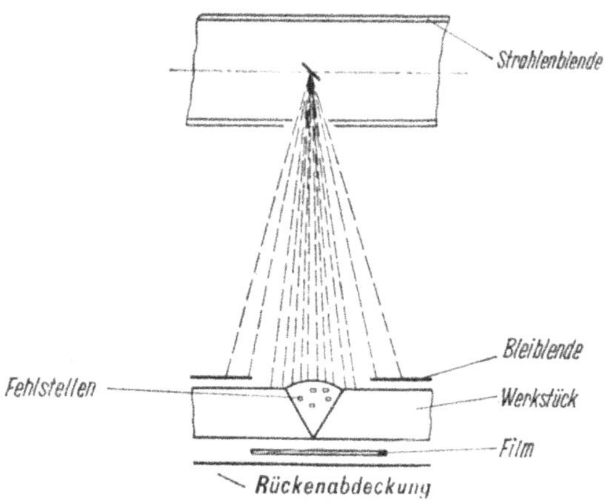

Zu Antwort 378
Bild 47. Röntgenprüfung
Entstehung der Wirkung der Röntgenstrahlen

Platte oder einen Röntgenfilm mehr oder weniger intensiv (Bild 47). Fehlstellen in dem zu prüfenden Werkstoff oder in der Schweißung, wie Risse, Poren, Schlackeneinschlüsse, Wurzel- und Bindefehler, bieten dem Durchgang der Röntgenstrahlen weniger Hindernisse und werden deshalb auf dem Leuchtschirm bzw. dem Röntgenfilm durch intensiveres Aufleuchten bzw. durch intensivere Schwärzung kenntlich gemacht.

Für die Beurteilung der Bildgüte von Röntgen- und Gamma-Filmaufnahmen an metallischen Werkstoffen sind genaue Richtlinien festgelegt worden. Nach Normen-Vorschriften müssen bei Röntgenaufnahmen an metallischen Werkstoffen Drahtstege mit Drähten verschiedener Durchmesser jeweils mit aufgenommen werden. Aus dem Durchmesser des dünnsten, auf der Aufnahme eben noch sichtbaren Drahts wird im Vergleich zur durchstrahlten Werkstoffdicke die Aufnahmegenauigkeit, d. h. die Fehlererkennbarkeit bestimmt. Dieses Maß wird als Drahterkennbarkeit bezeichnet und muß festgelegten Mindestanforderungen genügen. Bei 300 kV Röhrenspannung kann noch Stahl bis 110 mm Dicke durchstrahlt werden.

379. Die Prüfung mit Gammastrahlen ist ein Prüfverfahren ohne Zerstörung des zu prüfenden Werkstücks und wird ähnlich wie bei Röntgenstrahlen durchgeführt. Nur tritt hierbei an die Stelle der Röntgenröhre eine Kapsel, die Radium oder Mesothor enthält, während an der anderen Seite des zu durchstrahlenden Werkstücks ein Röntgenfilm angeordnet wird. Die von diesen natürlich radioaktiven Strahlern ausgehenden Gammastrahlen haben eine kürzere Wellenlänge als die Röntgenstrahlen und besitzen daher ein bedeutend größeres Durchdringungsvermögen. Die Prüfung mit Gammastrahlen kann bei Stahlwanddicken von 70 bis 250 mm angewendet werden.

Praktische Bedeutung bekam die Prüfung mit Gammastrahlen aber erst, als es gelang, statt des sehr teuren Radiums künstlich radioaktive Strahler zu verwenden. Diese künstlich radioaktiven Isotope (Kobalt 60, Iridium 192, Caesium 137) entstehen

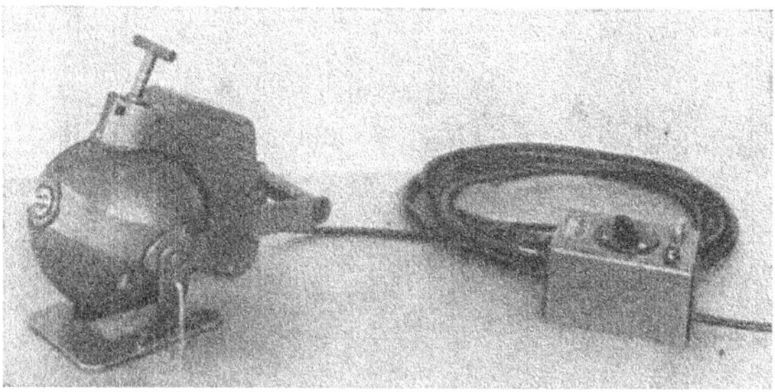

Zu Antwort 379
Bild 48. Isotopen-Arbeitsbehälter mit Schaltkasten
Isotop in Aufnahmestellung

Zu Antwort 379
Bild 49. Isotopenwagen zur zentrischen Führung der Isotope in Rohren

durch einen Umwandlungsprozeß im Uranbrenner und erlauben, Durchstrahlungsaufnahmen auch dort herzustellen, wo bisher die Röntgenmethode nicht

Zu Antwort 379

Bild 50. Isotopengerät im Einsatz mit angesetztem Verlängerungsstab

oder nur sehr schwer anwendbar war. Die Gebiete der Gamma-Filmaufnahmen hoher Fehlererkennbarkeit liegen bei Iridiumstrahlung zwischen 10 und 50 mm Stahl, bei Kobalt zwischen 45 und 150 mm Stahl. Ein absolut gefahrloses Arbeiten muß durch zweckmäßige Gestaltung der Isotopengeräte (Bild 48) gewährleistet sein. Besonders für die Rohrprüfung und die Schweißnahtprüfung (Rundnähte) an Rohren ist die Anwendung der Isotopen geeignet. Ein zu diesem Zweck entwickelter Isotopenwagen führt den radioaktiven Strahler zentrisch im Rohr (Bild 49). Es sind auch Isotopengeräte entwickelt worden, bei denen mit Hilfe eines Verlängerungsstabs die Strahlenquelle in das zu untersuchende Werkstück eingefahren wird (Bild 50). Das Gerät ist fahrbar eingerichtet. Die hohe Lenkstange dient zur Aufnahme des Verlängerungsstabs (Bild 51).

Beim Arbeiten mit Röntgen- und besonders mit Gammastrahlen, die sich auf den menschlichen Körper schädlich auswirken, muß für ausreichenden Strahlenschutz gesorgt werden. Die neuzeitlichen Röntgen- und Isotopengeräte erfüllen diese Bedingung in hervorragendem Maße und erlauben bei

Zu Antwort 379

Bild 51. Komplette fahrbare Isotopeneinrichtung

Einhaltung der notwendigen Vorsichtsmaßnahmen (Fernbedienung der Geräte, Strahlenschutzkammern usw.) ein absolut gefahrloses Arbeiten (s. a. Abschnitt Arbeits- und Unfallschutz, F. u. A. 202).

380. Die Prüfung mit Ultraschall ist ein Prüfverfahren ohne Zerstörung des zu prüfenden Werkstücks und besitzt eine Verwandtschaft zu der Prüfung mit Röntgen- und Gammastrahlen, da es sich in beiden Fällen um ein Durchstrahlungsverfahren handelt. Bei der Ultraschall-Prüfung sind zwei Verfahren (Bild 52) zu unterscheiden:

a) Durchschallungs-Verfahren,

b) Echo-Verfahren.

Beim Durchschallungsverfahren wird an einer Seite des Werkstücks ein Quarz als Schallgeber (Sendequarz) angebracht. Die an dem Sendequarz angeleg-

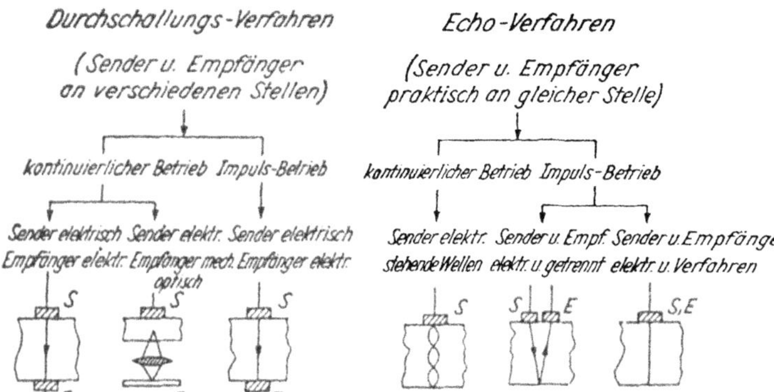

Zu Antwort 380

Bild 52. Schematische Darstellung der verschiedenen Verfahren der Ultraschallprüfung (nach Seemann und Bentz)

ten elektrischen Wechselspannungen verwandeln sich in elastische Schwingungen, die sich als Ultraschallwellen im Werkstück fortpflanzen. An der gegenüberliegenden Seite des Werkstücks wird ein entsprechender Quarz als Empfänger angekoppelt, der die von ihm aufgenommenen elastischen Schwingungen wieder in elektrische Wechselspannungen zurückverwandelt, so daß diese an einem Anzeigegerät nachgewiesen werden können. Fehlstellen im Werkstück sind an einer entsprechenden Verminderung der durch das Werkstück durchgelassenen Intensität zu erkennen. Das Durchschallungs-Verfahren zeigt nur das Vorhandensein von Fehlstellen an, nicht aber deren Tiefenlage im Werkstück. Die Anzeige der Tiefenlage der Fehl-

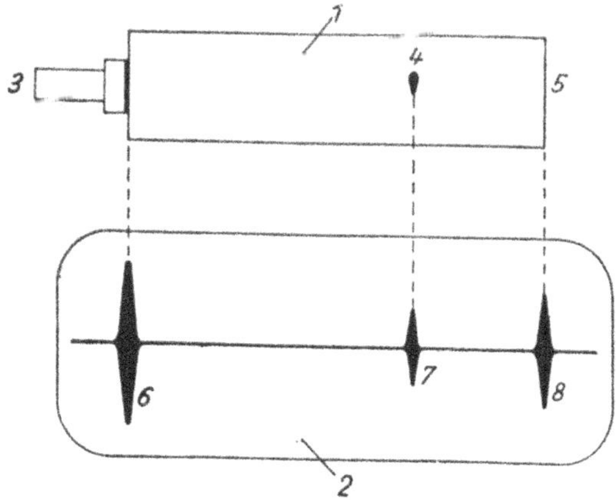

Zu Antwort 380

Bild 53. Ultraschallprüfung nach dem Echo-Impulsverfahren

1 Werkstück, 2 Oszillogramm, 3 Sender und Empfänger, 4 Fehlerstelle, 5 Rückwand, 6 Sendeimpuls, 7 Fehlerecho, 8 Rückwandecho

stellen im Werkstück ist nur durch schalloptische Empfänger unter gleichzeitigem Nachweis der Form und der Größe der Fehlstelle möglich.

Beim Echoverfahren benutzt man am meisten ein und denselben Quarz als Sender und Empfänger und nimmt zur Prüfung die Echos, die durch Reflexion (Zurückwerfung) der Ultraschallwellen an den Fehlstellen des Werkstücks (Fehlerecho) sowie an der gegenüberliegenden Begrenzungsfläche (Rückwandecho) entstehen. Diese Echos werden durch eine Braunsche Röhre als Zacken einer Null-Linie sichtbar (Bild 53), so daß damit die Lage der Fehlstellen genau bestimmbar ist. Besonders mit dem Echo-Impulsverfahren erzielt man eine so hohe Fehlererkennbarkeit, daß sie leicht zu einer Überbewertung des ultraakustischen Befunds führen kann. Besonders die Deutung des Schallbildes und die Auswertung der Ergebnisse erfordern große Erfahrungen.

381. Die Belastungsprüfung ist ein Prüfverfahren ohne Zerstörung des zu prüfenden Werkstücks und wird vielfach bei geschweißten Behältern, Kesseln und Rohren in der Weise durchgeführt, daß die Prüfkörper durch Einführung von Wasser, Dampf oder Luft unter Druck auf die vorgesehene Betriebsbeanspruchung oder eine höhere gebracht werden.

Auch Stahlkonstruktionen, geschweißte Bauteile, Brücken, Fahrzeuge und Maschinenteile werden vielfach Belastungsprüfungen unterzogen, wobei die Belastung durch Gewichte, Preßvorrichtungen oder andere Mittel erfolgt. In diesen Fällen wird im allgemeinen nur der vorgesehene Höchstdruck bzw. die Höchstbelastung im Betrieb nachgeprüft, während man mit der Belastung nur ausnahmsweise bis zur Streckgrenze des Werkstoffs geht.

382. Folgende in den Normen beschriebene Proben dienen zur Beurteilung der Schweißausführung von

Blechen und Rohren auf Grund des Bruchflächenaussehens und der Verformbarkeit der Schweißnaht, bei der Kerbzugprobe auch der Festigkeit:

Kerbzugprobe Kerbfaltprobe	} zur Beurteilung von Stumpfnähten,
Winkelprobe Keilprobe	} zur Beurteilung von Kehlnähten.

Nach Bild 54 werden für die Kerbzug- oder Kerbfaltprobe zwei gleich dicke Bleche von 3 bis 20 mm Dicke bzw. bei Rohren mit einem Rohraußendurchmesser $\geqq$ 89 mm zwei Rohrabschnitte gleicher Wanddicke verschweißt, gebohrt und durch Trennschnitte mit Schneidbrenner oder Säge zerlegt. Die Proben werden in einer normalen Zerreißmaschine zerrissen bzw. in einer Biegeeinrichtung bis zum

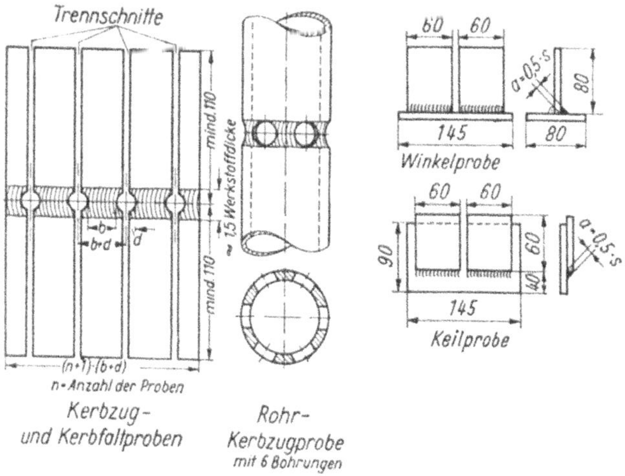

Zu Antwort 382

Bild 54. Proben für Bruchflächenbeurteilung von schmelzgeschweißten Stumpf- und Kehlnähten

Bruch gebogen. Für die Beurteilung der Stumpfnähte werden in erster Linie etwa vorhandene Fehler in der Bruchfläche herangezogen.

Bei Rohren mit einem Rohraußendurchmesser $<$ 89 mm werden zwei Rohrabschnitte mit gleicher Wanddicke von je etwa 110 mm Länge zu einem Prüfstück zusammengeschweißt und nach Bild 54 so gebohrt, daß die Querschnittschwächung in der Schweißnaht $\geqq$ 45% beträgt. Das Prüfstück wird an beiden Seiten auf eine Länge von etwa 60 mm flachgedrückt und in einer üblichen Zerreißmaschine zerrissen.

Auch bei dieser Rohr-Kerbzugprobe werden für die Beurteilung die Art des Bruchs (Verformungsbruch, Sprödbruch) und der Umfang etwa vorhandener Fehler in der Bruchfläche (Schlackeneinschlüsse, Poren, Risse, Wurzelfehler, Bindefehler) herangezogen.

Für die Winkel- und die Keilproben werden zwei gleich dicke Bleche von 5 bis 12 mm Dicke nach Bild 54 verschweißt und anschließend gebrochen.

Die Beurteilung der Kehlnähte erfolgt hinsichtlich

äußerer Nahtbeschaffenheit,

Glätte und Gleichmäßigkeit der Raupe,

Einbrandkerben,

Symmetrie der Nahtlage,

evtl. vorhandene Fehler in der Bruchfläche.

383. Die Doppelnahtprobe wird zur Prüfung der Schweißnaht-Rißanfälligkeit von Schweißelektroden, besonders von umhüllten Schweißelektroden, gemäß verschiedenen Schweißdrahtzulassungs- und Abnahmevorschriften angewendet. Bei dieser Probe werden je zwei Bleche des gleichen Werkstoffs, für den der zu prüfende Schweißzusatzwerkstoff warmrißbeständig sein soll, durch Kehlnähte verbunden, wobei die erste Naht in normaler Dicke, die zweite unmittelbar danach etwas dünner geschweißt wird, während die Probe noch heiß ist. Die Schweißrichtung der zweiten Naht ist entgegengesetzt der Schweißrichtung der ersten Naht. Beide Nähte sind ohne Aufstauen und ohne Pendelbewegung (als Zugnähte) zu schweißen. Bei sehr rißanfälligen Schweißelektroden reißt u. U. schon die erste Naht, bei weniger anfälligen erst die zweite. Ursprünglich war die Probenlänge von der Deutschen Reichsbahn mit 150 mm festgelegt worden, wurde später aber aus Werkstoffeinsparungsgründen auf 120 mm verringert. Die Probe spricht dadurch noch schärfer als vorher an, da die zweite Naht dabei bei einer noch heißeren Probe geschweißt wird (Bild 55). Diese Doppelkehlnahtprobe wird für die Prüfung von unlegierten und niedriglegierten Schweißzusatzwerkstoffen durchgeführt. Für die Prüfung austenitischer Schweißzusatzwerkstoffe sollen eine 40 mm dicke Grundplatte aus St 50-2 und ein 12 mm dicker Steg aus St 52-3 verwendet werden.

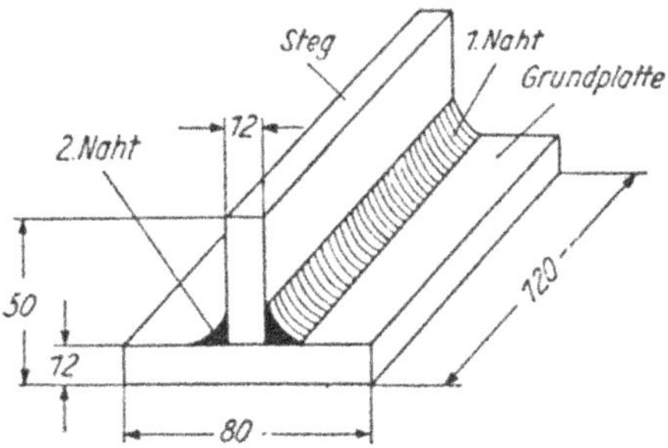

Zu Antwort 383

Bild 55. Doppelkehlnahtprobe zur Prüfung auf Schweißnahtrissigkeit

Auftragschweißen von hochlegiertem Stahl

Frage:

384. Was muß man über das Auftragschweißen wissen?

385. Welche Frage muß sich der Schweißer vor Beginn einer jeden Auftragschweißung vorlegen?

386. Welche hochlegierten Stahlsorten stehen für die Auftragschweißung zur Verfügung, und für welche Zwecke sind sie besonders geeignet?

387. Welches sind die hauptsächlichsten Bestandteile der vorgenannten Aufschweißlegierungen, und wie hoch ist deren Anteil?

388. In welcher Weise beeinflussen die Legierungsbestandteile das Schweißen?

389. Welcher Grundwerkstoff muß verwendet werden bei einer Neuanfertigung von Maschinenteilen und Werkzeugen?

390. Welche Eigenschaften muß der unlegierte Stahl besitzen?

391. Kann ein Teil der Beanspruchungen des Grundwerkstoffs von dem Auftragwerkstoff aufgenommen werden?

392. Sind besondere Maßnahmen v o r , w ä h r e n d und n a c h dem Schweißen erforderlich, um durch die karbidbildenden Legierungsbestandteile die Rißanfälligkeit des Zusatzwerkstoffs zu verhindern?

393. Warum bildet die austenitische Manganlegierung eine Ausnahme?

394. Wie muß beim Schweißen von Manganhartstahl verfahren werden, um das austenitische Gefüge zu erhalten?

395. Besteht die Möglichkeit einer eingehenden Prüfung der Manganhartstahl-Auftragschweißung auf austenitisches Gefüge?

396. Welche Wärmebehandlungen können beim Schweißen der anderen Aufschweißlegierungen vorkommen?

397. Was ist unter Vorwärmen zu verstehen?

398. Was heißt Spannungsfreiglühen?

399. Was heißt Weichglühen?

400. Was heißt Härten?

401. Was heißt Anlassen?

402. Sind die angeführten Wärmebehandlungen bei allen Auftragschweißungen durchzuführen?

403. Wie ist z. B. der Arbeitsablauf beim Auftragschweißen eines Drehmeißels, dessen Schaftwerkstoff aus St 50 besteht?

404. Kann dieser Drehmeißel noch gehärtet werden, und wie sieht dann der gesamte Arbeitsablauf aus?

405. Wie ist der Arbeitsablauf bei der Neufertigung, z. B. eines Fräsers, bei dem ein mechanisches Bearbeiten erforderlich ist?

406. Gibt es Fälle, bei denen der Arbeitsablauf noch umfangreicher ist?

407. Welche besonderen Regeln sind beim Lichtbogen-Auftragschweißen zu beachten?

408. Ergibt die vorgeschlagene niedrige Schweißstromstärke noch genügend Einbrand?

409. Besteht bei der vorgeschlagenen niedrigen Schweißstromstärke nicht die Gefahr von Schlackeneinschlüssen?

410. Warum muß die Oberfläche des zu schweißenden Grundkörpers metallisch rein und zunderfrei sein?

411. Können entstandene Poren durch Überschweißen wieder beseitigt werden?

412. Besitzt die erste Schweißlage schon die Eigenschaften, die durch das Auftragschweißen eines hochlegierten Stahls erreicht werden können?

413. In welcher Weise wird der Auftragwerkstoff auf das Werkstück aufgetragen?

414. Besteht nicht die Gefahr, daß beim Schweißen von kleineren Flächen das Schmelzbad vom Werkstück abläuft?

415. Was ist unter Einformen zu verstehen?

416. Wird die Platte oder Form aus Kupfer nicht mit dem Schmelzbad verschweißt?

417. Ist es günstig, Formkohleplatten für die Einformung des Schmelzbads zu verwenden?

418. Wie kann das Einformen der aufzuschweißenden Fläche noch vorgenommen werden?

419. Worin liegt der besondere Vorteil der Auftragschweißung?

420. Ist es erforderlich, bei einem sehr stark verschlissenen Werkstück die gesamte Höhe der verschlissenen Fläche mit einer Auftragschweißung zu versehen?

421. Kann man auch Grauguß mit hochlegiertem Stahl aufschweißen?

422. Soll eine Zwischenschicht immer hergestellt werden?

423. Können Auftragschweißungen auch automatisch durchgeführt werden?

424. Welche Eigenschaften haben die legierten Drähte für das automatische Auftragschweißen?

425. Welche Schweißautomaten können zur Pulverdraht-Auftragschweißung verwendet werden?

426. Welche UP-Schweißpulver müssen verwendet werden?

427. Bei welchen Legierungen muß das Werkstück vorgewärmt werden und wie hoch?

428. Müssen zu der Pulverdraht-Auftragschweißung besondere Zündpulver verwendet werden?

429. Welche Vorteile hat die automatische Auftragschweißung gegenüber der Handschweißung?

430. Welche Legierungstypen werden in Form von Pulverdraht hergestellt?

431. Ist das Auftragschweißen mit Pulverdraht auch bei kleinen Serien oder bei Reparaturen wirtschaftlich?

432. Ist eine Nacharbeit automatisch aufgeschweißter Werkstücke erforderlich?

433. Kann der Pulverdraht auch noch zu anderen Schweißverfahren verwendet werden?

434. Warum müssen dem Schweißer oder der Schweißerin die von den Herstellerwerken ausgearbeiteten Anleitungsblätter zugänglich gemacht werden?

Auftragschweißen von hochlegiertem Stahl

Antwort:

384. Das Auftragschweißen ist ein Sondergebiet der Schweißtechnik. Bei der Verbindungsschweißung hat der Schweißzusatzwerkstoff (die Schweißelektrode oder der Blankdraht) etwa die gleiche Zusammensetzung wie die zu verschweißenden Werkstücke. Bei der Auftragschweißung dagegen ist der Schweißzusatzwerkstoff meist ein hochlegierter Stahl.

Dieser hochlegierte Stahl wird durch Lichtbogen-, Gas-, Lichtbogenschutzgas- oder UP-Schweißen auf das Werkstück aufgetragen.

Das Verfahren kann sowohl bei der Reparatur und Instandhaltung als auch bei der Neuherstellung von Werkstücken angewendet werden.

Je nach ihrem Verwendungszweck werden die auftraggeschweißten Flächen auf Verschleiß, Hitzebeständigkeit, Korrosion, Kavitation (Hohlraumbildung), Zunderbeständigkeit, Rißbeständigkeit, Schnitthaltigkeit usw. beansprucht.

Es ist daher von ausschlaggebender Bedeutung für den Erfolg der Auftragschweißung, die für den Verwendungszweck geeignete Aufschweißlegierung auszuwählen und anzuwenden.

Das Auftragschweißen von hochlegierten Stählen hat eine besondere wirtschaftliche Bedeutung. Es ermöglicht die Einsparung wertvoller Metalle, indem Werkstücke zum größten Teil aus unlegiertem Stahl hergestellt und nur die besonders beanspruchten Flächen und Profile mit dem hochlegierten Zusatzwerkstoff aufgetragen bzw. gepanzert werden. So können z. B. bei einem Fräser mit einer Fertigmasse von 7,0 kg, für dessen Herstellung rund 11,0 kg Schnellstahl benötigt werden, 90% Schnellstahl eingespart werden, da bei der Herstellung des gleichen Fräsers durch Auftragschweißung nur etwa 1,0 kg Elektroden benötigt werden.

385. Welchen *Zweck* die Auftragschweißung erfüllen soll und welche *Aufschweißlegierung* hierfür verwendet werden muß.

Beispiele:

a) Bei einer Reparatur- oder Instandhaltungsschweißung muß der gleiche Zusatzwerkstoff verwendet werden, aus dem der Grundwerkstoff des Werkstücks besteht, um später beim Härten kein Fiasko zu erleben. Ist die Zusammensetzung des Grundwerkstoffs nicht bekannt, so muß eine Analyse hergestellt werden.

b) Bei einer Neuherstellung soll der größtmögliche Effekt erzielt werden. Es ist deshalb erforderlich, alle Hinweise der Herstellerwerke vorher genau zu studieren.

386. Die für die Auftragschweißung im allgemeinen verwendeten hochlegierten Stahlsorten sind:

a) Austenitische Manganhartstähle für hohe Verschleißbeanspruchungen. Manganhartstahl weist einen besonders hohen Verschleißwiderstand auf bei Beanspruchungen, die mit Kaltverfestigung verbunden sind, wenn also gleichzeitig neben einem stark reibenden oder rollenden Verschleiß eine Druck- oder Schlagbeanspruchung auftritt. Mangan-Chrom-Nickelstahl sowie Zulegierungen von Molybdän und Niob für höchste Verschleißbeanspruchungen.

b) Hitze- und zunderbeständige Stähle für Beständigkeit gegen schwefelhaltige Gase bei 900, 1000, 1150 und 1200 °C Betriebstemperatur.

c) Chrom-Manganstähle in verschiedenen Härten des Schweißguts von 150 bis 600 Brinell für Verschleiß Metall/Metall und Metall/Mineral (trokken oder naß).

d) Warmarbeitsstähle für Warmarbeitswerkzeuge, die hohe Anlaßbeständigkeit bei gleichzeitigem guten Verschleißwiderstand besitzen müssen.

e) Kaltarbeitsstähle für Kaltarbeitswerkzeuge, die hohem Druck und hohem Verschleiß ausgesetzt sind.

f) Schnellschnittstahl für Schnittwerkzeuge, wie z. B. Scherenmesser, Schnitt- und Stanzwerkzeuge, aber auch Preßstempel und Ziehringe.

g) Schnellarbeitsstähle für Schnellarbeitswerkzeuge, wie z. B. Dreh- und Hobelmeißel, Drehpilze, Fräser, Reibahlen usw.

h) Stellite und Hastelloye (Ni-Mo-Legierung) für Verschleißbeanspruchungen gegen Kavitation, Korrosion, wie z. B. Dichtflächen an Heißdampfventilen, Auspuffventilen oder an Preß- und Formteilen für Warmarbeitsstähle.

387. Die hauptsächlichsten Legierungsbestandteile sind, bei

a) austenitischen Manganhartstählen Kohlenstoff = C von 0,1 bis 0,7%, Mangan = Mn von 1 bis 12%, Mangan-Chrom-Nickelstahl mit Chromgehalten = Cr bis 19%, Nickelgehalten = Ni von 3 bis 20%, bis max. Gehalten an Molybdän = Mo von 2,5% und Niob = Nb von 1%;

b) hitze- und zunderbeständigen Stählen:
C = 0,1 bis 0,2%; Mn = 0,3 bis 2%; Cr = 8 bis 32%; Ni = 4 bis 20%; Silizium = Si 0,8 bis 1,3%;

c) Chrom-Manganstählen:
C = 0,1 bis 1%; Cr = 0,5 bis 1,5%; Mn = 0,5 bis 5,5%;

d) Warmarbeitsstählen:
C = 0,1 bis 2%; Cr = 16 bis 30%; Ni = 0,5 bis 7%; Mo = 0,8 bis 1,2%; Vanadin = V = 0,1 bis 0,2%;

e) Kaltarbeitsstählen:

C = 1 bis 2,5%; Cr = 4 bis 25%; Wolfram = W = 1 bis 5%; V = 0,1 bis 0,7%; Mo = 0,6 bis 0,8%;

f) Schnellschnittstahl:

C = 1 bis 1,2%; W = 12 bis 16%; Cr = 4,5 bis 5%; V = 2,5 bis 3%; Co = 3 bis 3,5%; Mo = 2 bis 3%;

g) Schnellarbeitsstahl:

C = 1 bis 1,2%; W = 15 bis 16%; Cr = 4,5 bis 5%; V = 2,5 bis 3%; Co = 12 bis 15%;

h) Stellite C = 1,2 bis 2,8%; Cr 25 bis 32%; W = 3,3 bis 25%; Co = 30 bis 65%.
(Hastelloy C = 0,05 bis 1%; Mo = 10 bis 30%; Ni = 60 bis 70%.)

388. Die Legierungsbestandteile ergeben einen leichten, sehr klaren Fluß des Schmelzbads; doch wird durch ihre teilweise karbidbildenden Eigenschaften im Zusammenwirken mit dem teilweise sehr hohen Kohlenstoffgehalt die Schweiße sehr empfindlich und rißanfällig.

389. Als Grundwerkstoff wird meist unlegierter Stahl verwendet.

390. Der unlegierte Stahl bildet den Grundkörper. Er muß, da er aufgeschweißt werden soll, natürlich schweißbar sein. Eine weitere Forderung wird an den Werkstoff des Grundkörpers hinsichtlich seines Verwendungszwecks gestellt. Er muß die auftretenden Biege-, Zug-, Druck- und Verdrehungsspannungen aufnehmen können. Diesen Forderungen genügt in der Regel der Stahl St 50.

Bei Schnittwerkzeugen, Ambossen, Preßformen usw. empfiehlt es sich, als Grundkörper einen Einsatzstahl zu verwenden.

391. Nein! – Durch den Schweißvorgang entsteht in dem Auftragschweißgut ein „Gußgefüge“, das auf Biegung, Zug, Druck und Verdrehung *nicht* beansprucht werden kann. Die aufgetragene Legierung kann nur die ihr eigene Verschleißbeanspruchung übernehmen, wie z. B. Reibung, hohe Temperatur, Schnitthaltigkeit usw. Diese Tatsache ist bei der Gestaltung der Werkstücke zu berücksichtigen (Bild 56).

392. Ja! – Ein Teil der hochlegierten Elektroden kann nur unter Vorwärmung des Werkstücks riß- und porenfrei verschweißt werden, da sich die Ausdehnungskoeffizienten – Grundwerkstoff zu Legierung – im Extremfall wie 1:7 verhalten (s. F. u. A. 395 und 397). Eine Aunahme bildet nur die austenitische Manganlegierung.

393. Der Manganhartstahl besitzt seine besonderen Eigenschaften nur dann, wenn er im austenitischen Gefügezustand vorliegt. Dies ist dann der Fall, wenn die Schweiße bei einer Temperatur von 1050 bis 1100 °C schroff abgekühlt wird (Wasser).

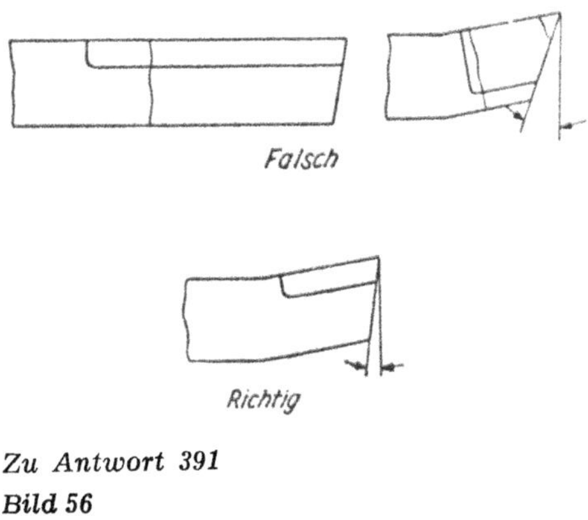

Zu Antwort 391

Bild 56

394. Beim Schweißen von Manganhartstahl-Aufschweißlegierungen wird so vorgegangen, daß
   a) die Wärmebeeinflussung des Grundwerkstoffs so gering wie möglich gehalten wird (niedrigste Schweißstromstärke),
   b) bei größeren Auftragflächen das Werkstück im Wasserbad geschweißt wird,
   c) die Abkülung der Schweißstelle schnell erfolgt. (Bei kleinen Werkstücken die noch rotglühende Auftragraupe in Wasser abschrecken.)

395. Ja! – Eine Legierung mit austenitischem Gefüge ist unmagnetisch. Mit einem kleinen Handmagneten kann man ohne Schwierigkeiten feststellen, ob die Legierung magnetisch ist oder – wie es in diesem Fall sein soll – unmagnetisch.

396. a) Vorwärmen,
   b) Spannungsfreiglühen,
   c) Weichglühen,
   d) Härten,
   e) Anlassen.

397. Grundsätzlich muß beim Vorwärmen das Werkstück vor dem Schweißen auf 600 bis 700 °C vorgewärmt werden (gleichmäßig durchgewärmt). Die Art der Vorwärmung ist nicht ausschlaggebend. Es kann im Gasofen, im elektrischen Ofen oder auch induktiv vorgewärmt werden. Bei kleineren Werkstücken kann die Vorwärmung mit der Flamme eines Schweißbrenners erfolgen. *Während des Schweißens ist die Temperatur unbedingt zu halten.* Bei kleineren Werkstücken wird sich die Temperatur evtl. erhöhen, bei größeren Werkstücken ist die Wärmeabfuhr zu dämmen. Eventuell muß zwischenzeitlich erwärmt werden.

398. Hochlegierte Auftragschweißungen hinterlassen am Werkstück oft innere Spannungen, die man durch

Glühen bei 600 bis 650 °C beseitigen kann. Die erforderliche Glühzeit richtet sich bekanntlich nach der Werkstückgröße. Als grober Anhalt mag gelten, daß das Spannungsfreiglühen als beendet angesehen werden kann, sobald das ganze Werkstück gleichmäßig die Glühfarbe angenommen hat (s. a. Abschnitt „Einiges aus der Werkstoffkunde“).

399. Fast alle genannten Aufschweißlegierungen werden durch die Luftabkühlung so hart, daß sie mechanisch nicht bearbeitbar sind. Um eine spanende Formung zu ermöglichen, ist ein Weichglühen erforderlich. Die Glühtemperatur beträgt je nach Legierung 800 bis 880 °C und ist zweckmäßig an den Vorgang des Spannungsfreiglühens (600 bis 650 °C) anzuschließen (s. F. u. A. 405).

Genaue Temperaturen und Glühzeiten sind den Verarbeitungsanleitungen der Herstellerwerke zu entnehmen.

Bei Reparaturschweißungen *muß,* bei Neuanfertigung *sollte* die Entkohlung und Verzunderung vermieden werden. (Bei Reparatur würde eine Bohrung so verzundern, daß ein Paßmaß nicht mehr vorhanden ist.) Die Verzunderung und Entkohlung, die beim Weichglühen immer auftritt, kann vermieden werden, indem das Werkstück in einen Kasten mit Gußeisenspänen oder feinkörnigem Koks eingepackt wird und der Kastendeckel mit Lehm abgedichtet wird.

400. Härten heißt Erwärmen des Werkstücks auf eine Temperatur kurz oberhalb des Umwandlungspunktes der Legierung und sofortiges Abschrecken in einem Abschreckmittel. Härtetemperatur und Abschreckmittel werden von den Herstellerwerken bekanntgegeben.

Die Temperaturen müssen auf wenigstens $\pm$ 10 °C genau eingehalten werden. Am besten bewährt sich die Erwärmung im Salzbad. Als Abschreckmittel werden meist Salze, Öle, Petroleum oder Druckluft angewendet.

401. Das durch das Härten entstandene, gegen biege- und schlagartige Einwirkungen sehr empfindliche Härtegefüge soll durch das Anlassen eine höhere Zähigkeit bekommen, ohne jedoch die Härte selbst zu verringern. Dazu wird das Werkstück ohne besondere Vorkehrungen im Glühofen im allgemeinen eine Stunde auf der vorgeschriebenen Anlaßtemperatur gehalten.

402. Nein! – Bei Auftragschweißungen an Verschleißteilen werden meist selbsthärtende Legierungen verwendet. Nur bei Werkzeugen, die mit höchstlegierten Elektroden aufgeschweißt wurden, sind Wärmebehandlungen nach den Anleitungen der Elektrodenhersteller durchzuführen.

403. a) Vorbereiten des Drehmeißelschafts, wobei zu beachten ist, daß die Nut für die Auftragschweißung keine scharfen Kanten besitzen darf (Gefahr eines Schlackeneinschlusses).
Sind die Schäfte bereits für eine Hartmetallplättchenauflötung vorgefräst, so ist in die Nut mit einer Kb-Verbindungselektrode ein kleiner Radius einzuschweißen.

b) Vorwärmen auf 600 bis 700 °C. Beim Drehmeißel genügt ein Vorwärmen des vorderen Schaftteils, dort, wo die Auftragschweißung aufgetragen werden soll.

c) Schweißen mit den vom Herstellerwerk angegebenen technischen Kenndaten.

d) Abkühlen an ruhender Luft im Arbeitsraum.

e) Anschleifen (Naßschliff).

404. Ja! – Das Härten kann vorgenommen werden und damit die Leistung der aufgeschweißten Fläche wesentlich verbessert werden.

Der Arbeitsablauf ist dann folgender:

a) bis d) wie unter A. 403 beschrieben.

e) Vorschleifen. Hierunter versteht man das Schleifen bis auf wenige Millimeter an das Fertigmaß.

f) Härten,

g) Anlassen,

h) Fertigschleifen.

405. a) Vorbereiten des Fräserkörpers, indem Nuten für die Aufnahme des Schweißguts eingefräst werden. Es können auch Blechstreifen aufgeheftet und die Schweißraupe gegengeschweißt werden (Bild 57). Diese Technologie ist jedoch nur bei geradverzahnten Fräsern (die Schneiden verlaufen parallel zur Körperachse) anzuwenden. Der Vorteil liegt in der Verkürzung der Vorbereitungszeit.
Bei einem spiralverzahnten Fräser (die Schneiden verlaufen spiralförmig zur Körperachse) soll die Zahnteilung (Abstand von Zahn zu Zahn) etwas größer gewählt werden als bei gleichen Fräsern aus Vollmaterial. Die Nutbreite soll nicht zu klein gewählt und eine Anschrägung von 8 bis 12° besitzen. *Diese Anschrägung ist erforderlich, um später eine Zahnbrust ohne Mischzone zu erhalten* (Bild 58, s. a. F. u. A. 412).

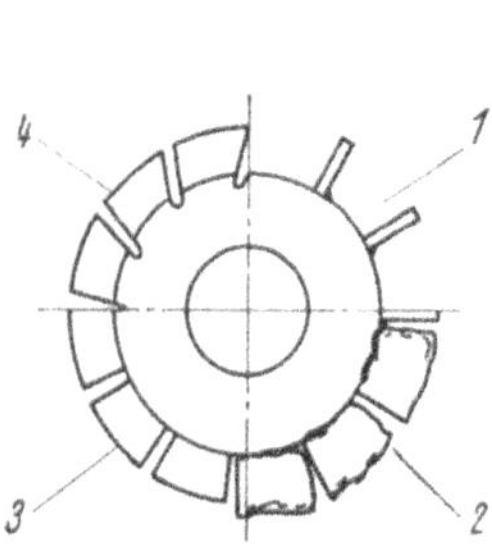

Zu Antwort 405

Bild 57

Anfertigen eines Fräsers

1 Blechstreifen an Grundkörper angeheftet, 2 Grundkörper mit hochlegiertem Stahl aufgeschweißt, 3 Fräserzähne vorgefräst, 4 Zähne auf Fertigmaß gefräst und hinterschliffen

Der Fräserkörper selbst sollte Stahl mit 0,4 bis 0,6% C (Einsatzstahl) sein, um die mechanischen Belastungen voll aufnehmen zu können.

b) Vorwärmen auf 600 bis 700 °C, wobei bei größeren Fräsern zum Halten der Temperatur einerseits und zum Schutz des Schweißers andererseits gegen die Wärmestrahlung eine Abdeckhaube benutzt werden sollte, die aus Blech besteht, ausgekleidet mit Asbest.

c) Schweißen. Es ist zweckmäßig, an der Wärmeschutzhaube einen Schlitz anzubringen, durch den geschweißt werden kann. Bei größeren Werkstücken sollte der Grundkörper von Hand, mechanisch oder elektrisch drehbar sein.

d) Spannungsfreiglühen e) Weichglühen	Diese Arbeitsgänge können aus der Schweißhitze heraus vorgenommen werden.

f) Mechanisches Bearbeiten (Ausfräsen der Schneidkanten, mit Aufmaß),

g) Härten,

h) Anlassen (1- bis 2mal),

i) Fertigschleifen auf Endmaß.

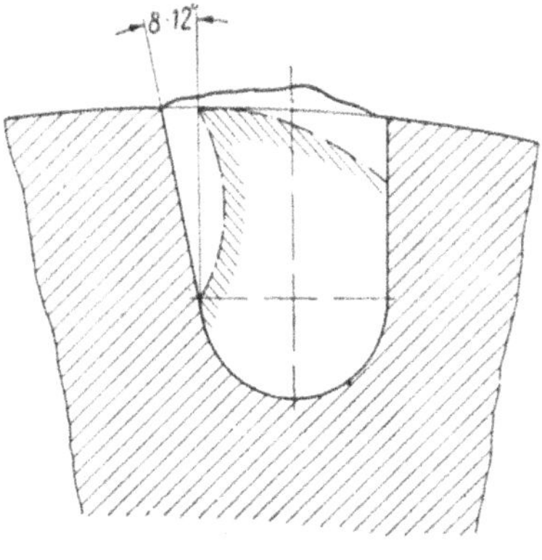

Zu Antwort 405
Bild 58

406. Ja! – Zum Beispiel beim Instandsetzen eines Schnellstahlwerkzeugs (Fräser). Das Werkzeug ist gehärtet und muß vor dem Schweißen unbedingt weichgeglüht werden, sonst reißt der Fräser an den Stellen, wo er durch die Schweißung örtlich stark erwärmt wird. Es kommt dann beim Einsatz zu Ausbrüchen, evtl. zur restlosen Zerstörung des Fräsers. Nach dem Weichglühen erfolgt dann das Vorwärmen, Schweißen usw. wie unter A. 405 beschrieben.

Es kann natürlich von der Weichglühtemperatur gleich zur Vorwärmtemperatur übergegangen werden.

Beim Weichglühen Entkohlung beachten (s. A. 399).

407. a) Die Aufschweißelektroden sind meist mit Gleichstrom zu verschweißen (Näheres s. Anleitungen der Elektrodenhersteller).

b) Möglichst mit niedriger Schweißstromstärke arbeiten. *Faustregel: 30 A je mm Elektrodendurchmesser,* jedoch sind auch Werkstückgröße, Schweißgeschwindigkeit und Vorwärmtemperatur zu berücksichtigen.

c) Günstig ist es, wenn mit kurzem Lichtbogen gearbeitet wird, um einen starken Abbrand von wertvollen Legierungsbestandteilen zu vermeiden.

408. Ja! Da das Werkstück vorgewärmt ist, entsteht trotz der niedrigen Schweißstromstärke genügend Einbrand.

409. Nein! Die Schlacke ist leicht- und dünnflüssig. Es ist möglich, ein größeres, flüssiges Schmelzbad zu erzeugen und in einem Zug mehrere Lagen übereinander aufzuschweißen, ohne befürchten zu müssen, daß Schlackenteile im Schmelzbad eingeschlossen werden, da steigend geschweißt wird.

Bei der Gestaltung der Grundkörper ist Vorsorge zu treffen, daß für die ablaufende Schlacke genügend Raum gelassen wird (s. a. F. u. A. 415).

410. Die Oberfläche des Grundkörpers muß metallisch rein und zunderfrei sein, da sonst Poren im Schweißgut entstehen. Zunder oder Hammerschlag *unter der Schweiße* ergibt *stets* Poren.

411. Nein! Trotz mehrfachen Überschweißens kann man Poren nicht beseitigen, und es bilden sich auch neue Poren. Sie müssen durch Ausbrennen oder Ausschleifen beseitigt werden. Erst dann kann neu aufgetragen werden.

412. Nein! Um von dem Auftragwerkstoff die Eigenschaften zu erhalten, die aufgrund der Zusammensetzung möglich sind, müssen mindestens 3 Lagen übereinander aufgetragen werden.

413. Bei größeren Flächen werden die Schweißraupen in langen Zugnähten neben- oder übereinander aufgetragen (Bild 59).

414. Ja! Das Ablaufen des Schmelzbads von kleineren Flächen muß man durch Einformen verhindern.

415. Die seitlich offenen Kanten werden eingeformt, begrenzt, damit das Schmelzgut nicht ablaufen kann. Bei Fräsernuten z. B. mit Kupfer- oder Graphitplatten, bei Drehmeißeln mit ausgearbeiteten Formen.

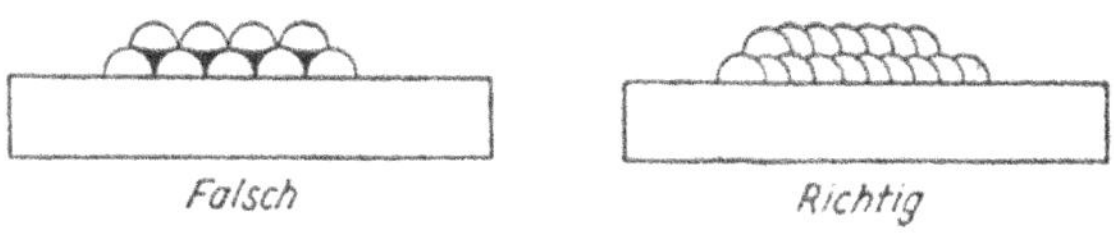

Zu Antwort 413
Bild 59

Beim Einformen ist zu beachten, daß für die anfallende Schlacke genügend Platz zwischen Form und Werkstück vorgesehen wird (Bild 60).

416. Nein! Kupfer, besonders Elektrolytkupfer, besitzt eine so hohe Wärmeleitfähigkeit, daß es nicht zu einer Verbindung zwischen Kupfer und Schmelzbad kommt. (Wegen der notwendigen Wärmeableitung ist die Kupferform nicht zu klein zu wählen.)

417. Nicht immer! Obwohl sich Graphit leichter bearbeiten läßt als Kupfer, ist Vorsicht am Platz. Bei Auftragschweißungen, bei denen die Kanten später starken Beanspruchungen unterliegen (Schneidkanten von Drehmeißeln, Fräsern, Scherenmessern usw.), ist es ratsam, kein Graphit für das Einformen zu verwenden. Durch den bedingten Übergang von Graphit aus der Form in das Schmelzbad erfolgt eine unerwünschte, oft sehr hohe Aufkohlung der Legierung. Dadurch versprödet das Auftragschweißgut und wird demzufolge gegen stoß- und schlagartige Beanspruchung sehr empfindlich.

418. Bei Neuanfertigung von Werkstücken, wie z. B. bei Scherenmessern, kann konstruktiv und technologisch die Begrenzung bereits eingearbeitet werden.

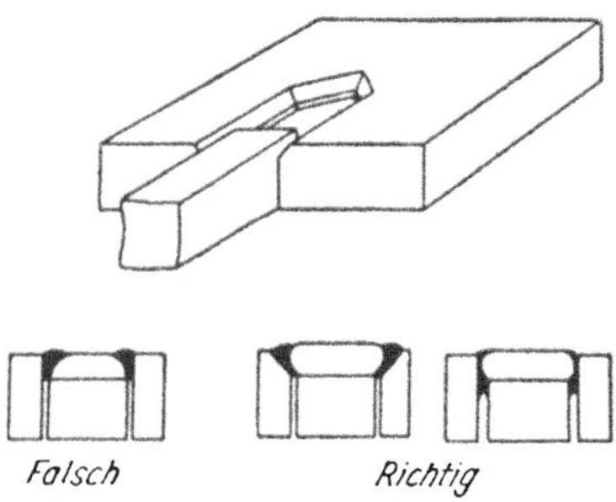

Zu Antwort 415
Bild 60

So können z. B. zwei Scherenmesser aus einem Grundkörper hergestellt werden in der Art, daß die Schweißnuten kopfseitig eine Mulde bilden. Später wird dann der Körper geteilt, und man erhält zwei Messer (Bild 61).
Bei Schnittwerkzeugen ist es überhaupt ratsam, ohne Begrenzung mit Formen zu arbeiten, dafür aber die Begrenzung generell einzuarbeiten.
Bild 62: Gestalten eines Schnittstempels.

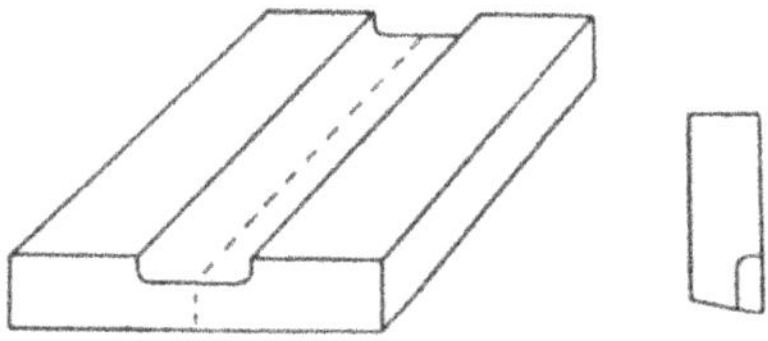

Zu Antwort 418
Bild 61

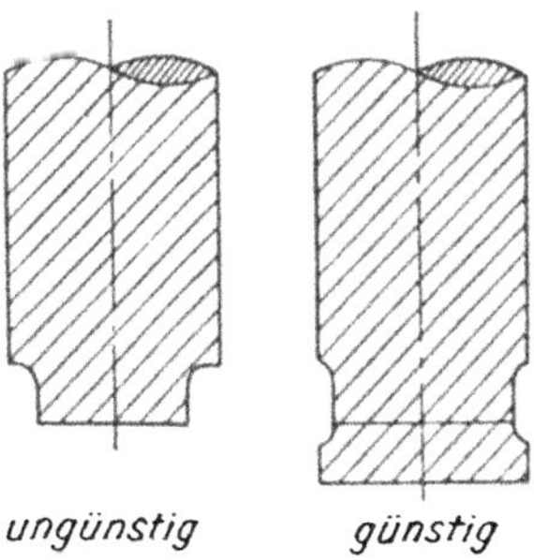

Zu Antwort 418
Bild 62. Gestalten eines Schnittstempels

Bild 63: Getalten eines Schnittgesenkes.
Schlitzfräser, schmale geradverzahnte Fräser usw. werden wirtschaftlich in Stange geschweißt und dann abgestochen (Bild 64).

419. Durch die Auftragschweißung können Flächen und Profile in jeder Form, Größe und Zusammensetzung gefertigt werden. Mit geringer Lagerhaltung an

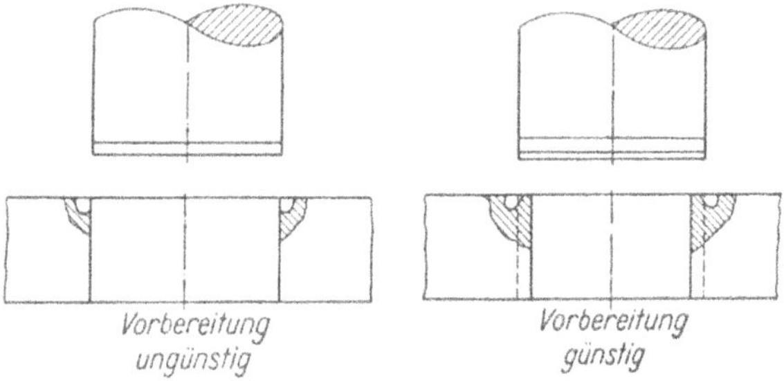

Zu Antwort 418

Bild 63. Gestalten eines Schnittgesenks

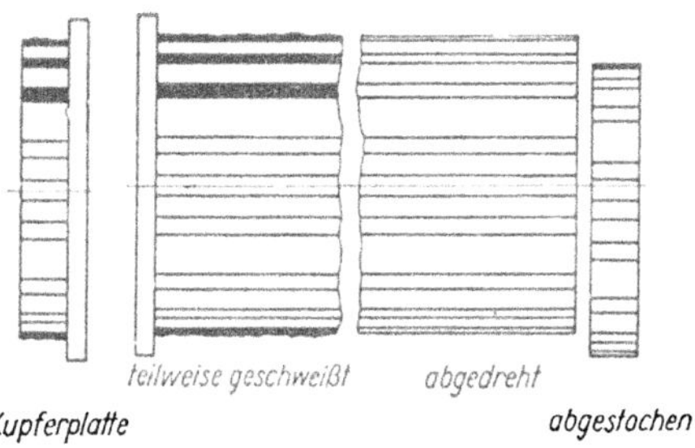

Zu Antwort 418

Bild 64. Herstellen von Schlitzfräsern und schmalen Fräsern

Elektroden können Reparaturen und Neuanfertigungen schnell ausgeführt werden. Durch den geringen Bedarf an hochlegiertem Stahl sind z. B. aufgeschweißte Fräser ab 100 mm Dmr. billiger als solche aus Vollmaterial.

Außerdem sind auftraggeschweißte Werkzeuge infolge ihres weichen Grundkörpers völlig bruchsicher.

Die Auftragschweißung spart also Zeit, Material, Kosten und bietet größte Bruchsicherheit.

420. Nein! Eine allzu dicke Auftragschweißung führt zur Versprödung. Man „füllt" das sehr stark verschlissene Werkstück zuerst mit einer Verbindungselektrode auf und panzert dann die letzten 6 bis 10 mm gegen Verschleiß. Vorteil: Einsparung teurer Legierungsbestandteile, keine Bruchgefahr.

421. Ja! Jedoch mit der Einschränkung, daß zwischen Werkstück und Auftragschweißgut eine Zwischenschicht von mindestens 3 mm Dicke mit einer Verbindungselektrode aufgeschweißt werden muß.

422. In der Regel nicht! Jedoch empfiehlt sich bei höchstlegierten Auftragungen eine Steigerung der Legierungsbestandteile in der Form, daß man auch hoch legierte Cr-Ni-Mo-Stähle mit einer niedriglegierten Cr-Elektrode vorschweißt (2 mm) und dann erst die 30%ige Cr-Elektrode aufträgt.
Das gleiche Prinzip wird bei hohen Verschleißhärten (über 500 HB) mit Erfolg angewendet. Einen Amboß (Stahlguß) panzert man nicht sofort mit einer Elektrode von 600 HB, sondern erst mit einer Elektrode von 300 HB, dann 400 HB und zuletzt 600 HB. Die Höhe der Auftragschweißung kann nicht bindend festgelegt werden. Sie soll im allgemeinen 4 mm nicht unter- und 10 mm nicht überschreiten.

423. Ja! — Dazu werden allerdings legierte Drähte und Pulver (UP-Schweißverfahren) oder legierte Drähte und Schutzgas (CO_2) benötigt.

424. Die legierten Drähte für das automatische Auftragschweißen bestehen nicht aus Vollmaterial wie die Drähte für das automatische Verbindungsschweißen, sondern aus einer Hülle mit eingefügtem Pulver. Sie werden deshalb Pulverdrähte genannt.

Ihre Hülle besteht je nach Legierungstyp aus Stahl, Kupfer, Nickel oder Aluminium.
Das eingefüllte und verdichtete Pulver besteht aus hochwertigen Legierungen.
Die Fertigungsstufen des Pulverdrahts zeigt Bild 65.

425. Alle Schweißautomaten, mit denen Drähte von 3,5 und 4 mm Dmr. verarbeitet werden können.
Hinweis: Muß das Werkstück über 250 °C vorgewärmt werden, so ist der Schweißautomat vor der Strahlungswärme durch Abschirmen zu schützen.

426. Bei Legierungen, die kalt oder vorgewärmt aufgeschweißt werden, haben sich gesinterte UP-Pulver besonders gut bewährt. Leichte Schlackenentfernbarkeit muß garantiert sein (Anleitungsblätter beachten).

427. Die Vorwärmtemperatur ist abhängig sowohl vom C-Gehalt des Werkstücks als auch vom Legierungstyp des Pulverdrahts. Näheres aus Anleitungsblättern des Herstellerwerks.

428. Ja! – Der Pulverdraht zündet zwar mit jedem Pulver, jedoch ist eine einwandfreie Legierung nicht garantiert, wenn nicht das vom Hersteller vorgeschriebene Zündpulver verwendet wird.
Bei einem 10%igen Wolframstahl würde der W-Gehalt durch normales Zündpulver stark herabgesetzt werden.

429. Die Vorteile sind:

a) höhere Schweißgeschwindigkeit,

b) höhere Abschmelzleistung,

c) gleichmäßigeres Schweißgefüge,

d) Wegfall manueller Fehler,

e) schnelle Anleitung der für diese Schweißungen vorgesehenen Fachkräfte.

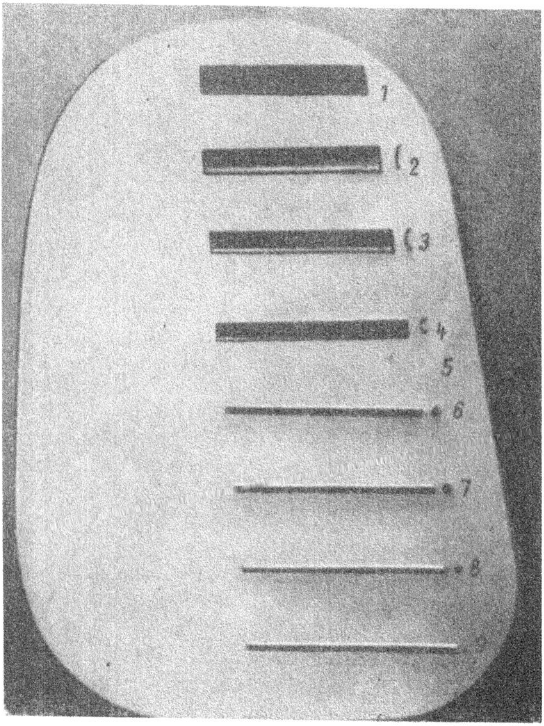

Zu Antwort **424**

Bild 65. ***Herstellung des BIDUR-Pulverschweißdrahts***

1 Stahlband, **2** erste Profilstufe, **3** zweite Profilstufe, **4** dritte Profilstufe, **5** Füllen, **6** vierte Profilstufe (Schließen), **7** erste Ziehstufe, **8** zweite Ziehstufe, **9** dritte Ziehstufe

430. Die Legierungstypen sind den bewährten Elektroden für die Lichtbogen-Handschweißung angepaßt.

Es werden hergestellt:

a) Niedrig legierte Chrom-Mangan-,
b) Hochlegierte Chrom-,
c) Hochlegierte Wolfram-,
d) Hochlegierte Kobalt-Molybdän-,
e) Austenitische-,
f) Hochverschleißfeste Chrom-Bor-,
g) Kupfer-Aluminium-,
h) Nickel-Molybdän-Legierungen,
i) Sonderlegierungen.

431. Im allgemeinen wird die Automatisierung des Schweißvorgangs erst bei größeren Stückzahlen wirtschaftlich. Bei der Auftragschweißung mit dem Pulverdraht wird jedoch bereits dann wirtschaftlich gearbeitet, wenn große Flächen oder Rundkörper aufzutragen sind.

Die fünf- bis achtfache Abschmelzleistung gegenüber der Handschweißung macht meist nur eine Vorwärmung notwendig.

Außerdem erübrigt sich durch die glattere Schweißnaht viel Nacharbeit.

432. Nein! – Sofern keine Profile gefordert werden, wie bei Fräsern, Walzen, Scherenmessern, Ventilsitzen usw. (Bilder 66 und 67).

433. Beim Pulverdraht handelt es sich um eine Neuentwicklung. Sein Einsatzgebiet erweitert sich daher ständig.

Neben der automatischen UP-Schweißung wird der Pulverdraht bereits mit Erfolg beim CO_2-Schweißverfahren und Elektro-Schlacke-Schweißverfahren (ES) verwendet.

434. Diese Anleitungsblätter enthalten die notwendigen theoretischen und praktischen Hinweise, deren Beachtung notwendig ist, um Mißerfolge auszuschalten. Wer sich also mit dem Aufschweißen von hochlegiertem Stahl beschäftigt, verlange diese Anleitungsblätter. Sie gehören in die Hand des Schweißers und nicht in die Ablegemappen!

Zu Antwort 432
Bild 66. UP-Automat im Einsatz zum Aufschweißen von Mühlenschlägern
Zusatzwerkstoff: Bidur-Pulverdraht

Zu Antwort 432
Bild 67. Mit UP-Automat und Bidur-Pulverdraht aufgeschweißter Mühlenschläger
1 Mühlenschläger abgenutzt, 2 Mühlenschläger aufgeschweißt

Die Arcatom-Schweißung

Frage:

435. Was versteht man unter Arcatom-Schweißung?

436. Welche Aufgaben hat das Schutzgas?

437. Vorteile der Arcatom-Schweißung?

438. Welche Werkstoffe werden arcatomgeschweißt?

439. Was gehört zu einer Arcatom-Schweißanlage?

440. Warum muß ein zweistufiger Wasserstoff-Druckminderer benutzt werden?

441. Wo wird die Arcatom-Schweißung angewandt?

442. Was muß bei der Arcatom-Schweißung beachtet werden?

443. Welche Temperaturen werden beim Arcatom-Schweißen erreicht?

444. Welche Aufgabe hat die Regelstufe?

445. Mit welcher Regelstufe werden die jeweiligen Werkstoffdicken geschweißt?

446. Wie werden die verschiedenen Werkstoffe verschweißt?

447. Wann wird vorteilhaft ohne Zusatzdraht geschweißt?

448. Was erleichtert das Schweißen ohne Zusatzdraht?

449. Was muß beim Arcatom-Schweißen ohne oder mit Zusatzdraht beachtet werden?

450. Wann sind wasser- oder luftgekühlte Wärme-Ableitungsvorrichtungen zu empfehlen?

451. Wie wirken sich wärmeableitende Einspannvorrichtungen auf die Regelstufen aus?

452. Kann die Arcatom-Schweißung auch maschinell angewandt werden?

453. Wie wird der Verbrauch von Wolframelektroden vermindert?

454. Was geschieht mit den Reststücken der Wolframelektroden?

455. Wie ist eine Schweißvorrichtung für Wolframelektroden beschaffen?

456. Wie werden die Reststücke der Wolframelektroden geschweißt?

457. Kann während des Schweißvorgangs die Lichtbogenwärme bei Bedarf geändert werden?

458. Was ist bei der Einführung der Arcatom-Schweißung zu empfehlen?

459. Gibt es noch andere Schutzgasschweißverfahren?

Die Arcatom-Schweißung

Antwort:

435. Die Arcatom-Schweißung ist das Wechselstrom-Lichtbogen-Schutzgas-Schweißverfahren nach Langmuir. Der Lichtbogen wird zwischen zwei Wolframelektroden, unabhängig vom Werkstück, gezündet und von einer Wasserstoffflamme eingehüllt, die das Schutzgas bildet. Verschiedentlich wird die Arcatom-Schweißung als Schutzflammen-Schweißung bezeichnet, weil der Wasserstoff ein Brenngas ist und daher verbrennt. Im Gegensatz hierzu verbrennen die bei der Schutzgas-Lichtbogen-Schweißung verwandten Edelgase Argon und Helium nicht, sondern umhüllen Lichtbogen, Schmelzbad und Zusatzwerkstoff mit einem Gasschutzmantel. Näheres im Abschnitt „Die Schutzgas-Lichtbogen-Schweißung".

436. Der Wasserstoff als Schutzgas hat zwei Aufgaben zu erfüllen, und zwar:

a) Durch seinen Umwandlungsvorgang (Dissoziation) aus dem molekularen in den atomaren Zustand in Elektrodennähe und Rückgang in den Molekularzustand treten ein: Wärmeentzug aus den Elektrodenspitzen, Abgabe der Wärme an den Lichtbogen und damit auch zur Schweißstelle (Temperaturerhöhung).

b) Einhüllung von Elektroden und Schmelzbad als Abschirmung gegen Luftzutritt, insbesondere gegen Sauerstoff und Stickstoff (O und N).

437. Der in sehr weiten Grenzen veränderbare, dabei doch konzentrierbare, freibewegliche, wie eine Stichflamme zu handhabende Lichtbogen gestattet, für jede Werkstückgröße und Werkstückform jede beliebige Schmelzeinwirkung zu erzeugen — angefangen vom hauchartigen Erwärmen bis zum umfangreichen Aufschmelzen. Es ist gleichgültig, ob ohne oder mit Zusatzdraht geschweißt wird, immer zeigt das zunder- und schlackenfreie Schweißgut hohe Gütewerte.

438. Alle Stahlsorten, gleich welcher Legierung, insbesondere hitze- und korrosionsfeste Stähle, Werkzeugstähle, wobei natürlich die Wärmebehandlungsvorschriften eingehalten werden müssen.
Leichtmetalle, Aluminium, Magnesium sowie ihre Legierungen, Buntmetalle, Messing und Bronze. Eng begrenzt auch Elektrolytkupfer bei Verwendung wasserstoffempfindlicher und sauerstoffbindender, silberhaltiger Kupferzusatzdrähte.
Bei Bronze, Messing und Leichtmetall über 12 mm Werkstoffdicken ist das Anwärmen auf eine Temperatur von etwa 100 °C erforderlich.

439. Ein Schweißumspanner in besonderer elektrischer Ausführung,
Wolframelektroden,
Wasserstoff und ein zweistufiger Druckminderer,
Arcatom-Schweißbrenner,
Spezialbrennerköpfe für die einzelnen Schweißungen,
Kopfschutzmaske,
Kohleplatte (Formkohle) zum leichten Zünden des Lichtbogens,
Zusatzdraht, sofern notwendig (Bild 68).

440. Um Druckschwankungen und eine dadurch eintretende Veränderung der Wasserstoffschutzgasflamme zu verhindern.

441. Im Kessel-, Fahrzeug-, Behälter-, Werkzeug- und Gerätebau, sowohl für die Neufertigung wie für die Reparatur.

442. Wahl eines Schutzglases mit genügender Helligkeit nach Schutzstufe 10 oder 11.

Zu Antwort 439

Bild 68. Arcatom-Schweißanlage in Betrieb

Sparsame, aber genügende Wasserstoffeinteilung mit nur leichtbrennender, keinesfalls strahlender oder rauschender Flamme.

443. Nach Literaturangaben etwa 4000 °C.

444. Mit der Regelstufe werden beim Umspanngerät die notwendigen Schweißstromstärken eingestellt.

445. Als Anhaltspunkt dienen folgende Angaben:
1 mm Werkstoffdicke mit Stufe 1–2
2 mm Werkstoffdicke mit Stufe 2–3
3 mm Werkstoffdicke mit Stufe 3–4
4 mm Werkstoffdicke mit Stufe 4–5
5 mm Werkstoffdicke mit Stufe 5–6 usw.

Die als Anhaltspunkte genannten Werte gelten für un- und niedriglegierten Baustahl und können bei anderen Werkstoffen und sich ändernden Arbeitsbedingungen Abweichungen unterliegen.

446. Wie bei der Gasschweißung, jedoch nicht mit der bei der Nachlinksschweißung oft üblichen kreisenden oder halbkreisförmigen Flammenführung, sondern mit gleichbleibend geradlinigem Brennervorschub. Für Leichtmetalle und Buntmetalle verwendet man die auch bei der Gasschweißung notwendigen Flußmittel und Zusatzdrähte.

447. Bördelstöße, I-, Eck- und Dreiblechstöße bis 3 mm Dicke, wenn nicht eine gewisse Verdickung der Nahtstelle gefordert wird (Bild 69).

448. Saubere, glatte Stoßkanten, Heften der Bleche, Benutzen von Einspann- und Haltevorrichtungen

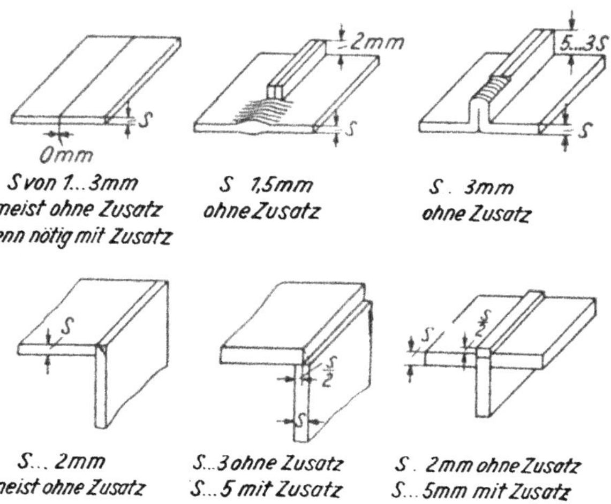

Zu Antwort 447
Bild 69

449. Wenn beim Stahlschweißen eine Entkohlung vermieden werden soll, ist ein graphithaltiges Flußmittel oder ein Zusatzdraht mit hohem C-Gehalt oder auch C-haltiges Zusatzgas (Azetylen) anzuwenden. Der Zusatzdraht kann auch mit einer Graphitlösung bestrichen werden, durch die eine Aufkohlung stattfindet.
Chrom-, nickel- und molybdänlegierte Stähle sind für C-Ausbrand weniger anfällig. Zweckmäßig wird ein Zusatzdraht höherer Festigkeit als der Grundwerkstoff verwandt.

450. Unbedingt beim Schweißen hitze- und korrosionsbeständiger Stähle zwecks Einengung der Wärmezone und des Schmelzbads. Dadurch wird eine Verbesserung der Gütewerte der Schweißverbindung erreicht.

451. Die Regelstufe muß je nach Bedarf um ein oder mehrere Stufen höher eingestellt werden. Die höhere Regelstufe bewirkt eine Erhöhung der Schweißgeschwindigkeit und damit auch eine Senkung der Fertigungskosten.

452. Ja! Hierzu sind besondere Einrichtungen und ein sog. Arcatom-Schweißkopf für maschinellen Betrieb anzuwenden. Kürzere Schweißnähte können auch mit einem eingespannten Handbrenner geschweißt werden, wobei der Brenner oder das Werkstück maschinell bewegt werden kann.

453. Wenn man die Wasserstoffzufuhr bereits v o r dem Zünden des Lichtbogens anstellt und den Lichtbogen an einer Kohleplattenfläche zündet.

454. Noch brauchbare, etwa 30 mm lange Reststücke werden mit dem Arcatom-Brenner in einer Vorrichtung zusammengeschweißt. Kleinere Reste sind zu sammeln und dem Herstellerwerk zur Verfügung zu stellen.

455. Man baut sich eine Aufnahmeleiste von etwa 150 mm Länge z. B. aus T-Stahl von etwa 40 mm Schenkelhöhe. In Längsmitte wird eine 10 mm lange Aussparung für die Schweißstelle und in Längsrichtung eine V-förmige Rille zum Einlegen der Wolframstücke eingefräst.

456. Nachdem die Wolframstücke 1 mm spitzgeschliffen worden sind, werden sie mit dem Arcatom-Brenner und unlegiertem Stahlzusatzdraht möglichst glatt verschweißt. Die Schweißstelle wird an einer kleinen Schleifscheibe auf Elektrodendurchmesser glattgeschliffen, so daß die Elektrode durch den Düseneinsatz gut hindurchgeht.

Kommt die Schweißstelle der Wolframelektrode später in den Lichtbogen, so zischt und flackert dieser etwas unruhig auf. Man macht mit dem Brenner eine kurze, ruckartige Bewegung, damit das Verbindungsmaterial abfällt. Es kann nun ohne Störung weitergeschweißt werden.

457. Ja! Durch das am Brenner seitlich angebrachte Handrad kann die Lichtbogenlänge und dadurch auch die Schmelzleistung während des Schweißvorgangs geändert werden (Bild 70).

Andere Lichtbogenschweißverfahren haben keine derartige Regelmöglichkeit.

458. Zur schnelleren Einrichtung und Produktionssteigerung ist die Hinzuziehung eines wirklichen Kenners und Könners auf dem Gebiet der Arcatom-Schweißung nötig.

Ein Erfahrungsaustausch ist anzustreben. *Es ist ein unnützes Beginnen, selbst Erfahrungen sammeln zu wollen, die anderwärts bereits bekannt und zur Selbstverständlichkeit geworden sind. Nützlicher und besser ist es daher, sich die vorliegenden Erkenntnisse sofort nutzbar zu machen, die erworbenen Kenntnisse nunmehr zu einem schnelleren Erfolg und zu einer neuen technisch und praktisch wissenschaftlichen Forschung zu verwenden.*

459. Ja! Zum Beispiel das Argonarc- oder Heliarc-Verfahren (s. Abschnitt Schutzgas-Lichtbogen-Schweißung). Durch das Schutzgas-Lichtbogen-Schweißverfahren verliert die Arcatom-Schweißung sehr stark an Bedeutung.

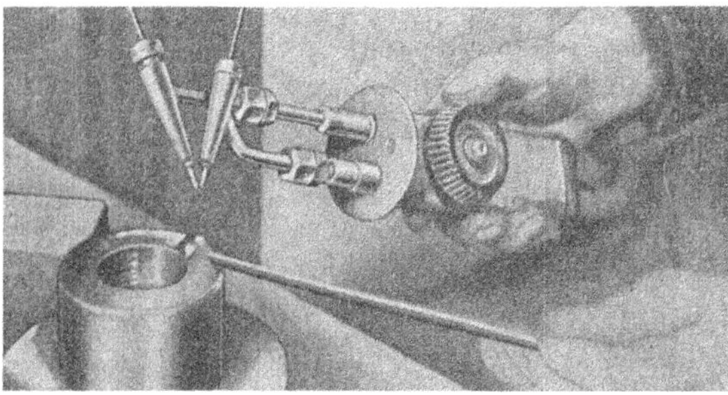

Zu Antwort 457

Bild 70. Arcatom-Handschweißbrenner
Mit dem Handrad kann Lichtbogenlänge während des Schweißens geändert werden.

Die Schutzgas-Lichtbogen-Schweißung

(Das Schweißen unter Argon, Helium, Kohlendioxid [CO_2] usw.)

Frage:

460. Was versteht man unter Schutzgas-Lichtbogen-Schweißung?

461. Was gehört zu einer WIG-(Argonarc-)Schweißanlage?

462. Welcher Vorteil liegt in der Anwendung von Filterkondensatoren (Siebkondensatoren) bei der WIG-(Argonarc-)Schweißung mit Wechselstrom?

463. Welche Kennlinie muß bei der WIG-Schweißung mit Gleichstrom eingestellt werden?

464. Warum darf eine Schweißargonflasche nicht unter 1,5 at entleert werden?

465. Warum wird Wasser benötigt?

466. Welche Werkstoffe können geschweißt werden?

467. Wird die Nachlinks- oder die Nachrechtsschweißung angewandt?

468. Welche Stromarten werden angewandt?

469. Wie schützt sich der Schweißer vor der Lichtbogenstrahlung?

470. Was ist die Voraussetzung für den Erfolg einer Schweißung?

471. Was ist zu beachten, um die Wirkung des Argonschutzes nicht zu vermindern?

472. Welche Nahtformen werden in erster Linie angewandt?

473. In welchen Schweißpositionen kann gearbeitet werden?

474. Wann wird die Mehrlagenschweißung angewandt?

475. Was versteht man unter einer doppelseitigen WIG-Schweißung?

476. Wie erfolgt das Zünden des Lichtbogens?

477. Warum soll der Lichtbogen niemals auf einem Kohleblock gezündet werden?

478. Woran erkennt man, daß die Wolframelektrode verunreinigt ist?

479. Wie weit soll die Wolframelektrode aus der Düse herausstehen?

480. Standzeit der Wolframelektrode?

481. Was ist bei der Behandlung und dem Einsatz der Wolframelektrode noch zu beachten?

482. Was ist beim Schweißen auf Baustellen zu beachten?

483. Wird beim Schweißen von Aluminium und seinen Legierungen ein Flußmittel benötigt?

484. Was ist beim Schweißen von Leichtmetallen über 10 mm Werkstoffdicke zu beachten?

485. Warum sollen bei der WIG-Schweißung von Aluminium und dessen Legierungen keine Streifen aus dem Grundwerkstoff als Zusatzwerkstoff benutzt werden?

486. Warum sind Aluminium-Schweißnähte oft porös?

487. Was ist beim Schweißen von Aluminium-Gußlegierungen (z. B. bei Reparaturschweißungen zur Vermeidung von Rißbildungen) zu beachten?

488. Wie kann beim Schweißen von Magnesium und seinen Legierungen ein Verfärben der Schweißnaht vermieden werden?

489. Was ist beim Schweißen von Kupfer zu beachten?

490. Was ist beim Schweißen von Grauguß zu beachten?

491. Was ist der Unterschied zwischen der WIG-(Argonarc-) und der MIG-(Sigma-)Schweißung?

492. Was versteht man beim MIG-Schweißen unter Sprühlichtbogen- und Kurzlichtbogentechnik?

493. Welche Arbeiten können mit Hilfe der Kurzlichtbogentechnik durchgeführt werden?

494. Wann wird die MIG-Schweißung mit Sprühlichtbogen angewandt?

495. Wie erfolgt bei der MIG-Schweißung das Zünden des Lichtbogens?

496. Was ist zu beachten, um bei der MIG-Stahlschweißung die Porenbildung zu vermeiden?

497. Warum wird dem Schweißargon bei der MIG-Schweißung von Kohlenstoffstählen Sauerstoff zugesetzt?

498. Was versteht man unter „Coxogen"?

499. Was versteht man unter Formiergas, und wann wird es eingesetzt?

500. Was hat der Schweißer arbeitsschutzmäßig bei der MIG-Schweißung zu beachten?

501. Gibt es eine Lichtbogen-Punktschweißung unter Schutzgas?

502. Was heißt Lichtbogen-Schutzgasschweißung unter Kohlendioxid (CO_2-Schweißverfahren)?

503. Was versteht man unter der CO_2-Hochstromschweißung?

504. Darf bei der CO_2-Schweißung die Gasflasche liegend benutzt werden?

505. Wie kann ungenügender Gasschutz des Schmelzbads durch die der Düse anhaftenden Spritzer verhindert oder vermindert werden?

506. Kann mit dem CO_2-Schweißverfahren gepunktet werden?

507. Was heißt „Schutzgas-Schweißen unter einer Wasserdampfatmosphäre"?

508. Was versteht man unter einem Plasmabrenner, und wo wird der Plasmaflammenstrahl in der Schweißtechnik angewandt?

Die Schutzgas-Lichtbogen-Schweißung

(Das Schweißen unter Argon, Helium, Kohlendioxid [CO_2] usw.)

Antwort:

460. Unter diesen Begriff fallen die *WIG*- und die *MIG*-Schweißung. Bei diesen Verfahren werden als Schutzgase die Edelgase Argon *(Ar)* oder Helium *(He)* benutzt. Um ein Durcheinander zu vermeiden, wird zunächst auf das WIG-Schweißverfahren eingegangen. Die MIG-Schweißung wird in F. u. A. 491 bis 500 behandelt. Lediglich in der Tafel für A. 468 werden Richtwerte für beide Schweißverfahren, WIG und MIG, gebracht.

Die Namen Argonarc und Sigma sind geschützte Bezeichnungen, z. B. entstand das firmengeschützte Wort „S.I.G.M.A." aus der Firmenbezeichnung „**S**hielded **I**nert **G**as **M**etal **A**rc". Es wurden daher andere, als neutral geltende Bezeichnungen festgelegt, und zwar für das Argonarc- (weil Argon als Schutzgas), das Heliarc- (weil Helium als Schutzgas) und ähnliche Verfahren (Lichtbogen zwischen Wolframelektrode – nicht abschmelzender Elektrode – und Werkstück im inerten Gasstrom) = **W**olfram-**I**nert-**G**as, abgekürzt WIG.

In England und Frankreich sowie darüber hinaus in den englischen und französischen Sprachräumen ist für WIG die Bezeichnung TIG (tungsten inert Gas welding) gebräuchlich.

Für das Sigma-, das Argomat- und ähnliche Verfahren (Lichtbogen zwischen stromführender abschmelzender Metallelektrode und Werkstück im inerten Gasstrom) = **M**etall-**I**nert-**G**as, abgekürzt MIG. In den nachfolgenden Ausführungen erscheinen, sofern es für notwendig gehalten wird, die Bezeichnungen Argonarc oder Sigma in Klammern.

Im Gegensatz zu der Arcatomschweißung (zwei Wolframelektroden) wird der Lichtbogen bei der *WIG*-Schweißung zwischen e i n e r Wolframelektrode und dem Werkstück gezogen. Als Schutzgas streicht Argon, Helium oder ein Gemisch dieser Gase um den Lichtbogen und schützt das Schmelzbad sowie den einschmelzenden Zusatzwerkstoff vor Oxydation durch Verhinderung des Zutritts von Sauerstoff und Stickstoff. Wird Zusatzwerkstoff benötigt, so wird dieser als Blankdraht von Hand wie bei der Gasschweißung oder automatisch dem Schmelzbad zugeführt. In beiden Fällen ist der zugeführte Schweißdraht stromlos.

Da in Europa keine ergiebigen Erdgasvorkommen zur Verfügung stehen, die Helium liefern können, wird in Europa vornehmlich Argon als Schutzgas verwandt. Argon wird bei der Zerlegung von Luft in einer Nebenkolonne der Lufterzeugungsanlage gewonnen, auf chemischem Weg gereinigt und mit einer Reinheit von 99,95% abgegeben.

Argon ist schwerer als Helium, verflüchtigt sich demgemäß nicht so schnell vom Schmelzbad, so daß geringere Mengen Argon als Helium benötigt werden.

Die Schutzgas-Lichtbogen-Schweißung mit Argon oder Helium dient hauptsächlich zum Schweißen von NE-Metallen, legierten und rost- sowie hitzebeständigen Stählen. Der Vorteil dieses Verfahrens liegt u. a. in der Erzielung qualitativ hochwertiger Schweißnähte und in den um das drei- bis vierfache höherliegenden Schweißgeschwindigkeiten. Allerdings muß auch die durch das Argon wesentliche Verteuerung der Schweißkosten berücksichtigt werden. Durch Schaltgeräte, Filterkondensatoren, Argonmengenmesser und Absperrventile usw. kann der Argonverbrauch herabgesetzt werden.

Zur Orientierung für den Leser:

Argonverbrauch:

Aluminiumblech

1,5 mm	3 bis 7 l/min
3 mm	4 bis 8 l/min
6 mm	6 bis 12 l/min
12 mm	12 bis 16 l/min

Kupfer

3 bis 10 mm	14 bis 21 l/min

Die Angaben gelten als Richtwerte.

461. Eine *Schweißstromquelle* (Schweißtrafo, Schweißumformer, Schweißgleichrichter), wobei Spezial-Stromquellen vorzuziehen sind, weil diese den Gas-

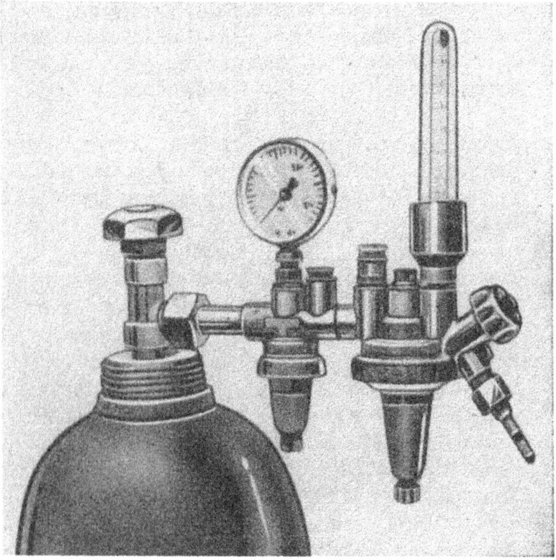

Zu Antwort 461

Bild 71. Druckminderer und Gasmengenmesser

verbrauch und das Schweißergebnis maßgebend beeinflussen. Vorhandene Schweißstromquellen müssen den Bedürfnissen der Schutzgas-Lichtbogen-Schweißung entsprechend umgebaut oder ergänzt werden.

Ein ***Argon-Schweißbrenner*** mit Schlauchpaket (für Strom, Wasser, Argon),

ein ***Druckminderer***, ein ***Gasmengenmesser***, der auch am Druckminderer angebracht sein kann (Bild 71),

Schweißargon (99,95%) in Stahlflaschen abgefüllt,

eine ***Kühlwasserzuleitung*** und ***-ableitung***,

Schläuche, Kabel, Doppelabsperrventil bzw. ***Sonderschaltgerät***,

ein ***Schweißerhelm*** und ***Lederhandschuhe*** als Strahlungsschutz und Schutz gegen Hochfrequenzströme.

Beim Benutzen eines Schweißtrafos wird zur Zündung und Stabilisierung zusätzlich ein *Hochfrequenzgerät* benötigt, das den jeweiligen Bestimmungen über den Betrieb von Hochfrequenzgeräten entsprechen muß.

Bild 72 zeigt eine WIG-(Argonarc-)Schweißanlage in ihrem schematischen Aufbau.

Aus Bild 73 ist der Aufbau einer WIG-Handschweißanlage zu ersehen.

Bild 74 stellt WIG-Schweißbrenner in verschiedenen Größen dar.

Bild 75 zeigt einen kleinen und handlichen WIG-Schweißbrenner. Er eignet sich besonders gut für Schweißarbeiten an schwer zugänglichen Stellen.

Die WIG-Schweißbrenner ähneln häufig in ihrem Aussehen den Gasschweißbrennern. Das Vorderteil des Brenners ist oft biegsam. Diese WIG-Schweißbrenner können daher überall dort angesetzt werden, wo die Zwangsposition eine besondere Brennerstellung erfordert (Bild 76).

Die fortschreitende Entwicklung der Schutzgasschweißung (Kurzzeichen: SG) führt zwangsläufig zur Entwicklung von Spezialgeräten. Bild 77 zeigt

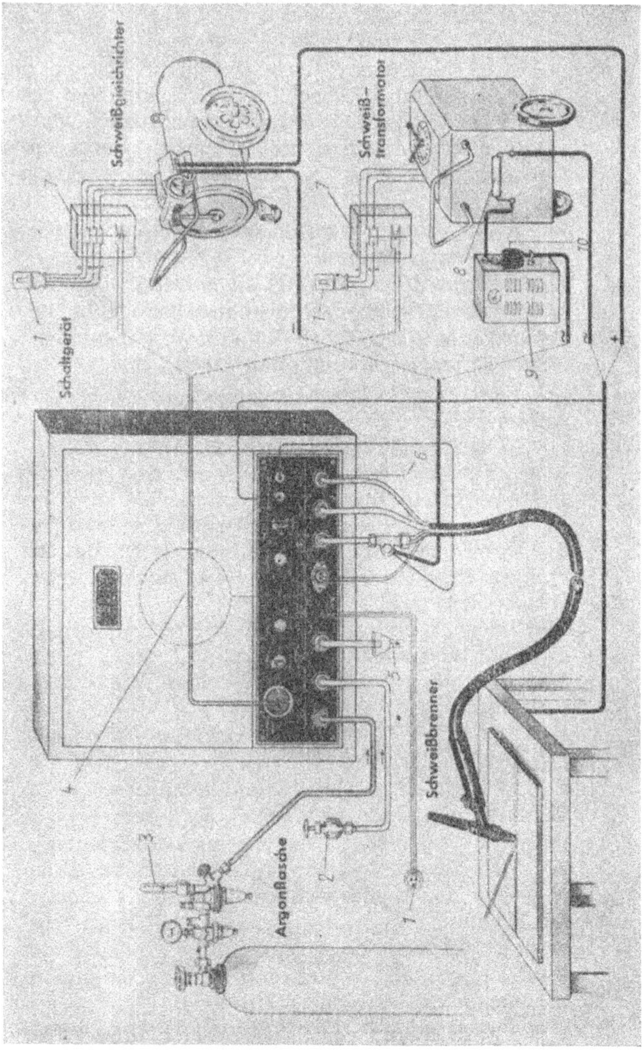

Zu Antwort 461

Bild 72. Schaltschema einer WIG-(Argonarc-) Schweißanlage

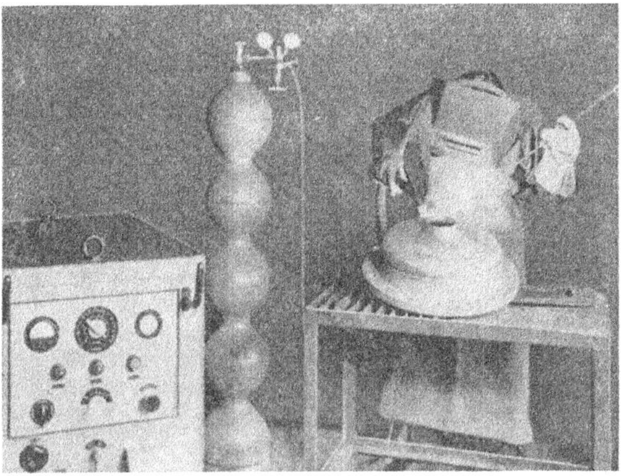

Zu Antwort 401

Bild 73. Gesamtansicht einer WIG-(Argonarc-)Handschweißanlage

ARMANEX mit eingebautem Schweißtransformator und Argon-Kugelstahlflasche

einen Rohreinschweißautomaten zum Einschweißen von Rohren unter Argonschutz ohne Zusatzwerkstoff. Einschweißzeit je nach Werkstoff und Rohrdurchmesser 20 bis 45 s. Der Rohreinschweißautomat kann an bereits vorhandene Schutzgasschweißanlagen angeschlossen werden. Ist eine solche nicht vorhanden, kann der Rohreinschweißautomat unter Verwendung eines Verteilerzusatzgeräts direkt an die Schweißstromquelle angeschlossen eingesetzt werden (Bild 78).

Einen WIG-Rohrschweißautomaten in der kompletten Zusammenstellung und auf einer Baustelle angesetzt zeigt Bild 79. Der Lichtbogen wird mit Hochfrequenz gezündet. Bei diesem Automaten wird auch die Rückseite der Schweißnaht mit Argon oder Mischgas bestrichen.

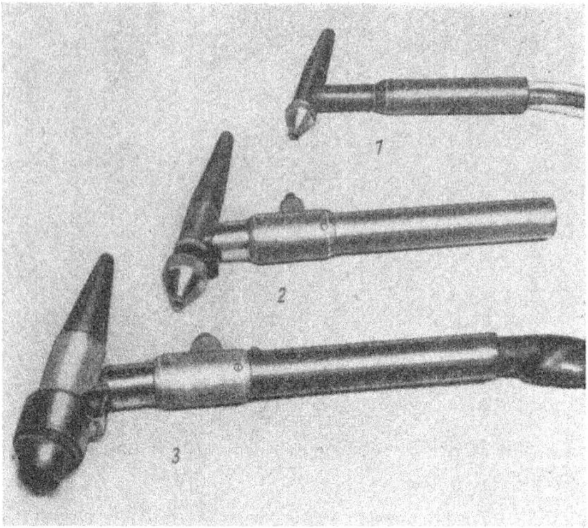

Zu Antwort 461
Bild 74. Argon-(WIG-)Schweißbrenner
1 150 A ungekühlt, 2 350 A wassergekühlt, 3 500 A wassergekühlt

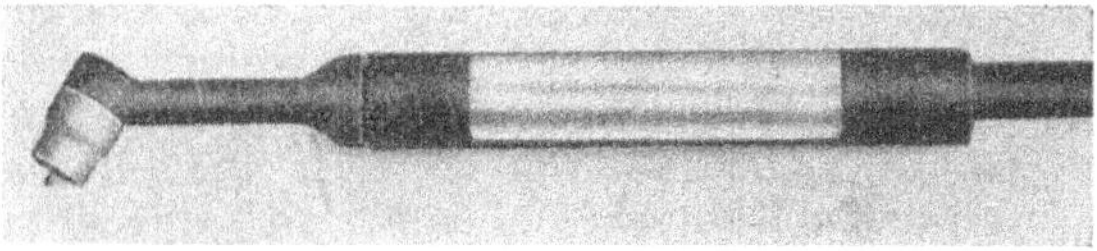

Zu Antwort 461
Bild 75. WIG-Kleinhandschweißbrenner AS 24. Gasgekühlt
Belastbarkeit: 75 A. Höhe des Brennkopfes etwa 25 mm

Der Arbeitsbereich liegt infolge der verschiedenen austauschbaren Rohrschweißköpfe zwischen 2 bis 340 mm Rohrdurchmesser und 0,4 bis 9 mm Wand-

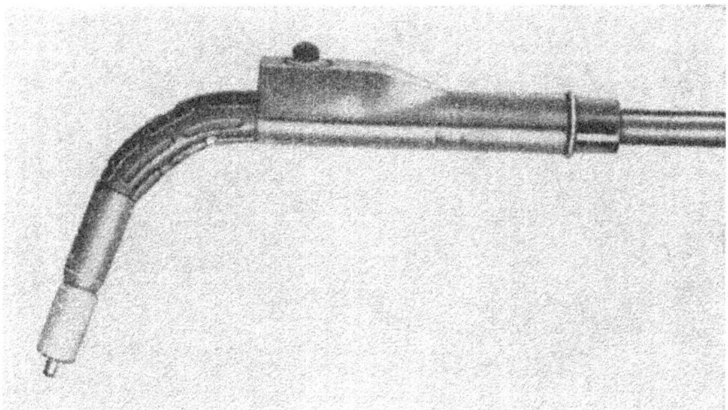

Zu Antwort 461

Bild 76. WIG-Handschweißbrenner AS 25. Mit biegsamen Vorderteil

Wassergekühlt. Belastbarkeit: 200 A

Zu Antwort 461

Bild 77. Rohrschweißautomat WSR II

Rechts: Teilansicht der Schutzgas-Schweißanlage

Zu Antwort 461

Bild 78. Rohreinschweißautomat mit Verteilerzusatzgerät

Zu Antwort 461

Bild 79. WIG-Rohrschweißautomat, ASEASVETS (Schweden), in allen Positionen einsetzbar. Rohrweiten 2 bis 340 mm

1 Schweißstromquelle, 2 Steuergerät, 3 Antriebseinheit für Rohrschweißkopf, 4 Rohrschweißkopf, 5 Fernregulierung zur Feineinstellung des Schweißstroms

dicke. Keine Schweißkantenvorbereitung. Kein Zusatzwerkstoff.

Auch Klein- und Mehrzweck-WIG-Geräte sind entwickelt worden. Bild 80 zeigt ein WIG-Bolzenanschweißgerät und Bild 81 ein WIG-Mehrzweckgerät, das als Grundgerät zum Schweißen durch Einfügung von Zusatzeinrichtungen zum WIG-Punkten und WIG-Brennschneiden eingesetzt werden kann. Bild 82 Ansicht eines WIG-Schneidbrenners.

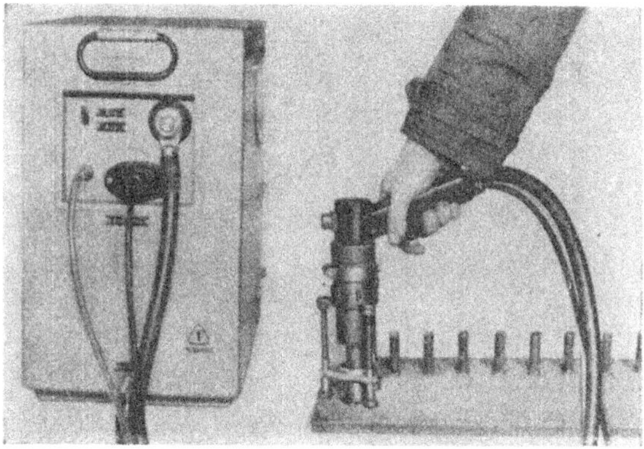

Zu Antwort 461
Bild 80. Schutzgas-(WIG-)Kleingerät zum Anschweißen von Bolzen
Stromart: Gleichstrom; Schutzgase: Argon, Helium, auch Kohlendioxid (CO_2)

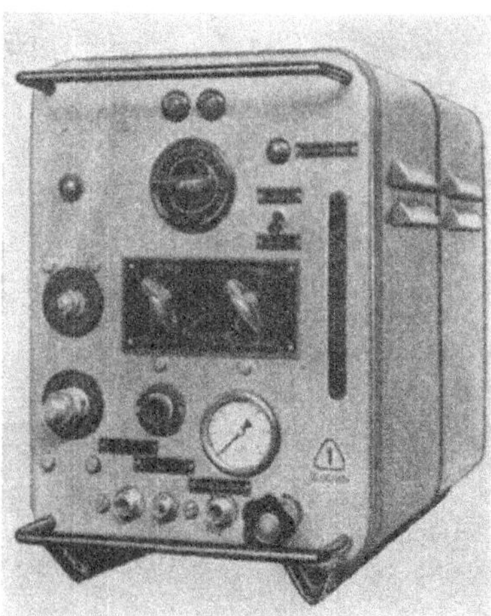

Zu Antwort 461
Bild 81. WIG-(Argonarc-) Grundgerät oder Mehrzweckgerät zum Schweißen, Punkten und Brennschneiden

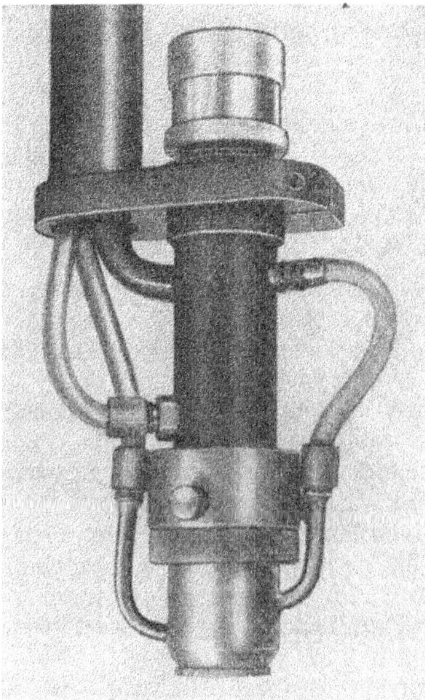

Zu Antwort 461

Bild 82. WIG-(Argonarc-) Schneidbrenner

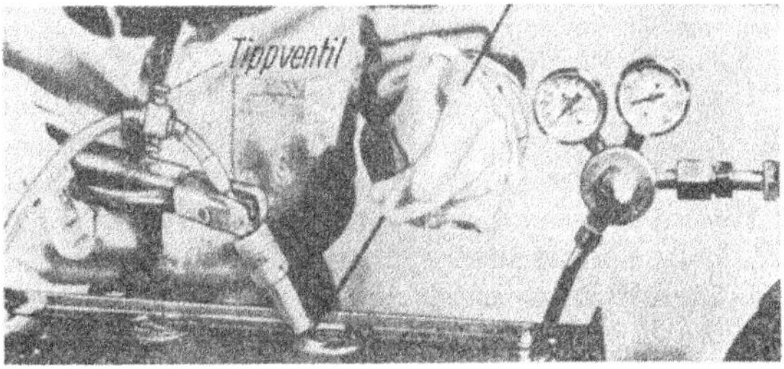

Zu Antwort 461

Bild 83. Einfaches WIG-Gerät (USA)
Brenner wird an normalen Elektrodenhalter angeschlossen

Ein sehr einfaches und von anderen Konstruktionen vollkommen abweichendes WIG-Gerät zeigt Bild 83.

Der Brenner wird an den Elektrodenhalter angeschlossen. Schweißstromstärke bis 200 A. Ein Druckminderer regelt die Argonzuführung. Schweißstrom und Gaszuführung durch getrennte Kabel. Gaszuführung und Gasunterbrechung wird durch ein Tippventil geregelt.

462. Bei der WIG-(Argonarc-)Schweißung mit Wechselstrom tritt bei Metallen mit dichten, festen Oxidschichten, wie Aluminium und dessen Legierungen, eine sog. Gleichrichterwirkung auf.

Die verschieden großen Elektronenemissionen (bei positiver oder negativer Halbwelle) der stark erhitzten Wolframelektrode und des Schweißbads sind hierfür als Ursache anzusehen.

Bei der positiven Halbwelle an der Elektrode werden weniger Elektronen aus dem Schweißbad ausgesandt, was einem größeren Widerstand gleichkommt und zur Unterdrückung der positiven Halbwelle führt.

Da jedoch nur die positive Halbwelle die Oxidschichten zertört, werden die guten Eigenschaften des Wechselstroms vermindert.

Durch Einschalten von Filterkondensatoren (Siebkondensatoren) in den Schweißstromkreis, die für Gleichstrom einen sehr großen, für Wechselstrom aber einen sehr geringen Widerstand darstellen, wird die schädliche Gleichrichterwirkung des Lichtbogens unterdrückt.

Die hierdurch entstehende hohe Reinigungswirkung durch leichtere Zerstörung der Oxidschicht bei positiver Halbwelle führt zur Einsparung von Argon bis zu 40%. Außerdem kann die Schweißgeschwindigkeit erhöht werden.

Es wurde beobachtet, daß bei Schweißtransformatoren nach längerem Gebrauch zur WIG-(Argonarc-)

Schweißung *ohne Anwendung von Filterkondensatoren* durch die vom Lichtbogen herbeigeführte Gleichrichterwirkung eine Art Alterung und somit eine Verschlechterung der Schweißeigenschaften eintrat.

463. Schweißstromquellen für die WIG-(Argonarc-) Schweißung mit Gleichstrom müssen stets eine steile Stromspannungskennlinie haben.

464. Kleinste Reste von noch vorhandener Luft machen das Argon für Schweißzwecke unbrauchbar.
Neue, bisher ungebrauchte Argonflaschen müssen, ehe diese mit Schweißargon gefüllt werden, getrocknet und mit einem trockenen, von Sauerstoff freiem Gas gespült werden. Bei bereits im Umlauf befindlichen Flaschen wird das Eindringen von Luft oder anderen Verunreinigungen durch die Vorschrift, die Schweißargonflasche nicht unter 1,5 at zu entleeren, verhindert. Die Anweisung, die Schweißargonflasche nicht unter 1,5 at zu entleeren, muß demnach stets beachtet werden, um eine kostspielige und zeitraubende Spülung der Flaschen im Lieferwerk zu ersparen. Druckbegrenzungsventile verhindern die völlige Entleerung der Argon-Stahlflaschen.

465. Bei den Schweißarbeiten wird eine hohe Wärme erzeugt, die eine Wasserkühlung des Brenners wie auch der Kabel (Schweißleitung) notwendig macht. Auf sauberes Wasser ist zu achten. Bei einem Wasserdruck von über 4 at ist ein Druckregler zwischenzuschalten, um ein Beschädigen der Schläuche zu vermeiden. Bei Wassermangel wird der Schweißstrom automatisch unterbrochen. Bei Schweißstromstärken etwa unter 200 A kann auch ohne Wasserkühlung gearbeitet werden. Hierzu sind besondere Schweißbrenner entwickelt worden. Wo ein direkter Wasseranschluß nicht vorhanden ist (z. B. Montagen), stehen Zusatzgeräte zur Verfügung (Bild 84).

Zu Antwort 465
Bild 84
Argonarc-(WIG-)Schweißanlage mit Wasserzusatzgerät

466. Alle technisch nutzbaren Metalle, in erster Linie jedoch:

Aluminium und dessen Legierungen,
Magnesium und dessen Legierungen,
Kupfer und dessen Legierungen,
beruhigter Kohlenstoffstahl,
niedriglegierte Stähle,
rost- und hitzebeständige Stähle,
Nickel, Gußeisen, Monel, Silber, Titan, Molybdän.

467. Im allgemeinen wird die NL-Schweißung (von rechts nach links) angewandt. Jedoch gibt es auch Ausnahmen, z. B. kann bei der Auftragschweißung

NL oder NR geschweißt werden. Neuerdings spricht man auch von einer *Vorhand-* und *Rückhand*-schweißung.

468. *Gleichstrom:* Elektrode am Minuspol. Diese Polung ergibt tiefen Einbrand im Grundwerkstoff bei geringem Elektrodendurchmesser. Nur in seltenen Fällen, z. B. beim Verschweißen von Leichtmetall-Legierungen unter 0,3 mm Dicke, kann bei niedrigsten Schweißstromstärken die Elektrode plusgepolt werden.

Wechselstrom: Mit Hochfrequenzgerät vorteilhaft für Aluminium, Magnesium und deren Legierungen sowie Aluminiumbronzen. Nachstehende Tafel von Dr.-Ing. Mantel enthält für verschiedene Werkstoffe die Angaben über die günstigsten Schweißstrom- und Polungsarten. In eckige Klammern gesetzt ist die Stromart, die in Ausnahmefällen angewandt werden kann.

Werkstoff	WIG	MIG
Al und Legierungen	~ [= (+)]	= (+)
Mg und Legierungen	~ [= (+)]	= (+)
Cu; CuSn und CuZn; CuNi-Legierungen	= (—)	= (+)
CuSi-Legierungen CuAl-Legierungen	= (—); ~	= (+)
Ni; Ni-Legierungen Ag	= (—)	= (+)
Mo; Mo-Legierungen	= (—)	= (+)
Ti; Ti-Legierungen	= (—)	= (+)
Stahl	= (—)	= (+) [= (—)]
Korrosions- und hitzebeständige Stahllegierungen	= (—)	= (+) [= (—)]
Hartmetalle	= (—)	

469. Durch Schweißerhelm und Lederhandschuhe. Der Farbton des jeweils eingesetzten Schutzglases richtet sich nach der Intensität des Lichtbogens. Je höher die Schweißstromstärke, desto dunkler das Glas. Vor das Farbglas hitzebeständige Gläser einbauen. Augenverletzungen durch Splittern des Glases infolge Hitzeeinwirkung damit nicht möglich.

470. a) Ein guter Schweißer, der ja bei einer Handschweißung immer das A und O für den Erfolg ist.

b) Gründliche Reinigung der Stoßkanten, die mit einer Stahlbürste von Hand oder mit rotierender Welle vorgenommen werden kann.

c) Gute Schweißkantenvorbereitung.

d) Bei Aluminium und dessen Legierungen Schweißkanten mit Tetrachlorkohlenstoff oder Trichlor-Äthylen entfetten, in alkalischer Lösung beizen, mit kaltem Wasser nachspülen. Bei Benutzung von Trichlor-Äthylen sind die Hinweise in F. u. A. 196 zu beachten.

e) Bei allen Werkstoffen auf einen *sehr sauberen Zusatzwerkstoff achten,* da sonst schlechtes Schweißgut. Drahtoberfläche muß metallisch blank und völlig fettfrei sein.

471. Es ist zu beachten:

a) Die Düse muß außen stets sauber sein und eine einwandfreie Form aufweisen. Die Spritzer, die sich in der Düsenbohrung während des Schweißens festgesetzt haben, müssen mit einer Spezialreinigungsnadel oder einer Ahle entfernt werden. Es kann sonst Wirbelwirkung eintreten, die den Argonschutz stark herabsetzt.

b) Dichte Schutzgasleitungen. Während der Arbeitspausen bilden sich sonst Luftsäcke, die das Schutzgas verunreinigen und beim Schweißen die Güte der Schweißung stark beeinträchtigen, wenn nicht sogar die Schweißnaht ganz unbrauchbar machen.

c) Dichte Kühlwasserleitung im Brenner, *im kalten wie im warmen Zustand des Brenners.* Sonst Gefahr, daß Schutzgas Wasser mitreißt, Schweißnaht wird unbrauchbar.

d) Genaue Dosierung des Argonstroms, wobei die Angaben der Herstellerwerke zu beachten sind.

472. I-, V-, X-Naht, Bördel-, Überlapp-, Kehl- und Ecknähte.

473. In allen Positionen, auch vertikal und überkopf.

474. Im allgemeinen über 6 mm Werkstoffdicke. Durch den Einsatz besonderer Brenner ist es aber möglich, z. B. bei Aluminiumblechen auch über 6 mm bis etwa 15 mm in einer Lage zu schweißen. Bei diesen Werkstoffdicken ist aber das MIG-(Sigma-)Verfahren vorzuziehen und vor allem wirtschaftlicher anwendbar.
Bei der Stahlschweißung ist der Zunder, der sich beim Abkühlen an der Luft bildet, vor dem Aufbringen einer neuen Lage mit der Stahlbürste zu entfernen.

475. Die doppelseitige WIG-Schweißung wird mit zwei Brennern an senkrechter Position in Einlagenschweißung durchgeführt. Die Arbeitsstellung der Brenner zeigt Bild 85.
Durch die *zweiseitige* Wärmeeinbringung in das Werkstück ist eine Vorwärmung meist nicht notwendig. Schmalere Schweißnähte, geringerer Verzug als bei der Mehrlagenschweißung.
Schmelzbad wird beiderseitig mit Argon abgeschirmt, daher Porenbildung oder Oxideinschlüsse bei richtiger Durchführung der Schweißarbeit fast ausgeschlossen. Zwei aufeinander gut eingespielte Schweißer notwendig.

Schweißkantenvorbereitung und Luftspalt zeigt Bild 86 mit Tafel. Die doppelseitige WIG-Schweißung kann auch bei legierten Stählen wie V2A und V4A eingesetzt werden. Bild 87 zeigt die praktische Anwendung der doppelseitigen WIG-Schweißung.

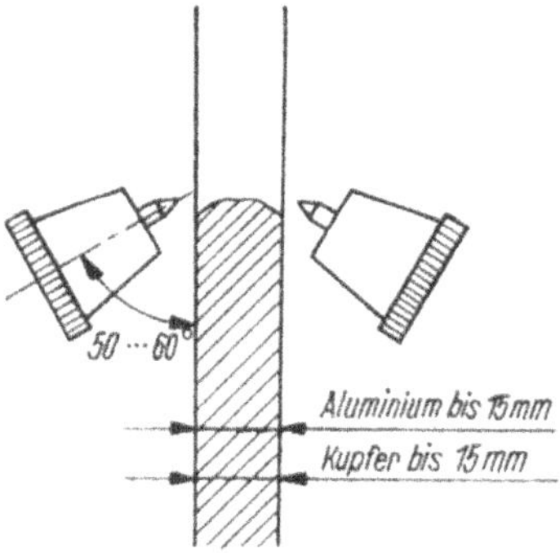

Zu Antwort 475

Bild 85. Doppelseitige WIG-(Argonarc-)Schweißung mit zwei Brennern

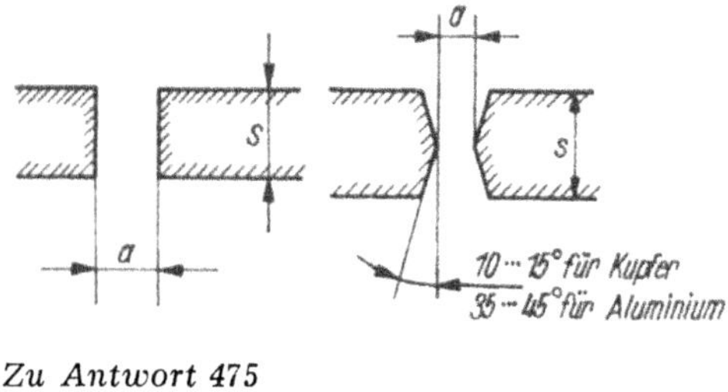

Zu Antwort 475

Bild 86. Schweißkantenvorbereitung und Luftspaltbreite für die doppelseitige WIG-(Argonarc-)Schweißung bei Kupfer und Aluminium

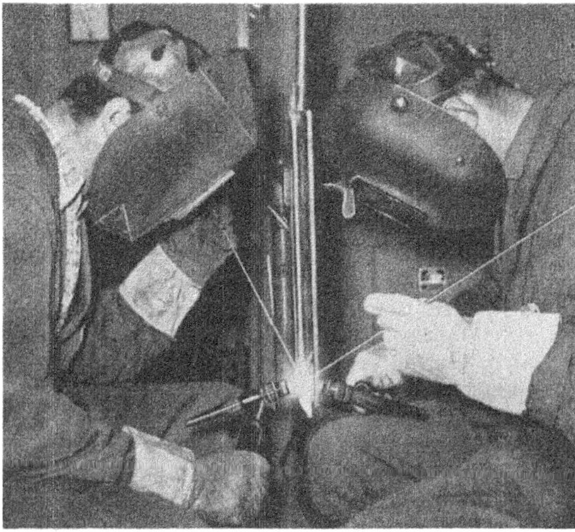

Zu Antwort 475

Bild 87. Stellung der Brenner: 50 bis 60° zur Blechebene geneigt. Stets in gleicher Höhe halten; Stellung der Schweißer: vor der Schweißnaht, gute Sicht auf das Schweißbad; Längsnähte: Anfang- und Endstelle bei Längsnähten mit Vorschweißblech versehen, sonst Wärmestauungen und Überhitzungen am unteren und oberen Blechende oder niedrigere Schweißstromstärke bei Anfang- und Endstelle; Lichtbogen: kurzhalten; Brennerhaltung: ruhig, seitliches Pendeln nicht notwendig

476. Beim Schweißen von Leichtmetallen mit Wechselstrom darf die Zündung nicht durch Berühren der Wolframelektrode mit dem Werkstück erfolgen, da sonst die Elektrode auflegiert und die Schweißung unmöglich gemacht wird. Zum Zünden ohne Berührung wird daher Hochfrequenzüberlagerung benutzt, so daß bei genügender Annäherung der Elektrode an das Werkstück der Lichtbogen zündet. Heißbrennen der Elektrode auf einem Stück Wolfram oder Kupfer, das man sich neben die Schweißnaht legt, ist zu empfehlen.

Wenn durch die Ungeschicklichkeit des Schweißers trotzdem eine Berührung der Wolframelektrode mit dem Werkstück erfolgt, muß das nun verdorbene Elektrodenende vor Fortführung des Schweißvorgangs abgeschliffen und gereinigt werden, da mit einer auflegierten und verunreinigten Elektrode nicht gearbeitet werden kann. (Unerwünschte Wanderung des Lichtbogens, Verunreinigung des Schmelzbads.)

Beim Schweißen mit Gleichstrom — Elektrode am Minuspol — ist die Zündung auf Stahl, Kupfer und Nickellegierungen möglich. Bei beiden Stromarten empfiehlt sich zu Beginn der Arbeit ein Heißbrennen der Elektrode auf einer Zündplatte, die zweckmäßig aus Kupfer bestehen soll.

477. Weil dadurch eine Verunreinigung der Wolframelektrode eintritt, was einmal zu einer sehr unerwünschten Wanderung des Lichtbogens, zum anderen zu einer Verunreinigung des Schmelzbads führt.

478. Nach Löschen des Lichtbogens entwickelt sich am Ende der Wolframelektrode feiner, weißer Rauch, was darauf zurückzuführen ist, daß die Elektrode durch Hinzutritt von Luft oxydiert ist. Die Elektrode muß daher im Argonstrom abgekühlt werden. Ein schwarzer Belag neben der Naht bei Aluminium und dessen Legierungen deutet auf eine oxydierte Elektrode hin.

479. Bei Stumpf- und Kehlnähten etwa 3 mm, bei V-Nähten bis 12 mm.

480. Die Standzeit einer 175 mm langen Wolframelektrode beträgt mindestens 30 Schweißstunden.

481. Mancherlei. Unter anderem:

Peinliche Sauberkeit bei Lagerung und Behandlung der Wolframelektroden. Ölige, fettige oder schmutzige Elektroden verunreinigen das Schmelzbad und beeinflussen die Güte der Schweißverbindung.

Wolframelektroden sollen nicht abgebrochen, sondern mit einer Zange abgekniffen werden. Zackiger Bruch erzeugt unruhigen Lichtbogen. Verbogene Wolframelektroden verursachen gleichfalls einen unruhigen Lichtbogen. Beim Anspitzen der Elektrode – Spitzenlänge etwa 2,5mal Elektrodendurchmesser – muß eine Schleifscheibe, die eine sehr große Oberflächenfeinheit ergibt, verwandt werden. Der beste Wirkungsgrad wird mit *polierten* Elektrodenspitzen erzielt. Scharfe Spitzen für kleine und kleinste, abgerundete Spitze für normale Schweißströme. Abgerundete Spitze – flacher Einbrand, scharfe Spitze – tiefer Einbrand, größere Abnutzung der Wolframelektrode. Die Elektroden werden nur bei Gleichstrom angespitzt. Bei Wechselstrom bleiben die Enden stumpf.

Der Wolframlichtbogen soll nicht durch Berührzündung auf Kohle erfolgen. Kohle legiert sich mit Wolfram, die Elektrode schmilzt ab, bzw. es entsteht ein unruhiger Lichtbogen.

Bei Beendigung des Schweißprozesses muß so lange Argon nachströmen, bis die Spitze der Wolframelektrode nur noch schwach glüht. Eine unter Argon abgekühlte Wolframelektrode hat einen blanken Silberglanz.

Beim Schweißen von Werkstoffen, bei denen Einschlüsse von Wolfram untersagt sind (Bau von Kernreaktoren und allen Anlagen, die mit strahlenden Medien in Berührung kommen), müssen besonders gute, geübte und geschickte Schweißer eingesetzt werden, die die Gewähr dafür bieten, daß eine Berührung der Elektrodenspitze mit dem Schmelzbad nicht zustande kommt. Kommt eine Berührung doch einmal zustande, *so ist die Elektrode sofort gegen eine neue angeschliffene auszuwechseln.* Durch Verringerung der Schweißstromstärke kann die Schweißgeschwindigkeit verlangsamt und dadurch auch die Gefahr der Berührung zwischen Elektrode und Schmelzbad verringert werden. (Auch hier wieder: Nicht Quantität, sondern Qualität!)

482. Daß der Lichtbogen und der Schutzgasmantel vor Wind geschützt werden.

483. Nein! Bei den Leichtmetallen ist kein Flußmittel erforderlich. Die Oxidhaut wird durch Elektronenaussendung während derjenigen Halbphase, wo die Elektrode am Pluspol liegt, zerstört. Bei Wechselstrom wird die Oxidhaut nur durch die positiven Halbwellen zerstört. Da das Edelgas das Schmelzbad lückenlos umgibt, ist eine erneute Oxydation während des Schweißens nicht möglich. Auch bei anderen Werkstoffen ist ein Flußmittel nicht erforderlich. Lediglich beim Schweißen von Kupfer wird die Anwendung eines Flußmittels empfohlen.

484. Die Werkstoffe müssen vorgewärmt werden. Die Höhe der Vorwärmtemperatur hängt ab von der Werkstoffdicke, Drahtdicke, Schweißstromstärke, Schweißgeschwindigkeit (Geschicklichkeit des Schweißers).

Richtwerte für Werkstoffdicken:

10 bis 15 mm	150 °C
15 bis 20 mm	250 bis 300 °C
20 bis 30 mm	300 bis 400 °C

Dickere Zusatzdrähte ermöglichen Einsatz einer höheren Lichtbogenenergie, was den Vorwärmbedarf verringert.

485. Die Streifen, aus dem Grundwerkstoff geschnitten, werden überhitzt und oxydieren leicht. Blechstreifen können außerdem nie eine so saubere Oberflächenbeschaffenheit aufweisen wie der gezogene Draht mit einer sauberen und glatten Oberfläche.

486. Einige Ursachen für poröse Aluminium-Schweißnähte:

Unsaubere Schweißkanten, unsaubere oder lange Zeit in feuchten Räumen gelagerter Zusatzwerkstoff.

Grundwerkstoff enthält zuviel Wasserstoff. Derselbe zieht sich beim Schweißen zu kleinen Bläschen zusammen und kann infolge der raschen Abkühlung des Schweißguts nicht immer entweichen. Geringe Schweißstromstärke. Kaltschweißstellen. Ungenügendes Durchschweißen.

Überhitzen des Werkstücks oder Schweißdrahts. Durch Verdampfen des Grund- oder Zusatzwerkstoffs entstehen blasenähnliche Hohlräume.

Unstabiler Lichtbogen und vom Lichtbogen mitgerissene Gase können eine Porosität erzeugen, die zu einer schaumartigen Durchsetzung des Schmelzbads mit Gasblasen führen kann. Undichte Schlauchleitungen. Bei Arbeitspausen wird das Schutzgas verunreinigt.

Vorlaufen der Schweißschmelze. Überschweißen von vorgerollten Schmelzkugeln.

487. a) Die vorgeschriebene Schweißstromstärke ist genau einzuhalten,

b) Vorwärmen auf etwa 150 bis 250 °C,

c) Mehrlagenschweißung, wobei die Länge der einzelnen Lagen aus spannungstechnischen Gründen nicht zu weit ausgedehnt werden sollte.

488. Der Lichtbogen ist besonders kurz zu halten.

489. Beim Schweißen von Kupfer wird ein Flußmittel benötigt. Das Flußmittel wird nicht zum Schutz des

Schmelzbads benötigt, sondern um den Grundwerkstoff zu desoxydieren.

Wirkung des Flußmittels nur bei Einlagenschweißung. Bei Mehrlagenschweißung Entfernen der Flußmittelreste und Neubestreichen der Schweißkanten zu empfehlen. Überschweißte Flußmittelreste ergeben Schlackeneinschlüsse.

Auch die Zusatzwerkstoffe sollten desoxydierende Bestandteile erhalten.

Ab 5 mm Werkstoffdicke ist Vorwärmung notwendig, die je nach Werkstoffdicke 250 bis 650 °C betragen soll. Zu hohe Vorwärmung ergibt Verzunderung der Schweißstellen. Verzunderung kann Schlackeneinschlüsse ergeben.

Beim Schweißen von Kupfer und Kupferlegierungen bei Schweißstromstärke über 400 °C Gefahr einer Metallvergiftung. Atemhalbmaske mit Filter für Metallrauche verwenden. Außerdem für gute Belüftung des Raumes sorgen.

490. Grauguß ist gut WIG-schweißbar. Beim WIG-Schweißen entsteht bei Grauguß im Gegensatz zur normalen Lichtbogen-Schweißung kein Ausbrand von Kohlenstoff und Silizium. Die Schweißgeschwindigkeit ist über das Zweifache höher als bei der Lichtbogen-Handschweißung.

Zusatzwerkstoff: Blankdraht mit etwa 0,1% C. Auch Monelelektroden.

Schweißposition: Vorzugsweise waagerecht, aber auch senkrecht und überkopf.

Stromart: Gleichstrom (– Pol), Wechselstrom HF.

Schweißverbindung mit anderen Stahlsorten und Metallen möglich.

Infolge der hohen Erwärmungs- und Abkühlungsgeschwindigkeiten ist mit Aufhärtung und Rißbildung zu rechnen. Es wird daher oft eine Vorwärmung von 250 bis 650 °C je nach Form des Werkstücks empfohlen. Vorherige Versuche angebracht. Durch Auftragschweißen können verschiedene Me-

talle auf Grauguß aufgeschweißt werden. Schweißrichtung: NL und NR.
Auf geringes Aufschmelzen des Grundwerkstoffs achten. Auftragzusatzwerkstoff in dünnen Lagen auftragen.
Vor dem Schweißen Schweißkanten oder Schweißflächen von Öl und Fett gut reinigen. Bei Verwenden von chlorhaltigen und ähnlichen Reinigungsmitteln gut abtrocknen, da sonst beim Schweißen durch Phosgenbildung Vergiftungsgefahr.

Zu Antwort 490

Bild 88. Schweißen von Brennkammern mit WIG-Schweißverfahren

Stromart: Gleichstrom, Minus-Pol, Schweißstromstärke 140 A
Durchmesser: 50 mm, Wanddicke 6 mm
Schweißverbindung: V-Naht
Stückzahl: 100 Stück in 95 min

Das WIG-Schweißen von Grauguß wird nicht nur in der Reparatur, sondern auch in der Neuproduktion angewandt. Bilder 88 und 89 zeigen das Schweißen von Brennkammern für Kleindieselmotoren. Die Brennkammer ist in einer mechanisch drehbaren Schweißvorrichtung gespannt. Lichtbogen ist nicht gezündet, um Stellung des WIG-Brenners und Schweißdrahts gut sichtbar zu zeigen. Schweißer trägt keine Lederhandschuhe, da es sich nicht um eine Aufnahme *während* des Schweißens handelt.

491. Bei der *WIG*-(Argonarc-)Schweißung wird der Lichtbogen zwischen dem Werkstück und einer im Brenner eingespannten Wolframelektrode – fast ausschließlich mit Thorium legiert – gebildet. Thorium verbessert die Zündwilligkeit und erhöht die Lebensdauer der Wolframelektrode. Es kann mit oder ohne Schweißdraht geschweißt werden. Der Zusatzwerkstoff wird bei der WIG-Handschweißung ähnlich wie bei der Gasschweißung von Hand dem Schmelzbad zugeführt (Bild 90). Gasschweißer eignen sich besonders gut für dieses Verfahren.

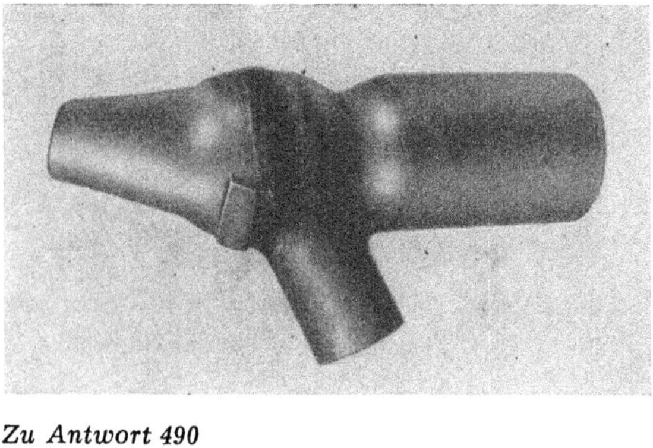

Zu Antwort 490
Bild 89. Brennkammer geschweißt
Nacharbeit der Schweißnaht nicht erforderlich

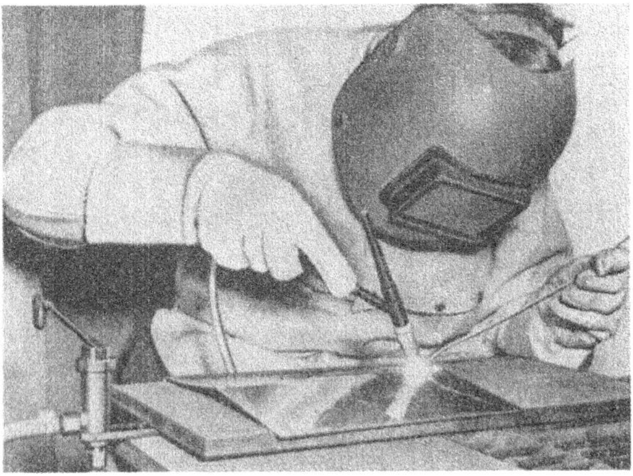

Zu Antwort 490

Bild 90. WIG-(Argonarc-)Schweißer, Werkstoff: Aluminium

Bei der Automatenschweißung wird der Zusatzwerkstoff dem Schmelzbad automatisch zugeführt (Bilder 91 und 92).

Bei der *MIG*-(Sigma-)Schweißung wird der Lichtbogen zwischen dem Werkstück und dem als Zusatzwerkstoff abschmelzenden Schweißdraht gebildet. Der Drahtvorschub im Brenner erfolgt automatisch, wodurch die Schweißgeschwindigkeit außerordentlich gesteigert werden kann (Bilder 93 bis 95). Mit Recht zählt daher dieses Verfahren zu den Hochleistungs-Schweißverfahren.

Beide Verfahren – a) zwischen nicht abschmelzender Wolframelektrode und Werkstück Bildung des Lichtbogens (WIG), b) zwischen abschmelzender Elektrode und Werkstück Bildung des Lichtbogens (MIG) – arbeiten mit dem Schutzgas Argon oder Helium. Beide Verfahren können von Hand oder automatisch angewandt werden.

Zu Antwort 490

Bild 91. WIG-Schweißkopf mit automatischer Drahtzuführung

Auftragschweißen von Bronze auf Gußeisen

Bei dem WIG-Schweißverfahren kann mit Gleichstrom oder Wechselstrom, beim MIG-Schweißverfahren nur mit Gleichstrom geschweißt werden. Unter 3 mm Werkstoffdicke wird vorwiegend WIG-geschweißt, jedoch können mit Hilfe der Kurzlichtbogentechnik auch dünnere Bleche MIG-geschweißt werden. Beide Verfahren – die MIG-Stahlschweißung aber nur nach dem Kurzlichtbogenverfahren – können in allen Schweißpositionen angewendet werden.

492. Bei der *Sprühlichtbogentechnik* – angewendet bei größeren Blechdicken etwa ab 5 mm Werkstoffdicke – wird mit *hohen Schweißspannungen* gearbeitet. Die Strombelastung der Elektrode, also des

Zu Antwort 491

Bild 92. WIG-(Argonarc-)Schweißautomat. Mit Kamera und Fernsteuerung. Bauart: UdSSR

1 Schweißautomat, 2 Kamera, 3 Schalt- und Steuergerät mit Bildschirm

Schweißdrahts, ist so hoch zu wählen, daß ein kurzschlußfreier Werkstoffübergang erreicht wird.
Der Schweißdraht geht *sprühend* zum Werkstoff über.
Bei der *Kurzlichtbogentechnik* wird mit *geringeren Schweißspannungen* gearbeitet, z. B. 19 V bei 100 A oder 22 V bei 200 A.

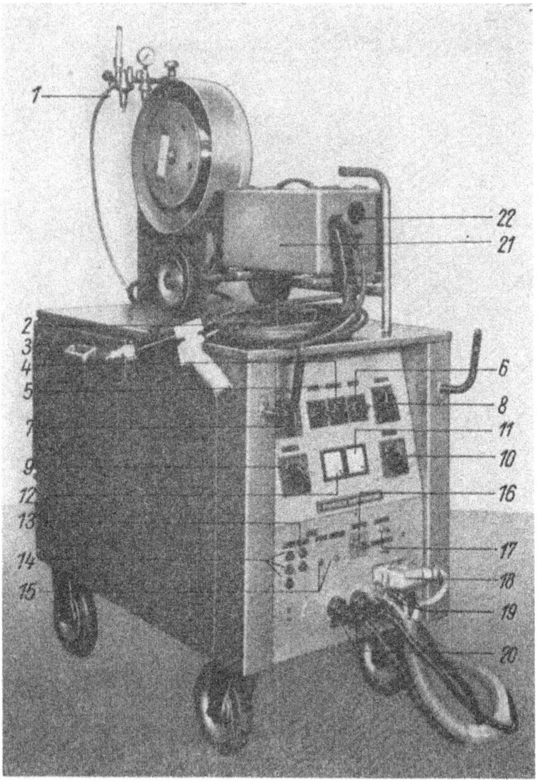

Zu Antwort 491

Bild 93. Automatisches MIG-Schutzgasschweißgerät „Argomat“

1 Druckminderer m. Mengenmesser, **2** Brenner, **3** Schubfach f. Zubehör, **4** Wahlschalter Gasnachströmung, **5** Hauptschalter, **6** Wahlschalter Elektrode-Schutzgas, **7** Kennlinienumschalter, **8** Schweißstrom-Bereichumschalter, **9** Grobstufenschalter, **10** Feinstufenschalter, **11** Amperemeter, **12** Voltmeter, **13** Steuersicherungen, **14** Netzsicherungen, **15** Motorenschutzschalter f. Ventilator u. Wasserpumpe, **16** Potentiometer f. Schweißzeitbegrenzung, **17** Kippschalter PUNKTEN-SCHWEISSEN u. IMPULS-DAUERKONTAKT, **18** Steuerkabelstecker 16polig, **19** Anschlüsse f. Wasser u. Gas, **20** Schweißstromkabelanschluß, **21** Drahtvorschubgerät, **22** Drahtvorschubregler

Zu Antwort 491
Bild. 94. Tragbare MIG-Schweißanlage

Hierzu sind Sonderstromquellen erforderlich (Schweißumformer oder Schweißgleichrichter), die besondere Einrichtungen, wie variable Charakteristik und veränderliche Drossel, enthalten. Mit niedriger werdender Schweißspannung wird der Werkstoffübergang „kälter“, er ist nicht mehr kurzschlußfrei. Je Sekunde entstehen im Durchschnitt etwa 100 Kurzschlüsse. Beim Verwenden dünner Schweißdrähte zwischen 0,6 und 1,2 mm Dicke können mit diesem besonderen MIG-Verfahren auch dünne Bleche und Wurzelnähte in allen Positionen geschweißt werden. Auch größere Schweißspalte sind leicht überbrückbar. Geringe Schrumpfspannungen und geringer Verzug. Fast spritzerfreies Schweißen. Hohe Abschmelzleistung.
Zum MIG-Dünndrahtschweißen mit dem Kurzlichtbogen können Sonderbrenner verschiedener Bauart verwendet werden. Bild 96 zeigt einen gebogenen Schweißbrenner mit der üblichen Drahtzufuhr durch einen biegsamen Schlauch.

Zu Antwort 491
Bild 95. Einsatz der MIG-Schutzgasschweißung beim Schweißen von Moped-Lenkköpfen

Auf Bild 97 ist dagegen ein Gerät dargestellt, in dessen Handgriff der Vorschubmotor untergebracht und das mit einer kleinen Zusatzdrahtspule kombiniert ist.

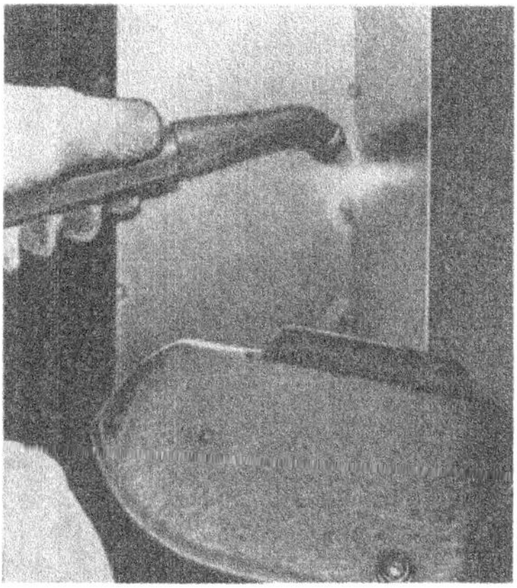

Zu Antwort 492
Bild 96. MIG-Kurzlichtbogen-Schweißbrenner
Schweißen einer Kehlnaht an Dünnblechen

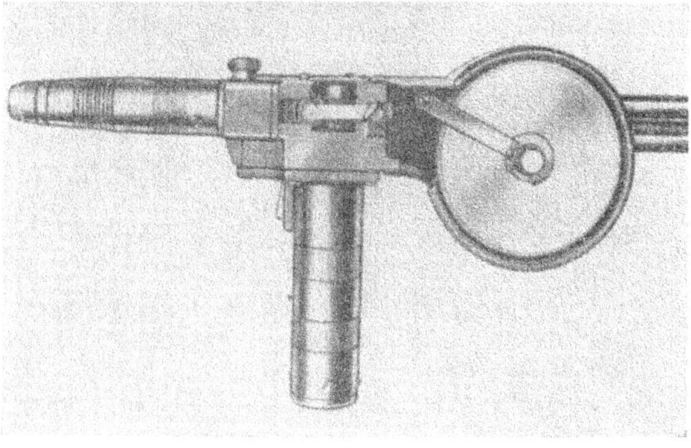

Zu Antwort 492
Bild 97. MIG-Dünndraht-Schweißbrenner mit eingebautem Vorschubmotor und Zusatzdrahtspule
Sehr gut geeignet für weiche Leichtmetalldrähte

493. Es können Schweißverbindungen an Massenbaustählen, an hochlegierten Stählen, an Aluminium und dessen Legierungen auch bei dünnen Werkstoffdicken durchgeführt werden, die bisher der Lichtbogen-Handschweißung oder der WIG-Schweißung vorbehalten waren. Alle Schweißpositionen werden beherrscht, wobei vor allem die Wurzelschweißung und die Fallnaht große Vorteile bringen. Die Schweißleistungen liegen gegenüber der Lichtbogen-Handschweißung wesentlich höher.
Das Verfahren kann eingesetzt werden: MIG-Argon, MIG-Mischgas, MIG-CO_2 (z. B. Coxogen, Corgon).

494. Die MIG-Schweißung mit Sprühlichtbogen wird bei hohen Werkstoffdicken angewandt. Als Richtlinie kann für Stumpfnähte angenommen werden:

Al	Cu	korrosionsbeständige Stähle
ab 6 mm	4 mm	7 mm

Mit dem Sprühlichtbogen können auch dünnere Blechdicken einwandfrei beherrscht werden. Beim Schweißen auf Unterlage können mit dem leistungsstärkeren Sprühlichtbogen auch geringere Werkstoffdicken, als in der Tafel angegeben, stumpf geschweißt werden. Dies gilt auch für Kehlnähte, da ein Durchbrechen des Schmelzbads nicht so leicht möglich ist.
Bei dickeren Blechen mit Schweißkantenvorbereitung wird zweckmäßig die Wurzel mit Kurzlichtbogen vorgelegt, um eine Sicherung gegen das Durchbrechen des Schmelzbads beim Sprühlichtbogen zu erhalten. Je größer die Menge des aufgebrachten Zusatzwerkstoffs ist, desto wirtschaftlicher ist das Verfahren gegenüber der WIG-Schweißung.

495. Das Zünden erfolgt immer durch Berührung mit dem Werkstück, wobei Konstantspannungs-Schweißstromquellen die Zündung erleichtern. Die dem Drahtdurchmesser und dem zu schweißenden Werkstück entsprechende Schweißspannung – Sprüh- oder Kurzlichtbogen – ist vorher einzustellen. Beim Sprühlichtbogen ist der Drahtvorschub so zu wählen, daß kurzschlußfreier Werkstoffübergang entsteht. Bei richtiger Einstellung ergibt sich ein gleichmäßig zischendes Geräusch. Zu lange Lichtbogen verursachen Porenbildung. Beim Kurzlichtbogen entsteht durch die rasche Folge der Kurzschlüsse ein knatterndes Geräusch.

496. Es ist zu beachten:

a) Schweißgerät, Zusatzwerkstoff und Werkstoff sauberhalten. Schweißkanten mit Stahlbürste oder chemisch reinigen. Jegliche Verschmutzung der Schweißkanten vermeiden.
b) Keine Blaswirkung entstehen lassen, gegebenenfalls Schweißrichtung ändern.
c) Vorlaufen des Schmelzbads vermeiden. Aufteilen des Nahtquerschnitts in Einzellagen, kein Aufbringen neuen Schweißguts auf vorgelaufenes Schmelzbad.
d) Nicht die Pendelschweißung anwenden.

497. Weil beim Sprühlichtbogen durch den Sauerstoffzusatz infolge der in kleinerer Tropfenform abschmelzenden Elektrode eine höhere Schweißgeschwindigkeit erzielt wird und Verringerung oder gänzlicher Fortfall der Einbrandkerben eintritt. Außerdem werden die Spritzverluste herabgesetzt. Der Sauerstoffzusatz – er ist im Schweißargon bereits enthalten und wird mit Sigma-(MIG)-Argon bezeichnet, – beträgt im allgemeinen bis 5%. Andere Bezeichnungen lauten z. B. ArS 1, ArS 3.
Es kann auch eine Mischung von Argon mit Schweißkohlensäure oder von Argon mit Schweißkohlensäure und Sauerstoff angewendet werden. Üblich sind die Mischungen: 75% Ar + 25% CO_2 oder 80% Ar + 15% CO_2 + 5% O_2.

Richtlinie:

Für *unlegierte Kohlenstoffstähle:* 3 bis 5% O_2 oder Mischungen.

Für *niedriglegierte Kohlenstoffstähle:* 1 bis 3% O_2 oder Mischungen.

Für *korrosions- und hitzebeständige Stähle:* 1% O_2.

Vor Einsatz von MIG-Argon oder Mischgas Besprechungen mit den Geräteherstellern und eigene Versuche zu empfehlen.

498. „Coxogen“ (Firmenbezeichnung) ist ein Schutzgas, das aus einem Gemisch von Argon – etwa 80% –, Kohlensäure – etwa 15% – und Sauerstoff – etwa 5% – besteht. Das Mischgas wird für das Schweißen von unlegierten und niedriglegierten Stählen eingesetzt. Der Lichtbogen brennt ruhiger und zeigt einen tiefen Einbrand. Die Spritzverluste und die Porenanfälligkeit sind geringer.

499. Formiergas ist gleichfalls ein Schutzgas, das z. B. aus 80% Stickstoff und 20% Wasserstoff besteht.
Es ist bei der Schutzgasschweißung – WIG oder MIG – nicht immer möglich, die Wurzel der Schweißnaht durch das Schutzgas Argon zu schützen. Poren in der Wurzelnaht und Oxydation derselben sind dann recht unliebsame Ergebnisse.
Die Wurzelnaht wird daher sehr oft durch Argon oder Formiergas vor dem Zutritt von Luftsauerstoff geschützt, indem der Wurzelnaht durch besondere Vorrichtungen Argon oder Formiergas (letzteres ist bedeutend billiger) zugeleitet wird. Die Vorrichtungen werden je nach Bedarf im Eigenbau auf die jeweilig zu schweißende Konstruktion hergestellt. Durch das durchströmende und die Wurzelnaht bestreichende Formiergas wird diese vor Oxydation und Porenbildung geschützt.

Formiergas ist in Stahlflaschen gespeichert und wird über einen Druckminderer mit 0,1 bis 0,2 at entnommen.

500. Infolge der hohen Stromdichte sind die ultravioletten Lichtbogenstrahlen der MIG-Schweißung besonders intensiv, so daß sich bei ungeschützter Hand schon nach wenigen Minuten schwere Hautverbrennungen einstellen können. Auf besonderen Schutz der Haut ist daher gut zu achten. Schutzanzüge aus Baumwoll- oder Asbestgewebe genügen nicht. Lederschutzanzüge, Lederwesten usw. bieten den besten Schutz. Auf der Vorderseite des Schutzanzugs keine Taschen. Keine brennbaren Gegenstände in die Taschen stecken. Durch Spritzer Brand- und Verbrennungsgefahr! Da ein Beinschutz erforderlich ist, soll der MIG-Schweißer eine Lederhose tragen. Um die Beweglichkeit der Hände nicht einzuschränken, sollen Lederhandschuhe aus *weichem* Leder getragen werden. Bei Überkopfschweißungen ist eine Lederkappe zu tragen. Schweißerhelm aus Kunststoff. Leder schrumpft durch die Wärme. Kopf wird dann gegen die Strahlen nicht mehr genügend geschützt. Als Schutzgläser sind solche der Schutzstufe 12 zu verwenden. Es werden auch Schutzglas-Zusammenstellungen, die eigens für die MIG-Schweißungen geschaffen worden sind, von den Herstellerwerken oder Verkaufsorganisationen angeboten.

Beim Schweißen in engen Räumen ist für gute Absaugung der Dämpfe, Rauche und Gase zu sorgen, wobei darauf zu achten ist, daß durch das Absaugen nicht der Argonschutz oder sonstige Schutzgase des Schmelzbads zerstört werden. Gegebenenfalls ist mit Atemmaske zu arbeiten.

Die Edelgase Argon und Helium sind nicht giftig.

501. Ja! Es gibt eine solche. Es kann mit nichtabschmelzender Elektrode oder mit abschmelzender Elektrode gepunktet werden.

Die Schutzgas-Punktschweißung arbeitet ohne Gegenelektrode, und es kann allgemein Stahlblech bis 2 mm verarbeitet werden, wobei die Dicke des unteren Blechs keine Rolle spielt (Bild 98). Die WIG-Punktschweißung arbeitet ohne Zusatzwerkstoff. Das obere Blech wird bis zum unteren Blech durchgeschmolzen. Es entsteht dadurch ein eng begrenztes Verschmelzen beider Bleche.

Der Punktschweißvorgang läuft durch die in einem Schaltschrank untergebrachten Steuergeräte nach Betätigung des am Punktschweißbrenner angebrachten Druckknopfs automatisch ab. Die Schweißzeit kann eingestellt werden.

Auch mit dem MIG-Verfahren kann bis 3 mm Dicke des oberen Blechs gepunktet werden. Bei höheren Wanddicken Anwendung der Lochschweißung.

Zu Antwort 501

Bild 98. Anwendung des Schutzgas-Lichtbogen-Schweißverfahrens bei der Punktschweißung

Alle schweißbaren Aluminiumlegierungen können ebenfalls mit dem MIG-Schutzgas-Schweißverfahren gepunktet werden. Es werden die Schmelzpunktschweißung ohne Loch und die Lochpunktschweißung angewandt.

Bei der Schmelzpunktschweißung ohne Loch soll die Dicke des Oberblechs 2,5 mm möglichst nicht überschreiten. Bei Anwendung einer Kupferunterlage kann oft die in der Vorbereitung kostenmäßig höherliegende Lochpunktschweißung vermieden werden. Läßt sich eine Unterlagenvorrichtung nicht anbringen, kann als Unterlage auch ein Asbestgewebe mit einer Hitzebeständigkeit bis 1000 °C angesetzt werden. Bei der Lochpunktschweißung ist die Dicke des Oberblechs kaum begrenzt. Die Werkstoffdicke des unteren Gegenblechs soll mindestens 2 mm betragen. Der Lochdurchmesser bei Oberblechen bis 3,5 mm etwa 3mal Blechdicke, bei dickeren Blechen etwa 2,5mal Blechdicke. Kurze Lichtbogenzeit ergibt oft poröse Schweißungen. Porenanfälligkeit des Schweißgrundes wird durch eine kurze Fortsetzung der Bohrung in das Gegenblech (verbleibende Mindestdicke 2 mm) verringert.

502. Das Lichtbogenschweißen unter CO_2 (volkstümlich Kohlensäure genannt) wird mit CO_2-Schweißverfahren bezeichnet und zählt, da CO_2 kein Edelgas ist, *nicht zu den Schutzgas-Schweißverfahren unter einem inerten Gasstrom.* Das Kohlendioxid wird oft als „Quasi-Inertgas“ bezeichnet, da dieses Schweißverfahren demjenigen mit Inertgasen gleicht.

Anstelle von Argon und Helium wird Kohlendioxid als Schutzgas angesetzt. Im Handel wird dieses Gas als Schweißkohlensäure bezeichnet. Alle Geräte für die Schutzgasschweißung mit abschmelzender Elektrode — MIG — können für das Schweißen unter Kohlendioxid verwandt werden. Einsatz von Konstantspannungs-Schweißstromquellen verbessert

auch bei der CO_2-Schweißung die Schweißnahtgüte. Bild 99 zeigt eine CO_2-Anlage ohne Schweißstromquelle. Für Dünnblechschweißungen sind Klein-Schweißgeräte entwickelt worden (Bild 100). CO_2-Schweißbrenner mit drehbarem Brennerrohr zeigt Bild 101.
Eine CO_2-Schweißanlage für Kleinbetriebe und Montagezwecke wird im Bild 102 dargestellt. Der Schweißgleichrichter **1** kann an das Lichtnetz angeschlossen werden.
Aus dem Elektro-Schlacke-Schweißverfahren (F. u. A. 310) ist das automatische Senkrecht-Schweißen an Bauteilen ab 10 mm Werkstoffdicke unter Anwendung des CO_2-Schweißverfahrens entwickelt worden.

Zu Antwort 502

Bild 99. Fahrbare CO_2-Schweißanlage ohne Schweißstromquelle, für Schweißbrenner ohne oder mit Wasserkühlung einsetzbar. Auch für Argon verwendbar

Zu Antwort 502

Bild 100. CO_2-Kleinschweißgerät MSH–K

1 Schweißgleichrichter, 2 Halbautomat, 3 Drahttrommel, 4 CO_2-Schweißbrenner ungekühlt 200 A

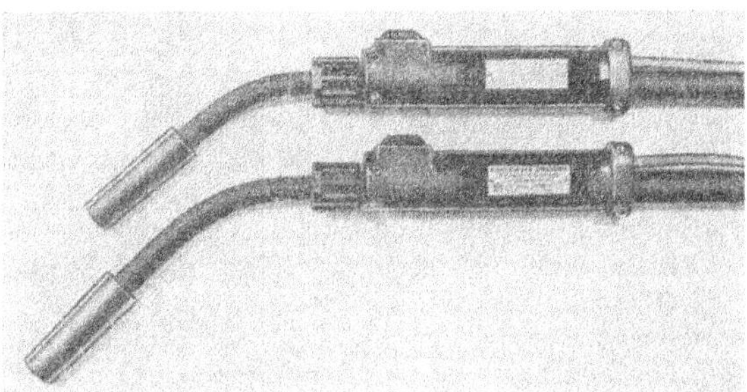

Zu Antwort 502

Bild 101. CO_2-Schweißbrenner für 200 und 300 A

luftgekühlt; Brennerrohr in jede gewünschte Arbeitsstellung drehbar; Mundstücke auswechselbar; auch für WIG-Schweißen verwendbar

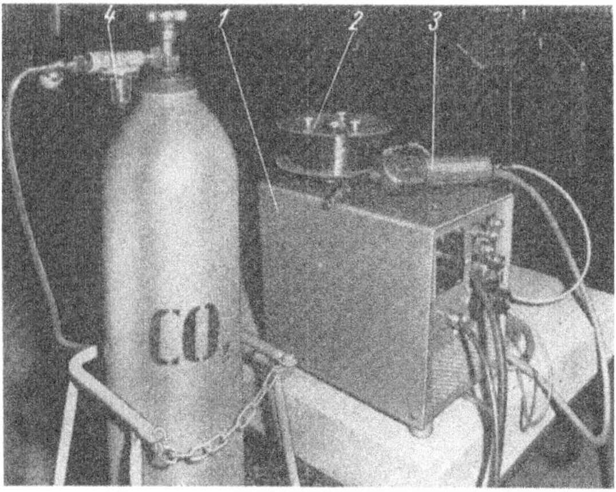

Zu Antwort 502

Bild 102. Tragbare CO_2-Kleinstschweißanlage

Verschweißbare Drahtdicken 0,6 bis 0,8 mm Dmr.
1 Schweißstromquelle (Gleichrichter), 2 Drahttrommel, 3 Schweißbrenner (Rüsselform), 4 CO_2-Flasche mit Druckregler

Im Bild 103 ist das Schema der automatischen CO_2-Senkrecht-Schweißung dargestellt. Das Anschmelzen der Schweißkanten und das Abschmelzen des Schweißdrahts erfolgt bei der automatischen CO_2-Senkrecht-Schweißung (Steignaht) nicht wie bei der ES-Schweißung durch das hocherhitzte Schlackenbad, sondern durch die Intensität und die Dissoziationswärme des am Ende des Schweißdrahts unter CO_2-Gasschutz brennenden Lichtbogens.

Zusatzdraht:

Falzdraht 2,5 und 3,0 mm Dmr., der im Inneren *pulverförmige* Ionisatoren, Legierungselemente und Desoxydationsmittel enthält.

Schweißstromart:
: Gleichstrom (+ – Pol) oder Wechselstrom. Spannung 32 bis 35 V, Schweißstromstärke 450 bis 600 A.

Luftspaltbreite:
: 10 bis 40 mm Werkstoffdicke = 15 bis 18 mm. Keine Schweißkantenvorbereitung (oder I-Nahtvorbereitung).

Schweißgeschwindigkeit:
: 10 mm Werkstoffdicke etwa 5,50 m/h,
: 40 mm Werkstoffdicke etwa 2,50/h.

Auslauf der Schweißnaht durch Anbringen von Ansatzstücken, über das Nahtende um etwa 30 mm hinausziehen, da etwa 10 mm des Schweißnahtendes durch Lunkerbildung unbrauchbar werden können. Bild 104 zeigt den Eindraht-CO_2-Senkrecht-Schweißautomaten von Arcos.

Die weitere Automatisierung der Schweißtechnik bringt es mit sich, daß Schweißautomaten mit mehreren Schweißköpfen entwickelt werden. So zeigt

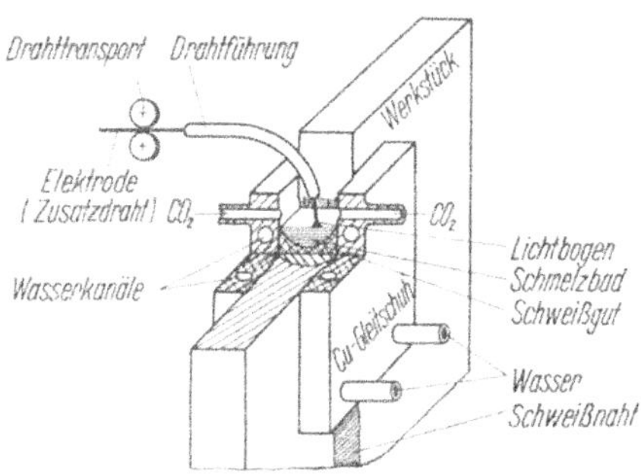

Zu Antwort 502

Bild 103. Schema der automatischen CO_2-Senkrechtschweißung

Bild 105 einen CO_2-Doppelkopf-Schweißautomaten für das Schweißen von Behältern. Transport der Behälter zum Schweißstand, Einrücken in die notwendige Schweißposition, der Schweißprozeß, Transport der geschweißten Behälter vom Schweißstand wird automatisch geregelt.

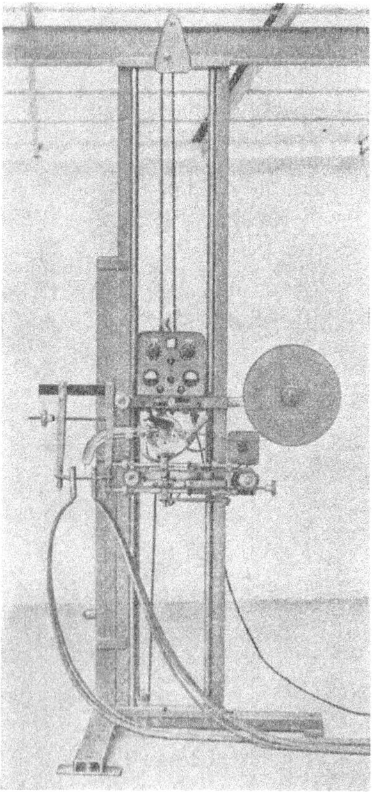

Zu Antwort 502
Bild 104
Eindraht-CO_2-Senkrecht-Schweißautomat ARCOS

Zu Antwort 502

Bild 105. CO_2-Doppelkopfschweißautomat für Behälter

2 Schweißgleichrichter, 2 Drahtvorschubgeräte, 1 CO_2-Flasche mit Druckminderer und Heizpatrone, 1 Steuerschrank, 1 Schaltkasten
Draht 0,8 mm, Leistung: 45 Behälter/h

Wartung und Behandlung der Geräte wie bei den Geräten der MIG-(Sigma-)Schweißung. Bei Dauerentnahme von mehr als 15 l/min ist zwischen Stahlflasche und CO_2-Druckminderer ein Heizgerät zwischenzuschalten, um das Einfrieren des Druckminderers zu verhindern.

Die Schweißkohlensäure soll einen Reinheitsgrad von 99,8% aufweisen und absolut trocken sein.

Die Schutzgas-Lichtbogen-Schweißung unter Kohlendioxid ist infolge des geringeren Preises der Schweißkohlensäure bedeutend billiger. So kostet

1 m Schweißnaht unter Argon mit 3% Sauerstoffzusatz für 16 mm St 37 unter den gleichen Arbeits- und Kalkulationsbedingungen etwa 12,– M gegenüber etwa 4,40 M mit Schweißkohlensäure. In erster Linie sind die niedrigeren Kosten auf den Preis der Schweißkohlensäure, aber auch auf die höhere Schweißgeschwindigkeit zurückzuführen.

Besonderheiten der CO_2-Schweißen sind tieferer Einbrand und höhere Schweißgeschwindigkeiten gegenüber der MIG-Schweißung. Abschmelzleistung je nach Drahtdicke 3,8 bis 9 kg/h. Die CO_2-Schweißung wird für das Schweißen von Baustählen, Kesselbaustählen und Sonderstählen mit erhöhter Streckgrenze eingesetzt.

Die Zusatzwerkstoffe der MIG-Schweißung eignen sich nicht unbedingt für die CO_2-Schweißung. Diese Zusatzwerkstoffe ergeben keine brauchbaren Ergebnisse. Besondere Zusatzwerkstoffe sind also notwendig.

Infolge des tiefen Einbrands genügt eine Schweißkantenvorbereitung mit einem Öffnungswinkel von etwa 50°. Wird vollautomatisch gearbeitet, können Werkstoffdicken bis 12 mm mit einem Luftspalt von 1 bis 2 mm ohne Schweißkantenvorbereitung geschweißt werden.

Das Schweißen ist in allen Positionen möglich (Bild 106).

In Japan wird seit mehreren Jahren unter CO_2+O_2 geschweißt.[1])

Vorläufige Nachteile gegenüber den Schutzgas-Schweißverfahren unter Edelgas:

Hohe Spritzverluste (Konstantspannungsschweißstromquelle und kurzer Lichtbogen vermindern die Spritzverluste), schlechteres Aussehen der Schweißnähte gegenüber den Schweißverfahren unter Edelgas, Bildung von Schlacke, die sich allerdings leicht

[1]) Schweißen und Schneiden 10/1966.

Zu Antwort 502

Bild 106. CO_2-Rohreinschweißautomat zum Schweißen in senkrechter Position

entfernen läßt. Die Schlacke kann bei der Mehrlagenschweißung von dickeren Blechen (ab 12 mm) überschweißt werden, ohne daß Schlackeneinschlüsse entstehen. Beim Schweißen in Zwangsposition und in Fällen, wo ein großes Schmelzbad entsteht oder entstehen darf, ist Beseitigen der Schlacke vor Aufbringen der neuen Lage zu empfehlen.

Durch besondere Zulegierungen zum Schweißdraht und durch Spezial-Schweißstromquellen mit Zusatzeinrichtungen, wie z. B. einer Dämpfungsdrossel, können diese Nachteile verringert und bei weiteren Verbesserungen in Zukunft vielleicht vollständig beseitigt werden.

Besondere Vorsicht beim Schweißen, da Vergiftungsgefahr durch Kohlenmonoxid. [Wenn auch irgendwo festgestellt wurde, daß ein Raucher mehr CO (Kohlenmonoxid) einatmet als ein Schweißer beim Schweißen unter CO_2, so sollte sich doch kein Schweißer auf diese Feststellung verlassen.]

Mit der CO_2-Schweißung darf in Kesseln oder engen Räumen nicht gearbeitet werden. Für sehr gute Belüftung oder Absaugung ist zu sorgen, wobei darauf zu achten ist, daß der Kohlendioxidschutz auf das Schmelzbad nicht gemindert wird.

Um den Schweißer vor aufsteigenden Gasen besser zu schützen, sollte er einen gegen die Oberkleidung abschließenden Schweißerhelm tragen. Aufsteigende Gase gelangen dadurch nicht direkt in die Atemluft des Schweißers.

Spezial-CO_2-Schweißlehrgänge werden durch die jeweiligen Ausbildungswerkstätten durchgeführt.

503. Unter der CO_2-Hochstromschweißung versteht man das Schweißen mit erhöhter Schweißstromstärke. Durch die erhöhte Schweißstromstärke wird ein wesentlich tieferer Einbrand und eine wesentlich höhere Abschmelzleistung erzielt. Die Schweißgeschwindigkeit steigt stark an, Abbrandverluste sind geringer.

Versuchsschweißungen ergaben folgende Ergebnisse in der Abschmelzleistung:

1,6 mm Draht 400 A = etwa 3,5 kg/h,
1,6 mm Draht 600 A = etwa 16,0 kg/h.

Das CO_2-Hochstromschweißen erfordert infolge der veränderten Schweißverhältnisse:

Wahrscheinlich besondere Schweißstromquellen, geänderte Drahtvorschubeinrichtungen, zuverlässige Kontrollanlagen für den Ablauf des Schweißprozesses, anders legierte Schweißdrähte wie bei der üblichen CO_2-Schweißung.

Es kann angenommen werden, daß die MIG-CO_2-Hochstromschweißung nach Abschluß der Versuche und Einführen in die Betriebe rasch an Bedeutung gewinnt. Die Versuche wurden auf die MIG-Schutzgasschweißung ausgedehnt.

504. Nein! Das Schutzgas Kohlendioxid ist in der Stahlflasche flüssig (Kohlensäure). Erst bei der Entnahme nimmt das verflüssigte Gas seinen gasförmigen Zustand wieder an. Aus diesem Grund muß die Stahlflasche immer stehend oder höchstens bei einer Neigung von 30° entleert werden. Es ist zu fordern, daß die Schweißkohlensäureflaschen nicht vollständig entleert werden, da zum Schluß doch noch vorhandene Feuchtigkeit mitgerissen wird. Feuchtigkeit im CO_2-Gasschutz verursacht Poren im Schweißgut.

Bei völliger Entleerung der Flaschen — das gilt auch für die Flaschen für Edelgase — gelangt atmosphärische Luft in die Flaschen. Bei der Neufüllung wird dadurch das Schutzgas verunreinigt und führt zu Schweißfehlern.

Druckbegrenzungsventile verhindern die völlige Entleerung der Stahlflaschen für CO_2 und andere Schutzgase für die Lichtbogenschweißung.

505. Bei Verstopfung der Brenneraustrittsöffnung durch Metallspritzer treten Gaswirbel auf, die eine erhebliche Porenanfälligkeit durch den ungenügenden Gasschutz herbeiführen.

Die Düse muß daher öfters gereinigt werden. Durch regelmäßiges Einsprühen der Düse mit Silikonöl können die der Düse anhaftenden Spritzer leicht entfernt werden. Als Spritzerschutzmittel wird auch Kalk- oder Karbidschlamm empfohlen.

Stark verzunderte oder verrostete Werkstückoberflächen erhöhen die Spritzerbildung.

506. Ja! Das Punktschweißen mit abschmelzender Elektrode (MIG) in einer CO_2-Gasatmosphäre ist möglich. Um den Punktschweißvorgang zu automatisieren, sind die Anlagen mit Schweißzeitgeber ausgerüstet.

Einseitige Schmelzpunktschweißungen sind bis zu 4 mm Oberblechdicke möglich. Ab 4 mm Oberblechdicke wird die Lochpunktschweißung angewandt (Bild 107). Angaben sind Richtwerte.

Es kann in waagerechter und Querposition gepunktet werden. Walzzunder, Fett und Rost beeinflussen die Scherfestigkeit der Punktschweißungen ungünstig.

507. Es handelt sich um ein in der UdSSR entwickeltes Schweißverfahren. Anstelle von Helium, Argon, CO_2 wird um den Lichtbogen und die Schweißzone Wasserdampf als gasförmige Schutzhülle gelegt. Das Schutzgasschweißen unter einer Wasserdampfatmosphäre – ursprünglich wurde es mit „Schweißen unter Wasserdampf" bezeichnet – zählt, wie auch das CO_2-Schweißverfahren, nicht zu den Schutzgas-Schweißverfahren unter einer inerten Gashülle.

Der Wasserdampf wird in einem eigens hierfür konstruierten Dampferzeuger erzeugt und von dort dem Brenner zugeführt. Jeder Schweißer verfügt demgemäß über einen Dampferzeuger, wie z. B. jeder CO_2-Schweißer eine Schweißkohlensäureflasche benötigt.

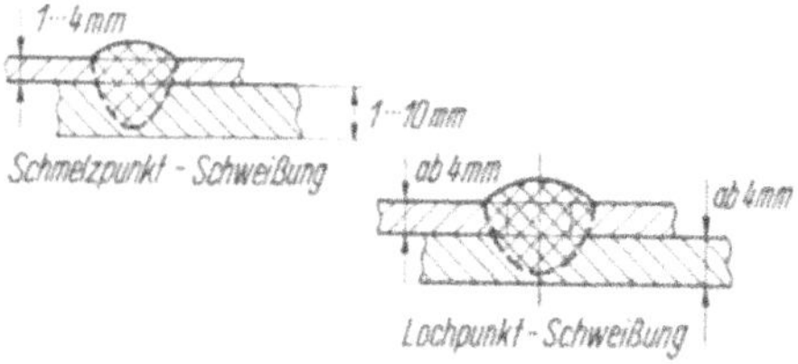

Zu Antwort 506

Bild 107

Das Verfahren kann für Verbindungsschweißungen an unlegierten und niedriglegierten Baustählen, für Auftragschweißungen und für das Schweißen von Stahlguß eingesetzt werden.
Sonderdrähte wie bei den anderen Schutzgas-Lichtbogen-Schweißverfahren oder dem UP-Schweißverfahren sind nicht notwendig.
Bei einer richtigen Arbeitstechnologie und einwandfrei arbeitenden Geräten ist das Schweißgut bei den Verbindungs- und Auftragschweißungen porenfrei. Zu niedrig erhitzter Dampf bringt Wasserausfluß der Düse mit sich. Dadurch Störung des Schweißprozesses und starke Porenbildung.
Das Schweißverfahren wird teil- oder vollautomatisch angewandt. UP- und CO_2-Geräte können ver-

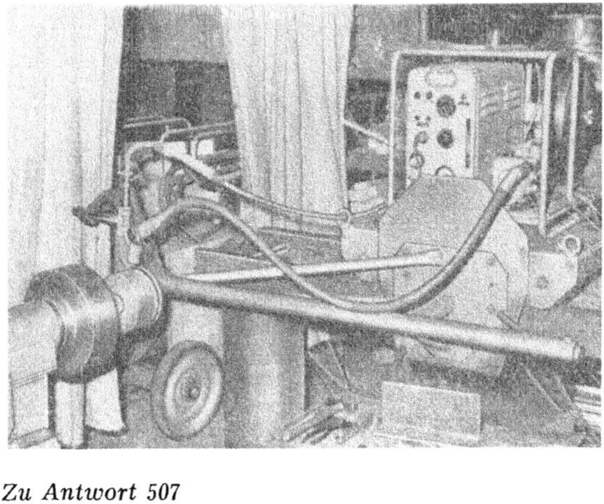

Zu Antwort 507

Bild 108. Schweißen unter einer Wasserdampfatmosphäre

Versuchsanlage für das Auftragschweißen an einer Stahlgußrolle

wandt werden. Schweißumformer mit VC (veränderlicher Charakteristik). Es wird mit steiler Kennlinie gearbeitet.

Die Bilder 108 bis 112 zeigen verschiedene Arbeitsvorgänge, Versuchsschweißungen und deren Ergebnisse.

Die Strahlung ist sehr intensiv. Daher sorgfältiger Schutz der Haut erforderlich.

Das Verfahren „Schweißen unter einer Wasserdampfatmosphäre“ kann u. U. in den Ländern eine Bedeutung erhalten oder haben, in denen der Bedarf an Schweißkohlensäure nicht gedeckt werden

Zu Antwort 507

Bild 109. Schweißen unter einer Wasserdampfatmosphäre

Versuchsanlage zum Durchführen von Verbindungs-Schweißungen; Brenner ist am Fahrwagen „Secator“ angebracht

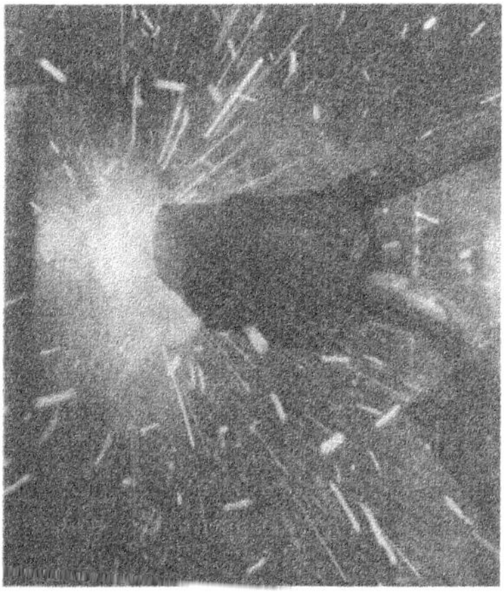

Zu Antwort 507
Bild 110
Schweißen unter einer Wasserdampf-atmosphäre

Zu Antwort 507
Bild 111
Schweißen unter einer Wasserdampf-atmosphäre
Aussehen der Schweißnaht

kann oder infolge Fehlens nahe beieinanderliegender Auslieferungslager der Transport der Schweißkohlensäure über sehr weite Entfernungen durchgeführt werden muß.

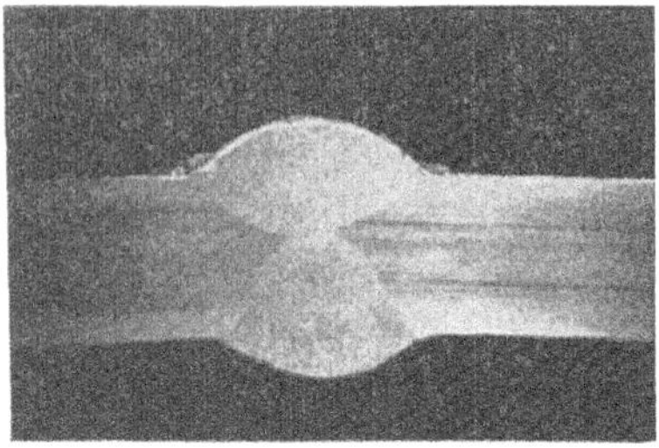

Zu Antwort 507
Bild 112
Schweißen unter einer Wasserdampfatmosphäre
Makroschliff einer Einlagen-Schweißnaht

508. In dem Brennergehäuse wird zwischen einer thorierten Wolframelektrode und der Düse des Gehäuses durch Hochspannung ein Lichtbogen gezündet. In den inneren Teil des Lichtbogens – dem sog. *Plasma*, das aus neutralen und elektrischen Teilchen besteht – wird das Gas (meist Argon) oder ein Gasgemisch unter Druck eingeleitet. Das Gas oder das Gasgemisch wird durch den Lichtbogen hoch erhitzt und leitfähig und durch den Druck aus der wassergekühlten Düse herausgeblasen. Dieser *Plasmastrahl* zieht sich durch das den Strahl umgebende magnetische Feld zusammen. Auf diese Weise wird die Wärme des Lichtbogens in der Mitte des Strahls konzentriert. Es werden Temperaturen bis 50 000 °C erzielt. Der Plasma-Brenner erzeugt Flammen mit sehr hoher Energiedichte.

Für den Plasma-Brenner – dessen Formen naürlich verschieden sind – werden Stromquellen mit hoher Schweißspannung benötigt (Selen-Gleichrichter, Silizium-Gleichrichter, Halbleiter-Gleichrichter).

Zur Verwendung kommende Gase:

Je nach Brenner- und Werkstoffart sowie Verwendungszweck: Argon, Argon/Wasserstoff, Stickstoff/Wasserstoff, Formiergas, für besondere Zwecke auch Druckluft und Sauerstoff.

Ein Steuerkasten übernimmt das Mischen der Gase in dem gewünschten und erforderlichen Verhältnis.

Anwendung

Plasma-Schmelzschneiden:

Es lassen sich Plasma-Schmelzschneiden:

a) Aluminium und seine Legierungen,

b) Magnesium,

c) Kupfer und seine Legierungen, Messing, Bronze,

d) korrosionsbeständige Chrom-Stähle,

e) Chrom-Nickel-Stähle verschiedener Legierungen,

f) unlegierte und niedriglegierte Stähle.

Das Plasma-Schmelzschneiden, das seit der Einführung des Schutzgas-Lichtbogen-Schweißens bereits als „Argonarc-Brennschneiden“ bekannt war, hat eine große und unbestrittene Bedeutung für das Schmelzschneiden von Nichteisenmetallen und hochlegierten Stählen, die nicht autogen brenngeschnitten werden können. Das Plasma-Schmelzschneiden ersetzt auch in vielen Fällen das Pulver-Brennschneiden. Es kann horizontal, senkrecht und überkopf schmelzgeschnitten werden.

Während beim Autogen-Brennschnitt der zu trennende Werkstoff auf Rotglut erhitzt und durch Zuführung von reinem Sauerstoff zum Teil verbrannt und zum anderen Teil infolge des hohen Drucks aus der Trennfuge hinausbefördert wird, erhitzt und schmilzt der scharf gebündelte Plasmastrahl den zu trennenden Werkstoff, zerstäubt ihn zum Teil und drückt das flüssige Metall aus der Trenn-

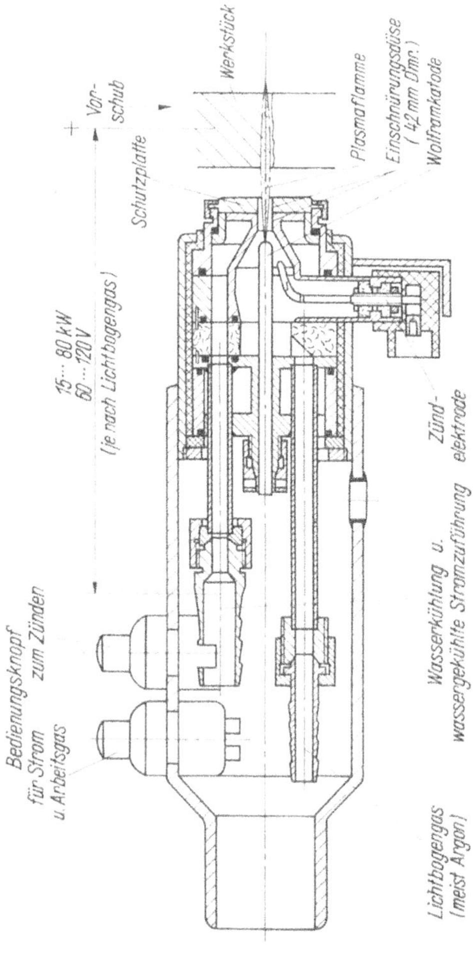

Zu Antwort 508

Bild 113. Schnitt durch einen Lichtbogen-Plasma-Schneidbrenner

Zu Antwort 508

Bild 114. 100-kW-Plasmabrenner beim Schmelzschneiden von CrNi-Stahl

Werkstoffdicke 80 mm, Länge der Flamme ist abhängig von der Düsenbohrung, der elektrischen Leistung, dem Trägergasdruck und Gasverbrauch

fuge nach unten hinaus. Daher der Name *Plasma-Schmelzschneiden* im Gegensatz zum *Gas*-(Autogen-)*Brennschneiden* oder *Pulver-Brennschneiden*. Schmelzschnittdicke: Je nach Schweißstromquelle, Brennerart und Werkstoff: 6 bis 150 mm.

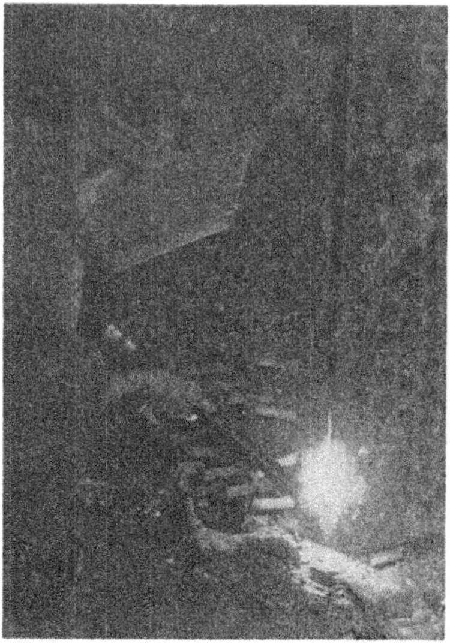

Zu Antwort 508

Bild 115 Trennen von kupfernen Feuerbuchsen mit Plasma-Handschneidbrenner

Werkstoffdicke 20 mm

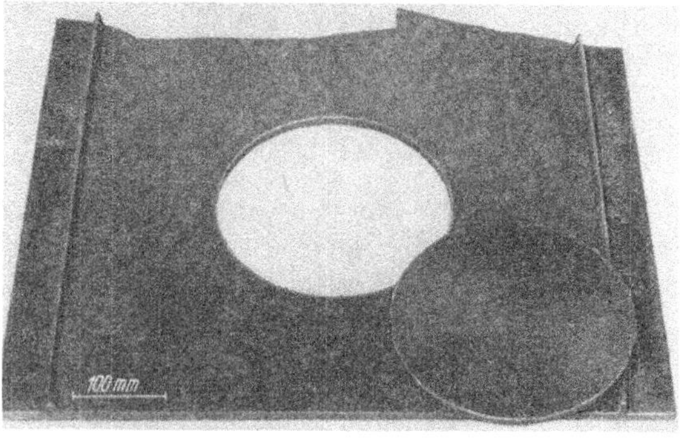

Zu Antwort 508

Bild 116. Scheibe mit Plasmabrenner aus einer Graugußplatte schmelzgeschnitten

Infolge der sehr hohen Energiedichte der Plasmaflamme und der dadurch möglichen sehr hohen Trenngeschwindigkeit keine Rißbildung

Auch das Plasma-Schmelzschneiden von Baustählen ist mit sog. Feinstrahlbrennern bis 30 mm wirtschaftlich. Die Trenngeschwindigkeit gegenüber den Autogen-Brennschnitten ist erheblich größer.
Das Plasma-Schmelzschneiden kann von Hand oder maschinell durchgeführt werden.

Zu Antwort 508

Bild 117. Mit dem Plasma-Feinstrahlbrenner ist es möglich, bei „fliegendem" Start ohne jede Vorwärmung in den vollen Werkstoff einzustechen

Kiesentwässerungssiebe 480 mm × 480 mm × 8 mm Baustahl, 108 Einstiche, Schnittbreite der Einstiche 2 mm Schnittgeschwindigkeit 0,6 m/min, Maschinenschnitt

Aluminium:

Handschnitt	25 mm	etwa 0,5 m/min,
Maschinenschnitt	25 mm	etwa 2,3 m/min.

Rostbeständiger Stahl:

Handschnitt	25 mm	etwa 0,65 m/min,
Maschinenschnitt	25 mm	etwa 1,00 m/min.

Der Plasmabrenner wird bei Maschinenschnitten mit Autogen-Brennschneidmaschinen gekoppelt. Infolge der hohen Schnittgeschwindigkeiten des Plasma-Schmelzschneidverfahrens müssen die möglichen Fahrgeschwindigkeiten der Autogen-Brennschneidmaschinen erhöht werden.

Zu Antwort 508

Bild 118. Schweißkantenvorbereitung an 30 mm Schiffbaustahl durch Plasma-Feinstrahlbrenner PA 20

Die spitzwinklige Düse ermöglicht auch Schrägschnitte bei niedrigem Strom- und Gasverbrauch, Trennfugenbreite 3 mm

Verbindungsschweißen

Zum Beispiel Mikro-Plasma-Schweißen ab 0,01 bis 0,8 mm Werkstoffdicke (Flugzeugbau, Satelliten, Weltraumschiffe, Atomenergie usw.). Es wird mit sehr niedrigen Stromstärken, und zwar ab 0,5 A gearbeitet. Schweißvorgang: manuell oder automatisiert.

Auftragschweißen

Infolge der Eigenart der Plasma-Auftragschweißung in erster Linie nur maschinelle Werkstoffzuführung in Draht- oder Pulverform.
Das Plasma-Auftragschweißen wird zur Panzerung von Metalloberflächen verwandt, wobei die Auf-

Zu Antwort 508

Bild 119. Plasma-Schmelzschneidanlage mit zwei Schmelzschneidköpfen mit Autogen-Brennschneidmaschine gekoppelt

Schweißstromquelle: transduktorisch gesteuerte Halbleiter-Schweißgleichrichter, Gas: Argon/Stickstoff

tragschicht in der Dicke sehr veränderlich eingestellt werden und daher z. B. nur 0,2 mm, aber auch 5 mm betragen kann. Die Breite des Schmelzbads kann durch eine Pendelvorrichtung des Brenners ebenfalls bestimmt werden. Das sehr geringe Aufschmelzen des Grundwerkstoffs ist ein wesentlicher Vorteil des Verfahrens.
Die Bilder 113 bis 123 ergänzen den Text dieser Antwort.

Zu Antwort 508

Bild 120. Plasma-Schmelzschneiden von 10 mm Al-Blech

Brenner: Plasma-Feinstrahlbrenner

Zu Antwort 508

Bild 121

Plasmafix-Schweißanlage für Mikro-Plasma-Schweißen (Schweiz)

Schweißen sehr dünner Bleche von 0,01 bis 0,8 mm möglich; Gas für Plasma: Argon oder Helium oder Argon/Helium, Schutzgas für Plasmaflamme: Argon/Wasserstoff oder Formiergas

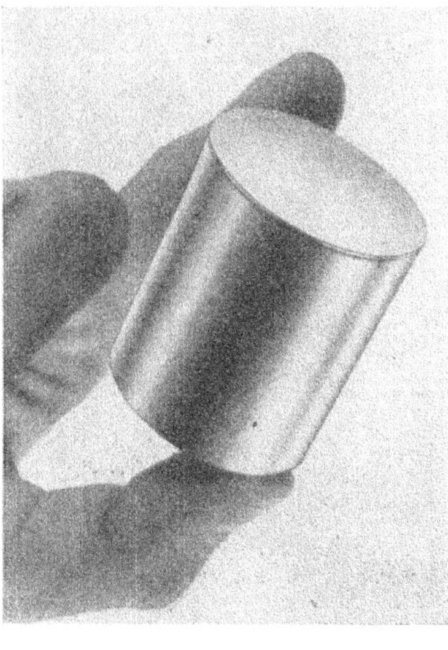

Zu Antwort 508

Bild 122

Bestandteil einer Protonenzielscheibe mit Mikro-Plasma-Verfahren geschweißt. Schweißausführung: Europäische Union für Kernforschung Genf

Schweißverbindung: Längs- und Bördelnaht, Dicke der Stirnflächenfolie: 0,01 mm, Stromstärke: 1,6 A

Zu Antwort 508

Bild 123. Plasma-Mikroschweißanlage, geeignet zum Verbindungsschweißen von 0,1 bis 0,5 mm dicken, nichtrostenden Stahlblechen, Titan usw.

Die UP-(Unterpulver-)Schweißung

Frage:

509. Was versteht man unter UP-Schweißung?

510. Was gehört zu einer UP-Schweißanlage?

511. Welche Zusatzwerkstoffe werden verwendet?

512. Welche Anforderungen werden an das Schweißpulver gestellt?

513. Mit welcher Stromart wird UP-geschweißt?

514. Welchen Einfluß hat die Schweißstromstärke auf die UP-Schweißung?

515. Welchen Einfluß hat die Schweißstromspannung auf die UP-Schweißung?

516. Welchen Einfluß hat die Schweißgeschwindigkeit auf die UP-Schweißung?

517. Wie wird beim UP-Schweißen der Schweißprozeß eingeleitet?

518. Kann Kupfer UP-geschweißt werden?

519. Welche Stähle können UP-geschweißt werden?

520. Wie werden Kehlnähte ausgeführt?

521. Wie werden Stumpfnähte ausgeführt?

522. Können UP-Schweißungen in Zwangsposition ausgeführt werden?

523. Ist eine Kombination der Lichtbogen-Handschweißung mit der UP-Schweißung möglich?

524. Was ist eine Doppelkopfschweißung?

525. Worin besteht der Unterschied zwischen einer Paralleldraht- und einer Tandem-UP-Schweißung?

526. Was versteht man unter UP-Handschweißen (UPH)?

527. Welche Zusatzwerkstoffe werden zum UP-Handschweißen verwendet?

528. Wann wird die UP-Automatenschweißung und wann die UP-Handschweißung angewandt?

529. Was versteht man unter einer UP-Bandschweißung?

Die UP-(Unterpulver-)Schweißung

Antwort:

509. Das Unterpulverschweißen – Kurzzeichen UP – ist ein Lichtbogen-Schweißverfahren, bei dem der Lichtbogen, gezündet zwischen einem blanken Draht und dem Werkstück, von einem Schweißpulver vollkommen abgedeckt wird. Da der Lichtbogen nicht sichtbar ist, kann der Schweißer ohne Augenschutz arbeiten. Man spricht daher auch von einem Schweißen mit verdecktem Lichtbogen.

Die UP-Schweißgeräte werden unterteilt in Automaten und Halbautomaten. Beim automatischen UP-Schweißen geschieht der Drahtvorschub und die Fortbewegung des Geräts oder des Werkstücks selbsttätig. Beim Halbautomaten dagegen wird die Vorwärtsbewegung des Geräts von Hand ausgeführt.

Die UP-Schweißung wird zum Schweißen von Stumpf- und Kehlnähten eingesetzt. Beim Verwenden von Spezial-Schweißvorrichtungen können Stahlbleche von 1,5 mm Dicke an aufwärts UP-geschweißt werden.

Das Prinzip des UP-Schweißens wird im Bild 124 durch einen V-Schweißstoß dargestellt. In der Nahtfuge wird der Schweißdraht entlanggeführt, wobei das Schweißpulver um den Schweißdraht geschüttet wird. Da der Zusatzdraht kurz eingespannt ist, kann mit verhältnismäßig hohen Schweißstromstärken geschweißt werden, wodurch eine große Menge Grundwerkstoff aufgeschmolzen wird. Der Lichtbogen schmilzt unter der Pulverschicht den Zusatzdraht, den Grundwerkstoff und das Schweißpulver. Die bei der hohen Lichtbogentemperatur entstehenden Gase bilden einen Hohlraum, der von einer Schicht geschmolzenen Schweißpulvers (flüssige Schlacke) abgedeckt ist. In dem Hohlraum

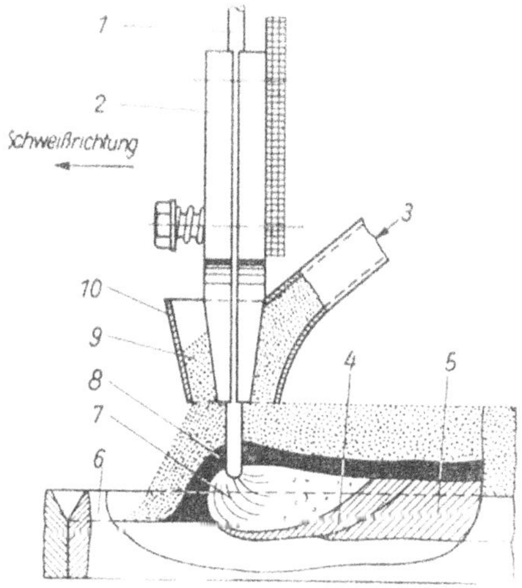

Zu Antwort 509

Bild 124. Prinzip des UP-Schweißens

1 Zusatzwerkstoff, 2 Kontaktschalen, 3 Pulverzuführung, 4 flüssiges Schweißgut, 5 erstarrtes Schweißgut, 6 Grundwerkstoff, 7 Lichtbogen, 8 Schlacke, 9 Pulver, 10 Pulvertrichter

brennt der Lichtbogen. Das geschmolzene Schweißpulver erstarrt wegen der niedrigen Schmelztemperatur später als das Metall und legt sich als isolierende abgeschlossene Schicht, als Schlacke, über die Schweißnaht (Bild 125). Dieses geschmolzene Schweißpulver, das als Schlacke über der Schweißnaht liegt, kann wieder verwendet werden (s. F. u. A. 512). Das restliche über der Schlacke liegende, unveränderte Schweißpulver aber wird zur weiteren Verwendung gesammelt. Die Abkühlung der Schweißnaht geht wesentlich langsamer vor sich als bei der Handschweißung; dies hängt mit der größeren Erwärmung zusammen. Die Schlacke ist nur in *erkaltetem* Zustand zu entfernen.

510. Eine UP-Schweißanlage besteht aus:

1. dem Schweißautomaten,
2. der Schweißstromquelle (Umformer oder Transformator) mit aufgebauten Schalt- und Steuergeräten.

Die Schweißautomaten werden in verschiedenen Ausführungen hergestellt. Je nach Einsatz des Geräts werden sie unterteilt in stationäre und bewegliche Geräte. Auf Grund ihrer vielseitigen Einsatzmöglichkeiten werden in der Mehrzahl die beweglichen Geräte verwendet. Sie bewegen sich auf Fahrbahnen in stehender oder hängender Anordnung oder auch direkt auf dem Werkstück, wobei das jeweilige Gerät durch ein Leitrad, das in der Nahtfuge läuft, gesteuert werden kann.
Bild 126 zeigt ein Wechselstromgerät als stationäre Anlage. Links im Bild der Schweißtransformator, daneben ein Ausleger mit dem quer zur Schweißrichtung und vertikal verschiebbar angeordneten Schweißkopf. Das Werkstück, in der fahrbaren Drehvorrichtung gelagert, wird von einer sog. Lokomotive unter dem Schweißkopf hindurchgezogen. Der Vorschub wird vom Schweißkopf aus gesteuert.
Eine bewegliche UP-Anlage beim Schweißen von Kehlnähten zeigt Bild 127. Der Schweißkopf ist waagerecht und senkrecht verstellbar. Einen UP-

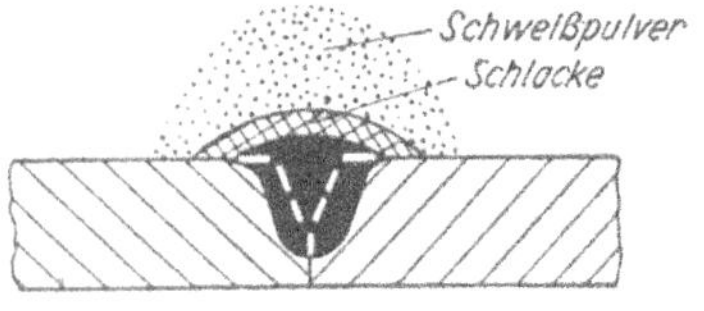

Zu Antwort 509
Bild 125 Querschnitt durch eine UP Schweißnaht

Zu Antwort 510
Bild 126. Stationäres UP-Gerät

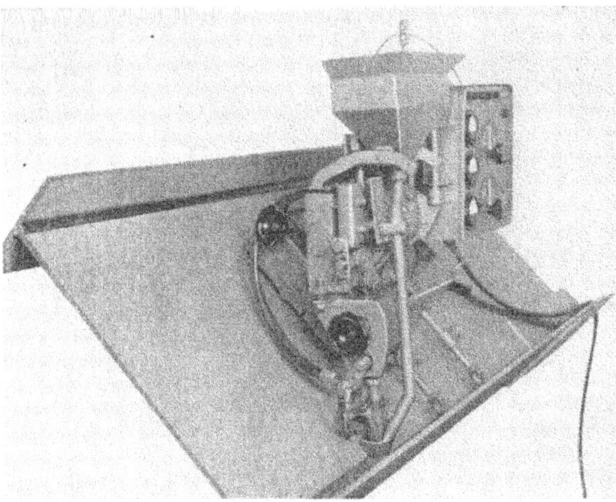

Zu Antwort 510
Bild 127. Bewegliches UP-Gerät, Schweißtraktor im Einsatz. Schweißen einer Kehlnaht in Wannenlage

Schweißautomaten für Doppelkehlnahtschweißungen zeigt Bild 128. Rechter Schweißkopf läuft 90 bis 100 mm hinter dem vorderen Schweißkopf. Im Bild 129 wird eine hängend angeordnete Anlage gezeigt.

Zu Antwort 510

Bild 128. UP-Schweißautomat für Doppelkehlnahtschweißungen in Normallage

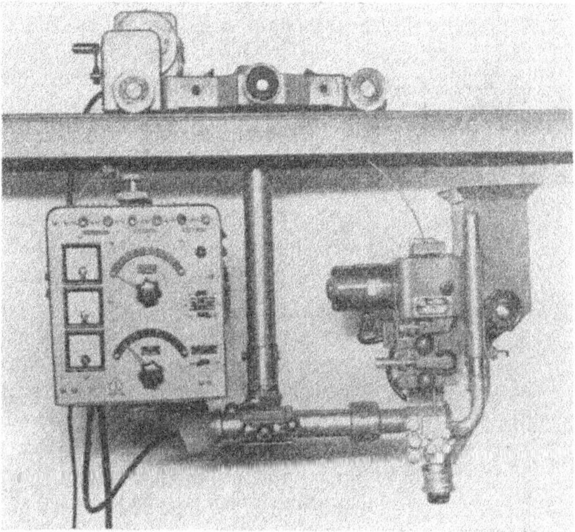

Zu Antwort 510

Bild 129. Bewegliches UP-Gerät, hängend angeordnet

511. Der Zusatzwerkstoff in Form von Draht ist auf den Grundwerkstoff und das Schweißpulver abzustimmen. Der wichtigste Bestandteil des Schweißdrahts ist Mangan. Ein hochmanganlegierter Schweißdraht wird bei einem niedrigmanganhaltigen Schweißpulver verwendet und ein niedriglegierter Schweißdraht bei einem hochmanganhaltigen Schweißpulver. Der Mangangehalt kann 0,5 bis etwa 2% betragen.

Die UP-Schweißdrähte werden in verschiedenen Durchmessern, z. B. 1,6; 2; 2,5; 3; 4 und 6 mm hergestellt. Die Oberfläche des UP-Schweißdrahts muß frei von Rost, Fett, Öl, Farbe und sonstigen Verunreinigungen sowie ohne Knicke und glatt sein. Die Schweißbarkeit darf nicht durch verbleibende Ziehmittelreste beeinträchtigt werden. Die Schweißdrähte werden verkupfert in Ringen oder auf Spulenkörper gespult geliefert. Um eine Verwechslung der Schweißdrähte zu vermeiden, sind die Drahtringe mit Schildern versehen, aus denen hervorgeht: Stahlbezeichnung, Schmelzennummer und Drahtdurchmesser. Die UP-Schweißdrähte werden in Krepp-, Ölpapier oder Jute verpackt geliefert, um sie vor Rost und Verschmutzung zu schützen.

512. Das Schweißpulver für die UP-Schweißung ist ein körniges Pulver und besteht überwiegend aus Kieselsäure, Aluminiumoxid, Kalziumoxid, Titanoxid, Manganoxid, Flußspat und verschiedenen anderen Bestandteilen. Es gibt saure, amphotere (neutrale) und basische Pulver. Je nach der Herstellungsart wird das Schweißpulver als Schmelzpulver, Sinterpulver oder agglomeriertes (mit Wasserglas gemischt, anschließend gepreßt und getrocknet) Pulver hergestellt.

Die an das Schweißpulver gestellten Anforderungen sind annähernd die gleichen, wie sie an die Umhüllung der Schweißelektroden gestellt werden, d. h., das über der Schweißfuge aufgeschüttete Schweißpulver enthält Bestandteile zur Stabilisierung des Lichtbogens sowie Beimengungen, die durch Bildung eines Schutzgases den Sauerstoff und den Stickstoff der Luft binden und dem Schmelzbad fernhalten. Dem Pulver sind ferner Legierungsbestandteile beigegeben, die in das Schweißgut übergehen und somit die Verwendung eines unlegierten Zusatzwerkstoffs ermöglichen. Das Schweißpulver beeinflußt durch seine Zusammensetzung und Körnung maßgebend die Oberfläche der Schweißnaht. Der Schmelzpunkt des Pulvers muß niedriger liegen als der des Zusatz- und des Grundwerkstoffs. Die Körnung des Pulvers muß bei hoher Schweißstromstärke fein und bei niedriger Schweißstromstärke grob sein. Das feinkörnige Pulver ergibt eine schwerere Schüttmasse. Diese Schüttmasse ist zur Beruhigung des großen Schmelzbads bei hohen Stromstärken erforderlich und hält außerdem die Schweißnaht länger warm; dadurch kann ein Wärmeausgleich mit dem angrenzenden Grundwerkstoff erfolgen, und die Aufhärtung in der Übergangszone wird herabgesetzt. Die Körnung des Schweißpulvers hat Einfluß auf die Abschmelzleistung, den Einbrand, die Nahtbreite und das Abtrennen der Schlacke von der Nahtoberfläche. Auch die Erschmelzungsart des Schweißpulvers ist zu beachten. Das Schmelzpulver ist schwerer als das Sinterpulver. Die Pulverschütthöhe muß also beim Sinterpulver höher gehalten werden als beim Schmelzpulver, andernfalls ist der Druck des Pulvers auf das flüssige Schweißbad zu gering, und die Nahtoberfläche wird unregelmäßig und unsauber.

Im allgemeinen sind die agglomerierten Pulver am leichtesten. Eine Ausnahme bilden die auflegierenden Pulver, die durch die beigemischten Ferro-Legierungen schwerer sein können als die Schmelz- und Sinterpulver.

Das Pulver kann mehrmals verwendet werden (Bild 130).

Für röntgensichere Schweißungen empfiehlt es sich, das Pulver nur ein- bis zweimal zu verwenden. Das Pulver muß trocken gelagert werden.

Feuchte Pulver setzen die Kerbschlagzähigkeit herab und fördern die Poren- und Rißbildung.

Eine Vortrocknung der Pulver bei etwa 250 °C kann empfohlen werden.

Die Schlacke kann wieder zu Schweißpulver gemahlen und so als Schlackenpulver oder gemischt mit neuem Pulver verwendet werden. Zur Kontrolle des Pulvers sind mechanische und chemische Prü-

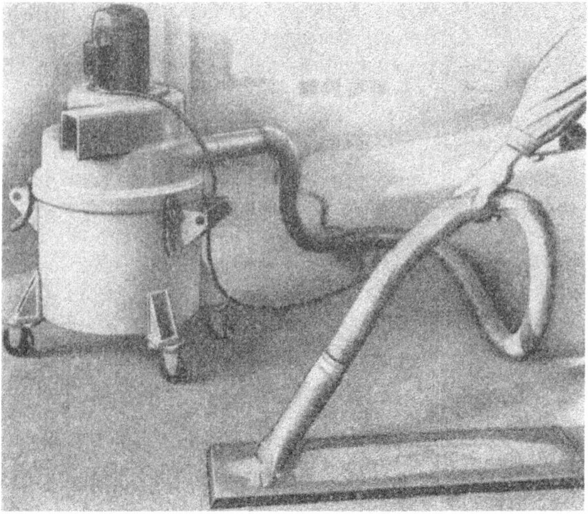

Zu Antwort 512

Bild 130. Pulverabsauganlage zur Rückgewinnung des Schweißpulvers

fungen mit der Schweißverbindung durchzuführen. Die Wiederverwendung der gemahlenen Schlacke senkt den Pulververbrauch und hebt die Wirtschaftlichkeit. Es wird empfohlen, die Schlacke nur *einmal* zu verwenden, bei hochwertigen Verbindungsschweißungen aber davon Abstand zu nehmen.

513. Die UP-Schweißung wird mit *Wechselstrom* und *Gleichstrom* ausgeführt. Bei Wechselstrom werden Schweißtransformatoren mit großen Leistungen benutzt. Die Parallelschaltung von kleineren Transformatoren (mit Schaltschütz) ist möglich. Soweit Einphasentransformatoren verwendet werden, lassen sich Spannungsschwankungen kaum vermeiden, die dann fehlerhafte Schweißungen zur Folge haben. Durch Spannungsschwankungen ändert sich vor allem die Einbrandtiefe, was bei Kehlnähten nicht die gewünschte Nahtdicke und bei Stumpfnähten nicht die erforderliche Einbrandtiefe ergibt. Bei der UP-Schweißung mit Gleichstrom werden Umformer verwendet. Der Netzanschluß geschieht gleichmäßig auf allen 3 Phasen. Für größere Schweißleistungen ist Gleichstrom unwirtschaftlich. Die Parallelschaltung von Umformern ist möglich, wobei die Anweisungen des Herstellers zu beachten sind. Die Stromart und Polung übt einen wesentlichen Einfluß auf die Einbrandtiefe aus. Bei gleichen Schweißparametern ist die Einbrandtiefe bei Pluspolung größer als bei Minuspolung.

Bei Wechselstrom liegt die Einbrandtiefe etwa zwischen der bei Plus- und Minuspolung (Gleichstrom) erreichten. Anhand dieser Erkenntnisse wird, abgestimmt auf das Schweißpulver für Füll- oder Auftragschweißung, bei Gleichstrom mit Minuspolung oder mit Wechselstrom geschweißt. Für Einbrandschweißungen mit tiefem Einbrand wird Gleichstrom mit Pluspolung bevorzugt. In diesem Fall ist auf die Schweißnahtrissigkeit zu achten.

514. Durch die Schweißstromstärke werden die Einbrandtiefe, die Abschmelzleistung und die äußere Nahtform in der Höhe bestimmt. Aus Bild 131 ist der Einfluß der Schweißstromstärke auf die Form der Naht und die Einbrandtiefe ersichtlich.

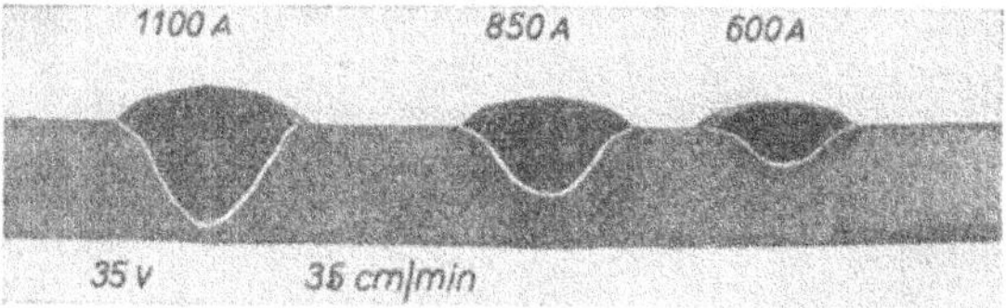

Zu Antwort 514

Bild 131. Einfluß der Schweißstromstärke

Unter Einhaltung der Schweißspannung, der Schweißgeschwindigkeit und des Drahtdurchmessers von 5 mm wurden bei dieser Darstellung die Schweißstromstärken von 600, 850 und 1100 A angewendet. Deutlich zu erkennen sind die größere aufgetragene Menge von Zusatzwerkstoff und der tiefere Einbrand beim Ansteigen der Schweißstromstärke. Die Nahtbreite ist annähernd gleich geblieben.

515. Die Schweißspannung beeinflußt die Nahtbreite und die Aufschmelzzone, nicht aber die Abschmelzleistung.
Im Bild 132 wird der Einfluß der Schweißstromspannung sichtbar, der durch Verändern der Schweißspannung, aber unter Beibehaltung der Schweißstromstärke, der Schweißgeschwindigkeit und des Drahtdurchmessers eintritt.
Durch die Erhöhung der Schweißspannung kommt es zu einer Verbreiterung der Schweißnaht und zu einer Veränderung der Einbrandtiefe.
Die im Bild 132 gezeigten Schweißungen wurden mit 35, 45 und 55 V ausgeführt. Bei allen drei Nähten betrugen die Schweißstromstärken 850 A, der Werkstückvorschub 35 cm/min, der Durchmesser des Zusatzwerkstoffs 5 mm.

516. Die Schweißgeschwindigkeit trägt zur Veränderung der Höhe und Breite der Schweißnaht bei und in geringerem Maße auch zu einer Änderung der Ein-

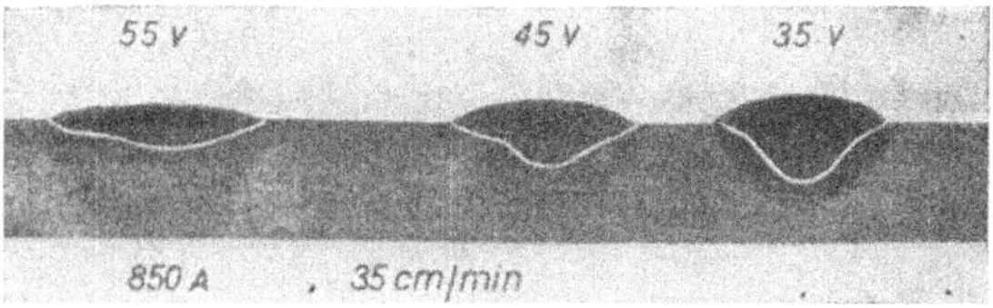

Zu Antwort 515
Bild 132. Einfluß der Schweißspannung

brandtiefe. Durch Erhöhung der Schweißgeschwindigkeit wird der prozentuale Anteil des aufgeschmolzenen Grundwerkstoffs zum aufgetragenen Werkstoff größer (Bild 133).

517. Beim UP-Schweißen wird der Schweißprozeß durch das Einschalten des Schweißstroms erreicht. Die Zündung des Lichtbogens erfolgt entweder durch Hochfrequenz oder über eine Zündpille aus Eisenpulver oder Stahlwolle. Hierbei wird beim Aufsetzen des Schweißdrahts auf die Zündpille ein hoher Übergangswiderstand erreicht und der Lichtbogen gezündet.

518. Kupfer-Auftragschweißungen auf Stahl lassen sich bei Verwenden eines Sinterpulvers gut ausführen. Kupfer-Verbindungsschweißungen lassen sich nur bedingt ausführen.

519. Bei der Festlegung der Schweißbarkeit von Werkstoffen zum UP-Schweißen ist grundsätzlich zu beachten, daß alle die Werkstoffe, die sich mit der Lichtbogen-Handschweißung kaum oder nicht schweißen lassen, auch für das UP-Schweißen ungeeignet sind.

Der gegebenste Werkstoff zum UP-Schweißen ist der beruhigte Siemens-Martin-Stahl mit einem Kohlenstoffgehalt bis 0,24%.

Diese Stähle können nach sämtlichen Methoden der UP-Schweißverfahren geschweißt werden, d. h., sie

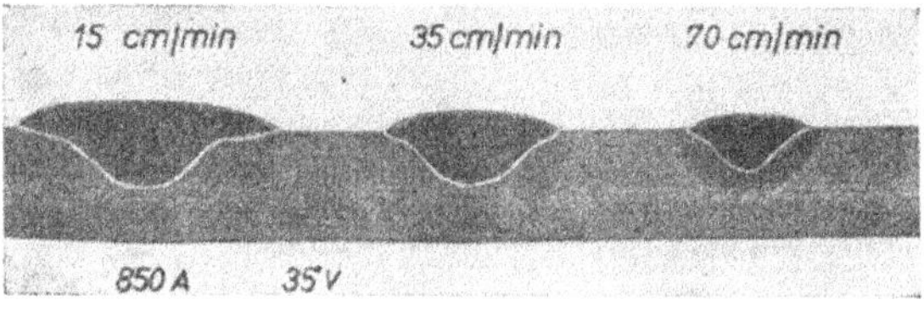

Zu Antwort 516

Bild 133. Einfluß der Schweißgeschwindigkeit

sind mit manganhaltigem wie auch manganlosem Zusatzwerkstoff gleich gut schweißbar. Das gleiche gilt für das Schweißpulver, es kann ohne Bedenken saures, amphoteres wie auch basisches Schweißpulver zur Schweißung verwendet werden.
Unberuhigte Siemens-Martin-Stähle sind nur bei Verwendung von hochmanganhaltigem Schweißdraht und basischem, eventuell amphoterem Schweißpulver UP-schweißbar. Dabei ist zu beachten, daß möglichst wenig Grundwerkstoff aufgeschmolzen wird. Das Aufschmelzen des Grundwerkstoffs kann durch Einlegen von geeigneten Zusatzwerkstoffen in die Nahtfuge auf einem Minimum gehalten werden.
Die Kohlenstoffstähle über 0,24% C sowie einige legierte Stähle sind bei geeignetem Zusatzwerkstoff und darauf abgestimmtem Schweißpulver schweißbar.

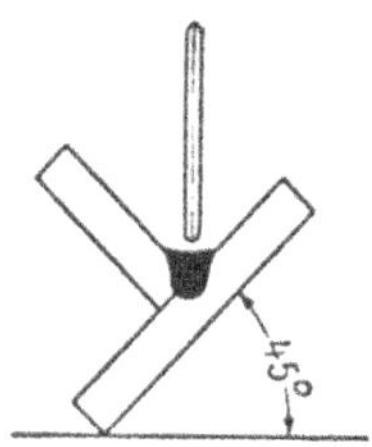

Zu Antwort 520
Bild 134
Kehlnaht in 45°-Wannenlage

520. Kehlnähte werden bei der UP-Schweißung in Wannenposition oder in einer Position von 90° ausgeführt. Das Schweißen in Wannenposition ist bevorzugt einzusetzen, da hierbei die besten Nahtformen erreicht werden, indem sich das Schweißgut gleichmäßig ablagert und einen guten Übergang von dem Schweißgut zum Grundwerkstoff ergibt (Bild 134).
Bei einseitigen Schweißungen mit voll angeschlossenem Steg wird von der 45°-Wannenposition auf

eine Wannenposition von etwa 60° übergegangen (Bild 135). Hierbei ist jedoch die Entstehung von Einbrandkerben beim Gurtblech leicht möglich. Der Schweißprozeß ist demgemäß in dieser Richtung zu beobachten.
Bei Kehlnahtschweißungen an Überlappungen wird ebenfalls zwecks Erreichen einer gut liegenden Kehlnaht in leicht unsymmetrischer Position geschweißt (Bild 136).
Je nach Kehlnahtdicke und dem verwendeten Schweißdraht werden die Nähte in Wannenposition als Einlagen- oder Mehrlagenschweißung ausgeführt.

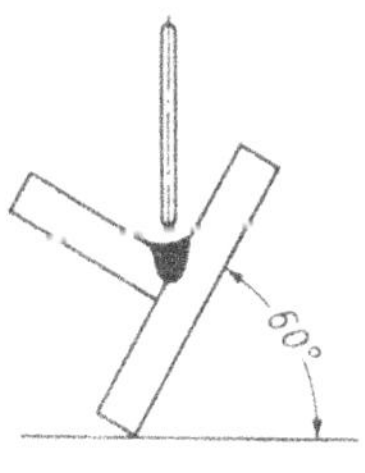

Zu Antwort 520
Bild 135
Kehlnaht in 60°-Wannenlage

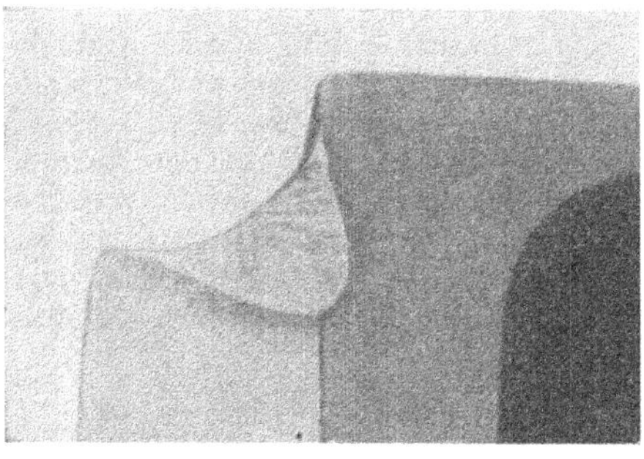

Zu Antwort 520
Bild 136. Überlappungskehlnaht

Bei der Kehlnahtschweißung in der 90°-Position werden Nahtdicken bis ungefähr $a = 7$ mm in einer Lage erreicht. Auf Grund des tiefen Einbrands können Kehlnähte, die in Wannenposition geschweißt werden, in der Kehlnahtdicke herabgesetzt werden. Dazu kann für die Festigkeitsberechnung

$$a_{UP} = 1{,}3\, a_{\text{meßbar}}$$

für die erste Lage zugrunde gelegt werden; d. h., eine Kehlnaht, die bei der Handschweißung mit einem meßbaren $a = 8$ mm ausgeführt werden muß, wird bei der UP-Schweißung nur mit einem meßbaren $a = 6$ mm ausgeführt.

Diese Umrechnung, die eine wesentliche Material- und Zeiteinsparung darstellt, kann auch noch angewendet werden bei Kehlnähten, die in Schrägposition *von unten nach oben,* aber nicht bei Kehlnähten, die in Schrägposition *von oben nach unten* geschweißt werden.

In dieser Schweißposition ist der Einbrand wesentlich geringer. Das gleiche gilt für Kehlnahtschweißungen in der 90°-Position.

Bei dem Einsatz von UP-Halbautomaten ist vorstehend genannter Umrechnungsfaktor nicht anzuwenden.

521. Ähnlich der Handschweißung können auch bei der UP-Schweißung die verschiedensten Verbindungsmöglichkeiten angewendet werden. Abhängig ist dies von der Werkstoffdicke, von der Form der zu verschweißenden Bauteile, von den vorhandenen Schweißgeräten, von den Anforderungen, die an die Schweißverbindung gestellt werden, und von der Geschicklichkeit des Schweißers. Die Stumpfnähte werden unterteilt in:

1. Doppelseitige UP-Schweißungen,
2. Einseitige UP-Schweißungen,
3. Schweißungen, wobei die UP-Schweißung mit der Handschweißung kombiniert wird.

Zu 1. Die überwiegend angewendete Verbindungsform ist die doppelseitige UP-Schweißung. Hierbei wird ein gutes Durchschweißen der Verbindung erreicht. Es ist die günstigste Form zum Schweißen dünner wie auch dicker Querschnitte bis 100 mm und darüber. Die Nahtformen können in verschiedener Art ausgeführt werden. Es wird bei schwächeren Querschnitten meist der I-Stoß mit einem Luftspalt *b* von 0 bis maximal 1 mm verwendet (Bild 137a). Als nachteilig zeigt sich jedoch hier das als Auftragschweißung erscheinende abgeschmolzene Schweißgut. Dies kann vermieden werden, wenn der Schweißstoß als I-Naht mit einem Luftspalt *b* bei 10 mm Werkstoffdicke mit etwa 3 mm und bei 100 mm Werkstoffdicke mit etwa 20 mm eingehalten wird, wobei auch Anhaltspunkte für den Luftspalt der dazwischenliegenden Werkstoffdicken gegeben sind. Eine ebenfalls sehr viel angewendete Form ist die Doppel-Y-Naht. Hierbei werden beide Bleche 40 bis 80° angefast unter Einhalten eines Luftspalts (Bild 137b).

Zu 2. Vom wirtschaftlichen Standpunkt aus gesehen, sollten alle Verbindungen als einseitige UP-Schweißung ausgeführt werden, da bei der einseitigen Schweißung die benötigte Schweißzeit wesentlich niedriger liegt als bei der doppelseitigen Schweißung.

Richtwerte für die Ausführung der einseitigen UP-Schweißung von Blechen in den Werkstoffdicken von 1,5 bis 10 mm sind in Tafel 1 zusammengestellt. Als Unterlage wird eine Kupferschiene mit eingearbeiteter Nut verwendet (Bild 137c).

Für Querschnitte von 10 bis 30 mm ist die einseitige Y-Naht mit einer Fugenöffnung von 30 bis 60° und untergelegter Kupferschiene die geeignetste Verbindungsform (Bild 137d). Bei diesen Ausführungen darf der Luftspalt *b* nicht größer als maximal 0,5 mm sein, andernfalls das flüssige Schweiß-

Blech-dicke mm	Luftspalt b mm	Kupferunterlage Nuttiefe mm	Kupferunterlage Nutbreite mm	Draht-durchmesser mm
1,5	0	0,3	1,5	2,0
2,0	0	0,5	2,0	2,0
2,5	0,5	0,5	3,0	2,0 u. 3,25
3,0	2,0	1,3	4,0	2,0 u. 3,25
4,0	3,0	1,3	6,0	3,25
5,0	3,5	1,3	6,0	3,25
6,0	3,5	1,5	7,0	3,25
8,0	4,0	1,6	8,0	3,25
10,0	4,0	1,6	10,0	4,0

Tafel 1. Richtwerte für die einseitige UP-Schweißung von Stumpfnähten

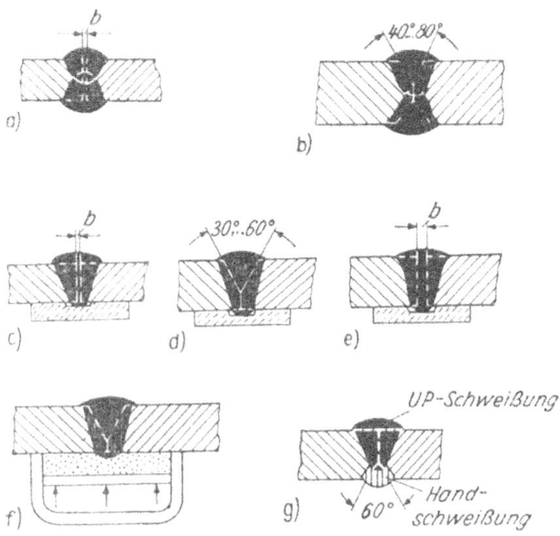

Zu Antwort 521
Bild 137. Stumpfnahtformen

gut vorläuft und sich eine fehlerhafte Schweißverbindung ergibt.
Zur Vermeidung der genauen und kostspieligen Paßarbeit bei den vorgenannten Verbindungen ist es zweckmäßig, den I-Stoß mit großem Luftspalt zu wählen. Bei 2 mm Werkstoffdicke wird ohne Luftspalt geschweißt. Bei 2,5 mm Werkstoffdicke beträgt der Luftspalt *b* 0,5 bis 1 mm und bei Werkstoffdicken von 3 bis 20 mm etwa 2 bis 6 mm. Als Unterlage hat sich auch hier die Kupferschiene mit Rille gut bewährt (Bild 137e). Anstelle der Kupferschiene kann bei den vorgenannten Schweißverbindungen auch auf einem Pulverkissen geschweißt werden, das angepreßt wird (Bild 137f).
Zu 3. Das Kombinieren der UP-Schweißung mit der Lichtbogen-Handschweißung sollte man aus wirtschaftlichen Gründen vermeiden. Lediglich bei Werkstücken, die ein Gegenschweißen mit dem UP-Gerät nicht gestatten, aber gut und sauber durchgeschweißt sein müssen, könnte man kombinieren, wobei als Schweißstoßform der I-Stoß mit Luftspalt, die Y-Naht und die X-Naht verwendet werden. Besonderer Wert ist beim Vorschweißen von Hand auf eine genügende Einbrandtiefe zu legen, die nach Möglichkeit 4 bis 5 mm tief sein muß, um bei der Gegenschweißung mit dem UP-Gerät ein Durchbrennen und Durchfallen des Schweißguts zu vermeiden. Als Abschrägung bei der Y- und X-Naht ist für die Handschweißung ein Öffnungswinkel von 60° einzuhalten (Bild 137g).
Wird die UP-Schweißung als erste durchgeführt und die Handschweißung als Gegenschweißung angewendet, so ist es vorteilhaft, für die Gegenschweißung eine Es-Elektrode oder die Tiefeinbrandelektrode zu verwenden. Beim Gegenschweißen ist ein Luftspalt von 1 bis 3 mm einzuhalten.

522. Ja! Der Einsatz der UP-Schweißung im Behälter- und Brückenbau hat dazu geführt, daß Schweiß-

geräte und Arbeitstechnologien für Schweißungen in Zwangsposition entwickelt wurden. Es kann z. B. UP-geschweißt werden: senkrecht von unten nach oben, horizontal an senkrechter Wand, überkopf. Das Schweißen in Zwangsposition gilt für Kehl- und Stumpfnähte.

523. Ja! Ein Kombinieren der Lichtbogen-Handschweißung mit der UP-Schweißung ist möglich. Es muß jedoch der zur Verwendung kommende Elektrodentyp besonders beachtet werden. Außerdem ist zu berücksichtigen, ob eine Naht von Hand vorgelegt oder das Werkstück von Hand für das UP-Schweißen geheftet oder eine UP-Naht ausgebessert werden soll.
Allgemein sollte auf ein Kombinieren der UP-Schweißung mit der Handschweißung verzichtet werden, da hierdurch nicht alle wirtschaftlichen Vorteile der UP-Schweißung ausgenutzt werden können.

524. Zur Steigerung der Schweißgeschwindigkeit und zur Vermeidung der Mehrlagenschweißung bei der Verbindung von dicken Werkstoffen wurde die Doppelkopfschweißung entwickelt. Hierbei laufen zwei

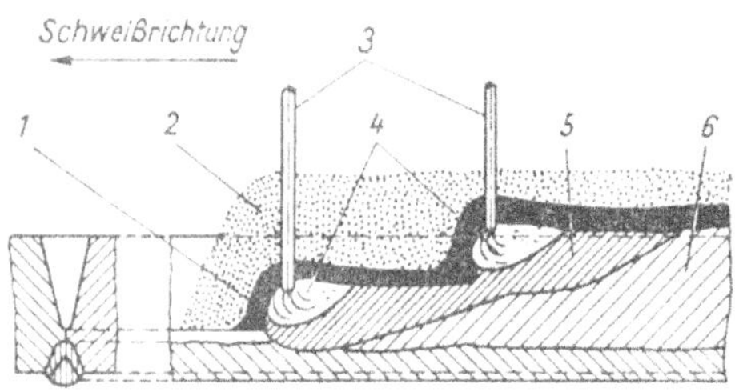

Zu Antwort 524

Bild 138. Darstellung einer Doppelkopfschweißung

1 Schlacke, **2** Pulver, **3** Zusatzwerkstoff, **4** Lichtbogen, **5** Schweißgut flüssig, **6** Schweißgut erstarrt

Drähte hintereinander und schmelzen zu gleicher Zeit ab, wobei das Schweißgut des zweiten Drahts auf das im Erstarren begriffene Schweißgut des ersten Drahts aufgetragen wird und die Nahtfuge füllt (Bild 138). Jeder Draht hat eine eigene Schweißstromquelle.

Zu Antwort 525

Bild 138 a. Kaiser-Pullmax-Profilschweißmaschine nach dem „TANDEM" UP-Schweißverfahren (Schweden)

4 Schweißköpfe mit je 2 Schweißdrähten. Schweißkopfabstand 80 mm. Schweißabstand etwa 8 mm.
4 Schweißgleichrichter zu je 1200 A, 8 Drahttrommeln.

525. Bei der *Paralleldrahtschweißung* werden zwei Drähte *nebeneinander* geführt.
Bei der *Tandemschweißung* werden zwei Drähte *hintereinander* geführt.
Die Drähte werden von einem Gerät mit gleichem Vorschub und von einer Schweißstromquelle aus verschweißt. Drahtabstand 5 bis 12 mm.
Die Paralleldrahtschweißung wird bei der Stumpfnahtschweißung zur besseren Spaltüberbrückung angewendet, z. B. bei der Innenschweißung von Rohren.
Mit der Tandemschweißung wird gegenüber der Eindrahtschweißung eine höhere Abschmelzleistung erreicht. Durch Anordnung von mehreren Schweißköpfen mit je zwei Drähten wird die Abschmelzleistung weiterhin erhöht (Bild 138a).

526. Das UP-Handschweißen oder UP-halbautomatische Schweißen ist eine UP-Schweißung mit kleinen und handlichen Geräten. Im Gegensatz zur UP-Automatenschweißung ist hier *nur der Drahtvorschub automatisch.* Die Vorwärtsbewegung des Schweißkopfs in Richtung der zu schweißenden Naht führt der Schweißer von Hand aus (Bild 139).

Zu Antwort 526

Bild 139. UP-Handschweißgerät im Einsatz

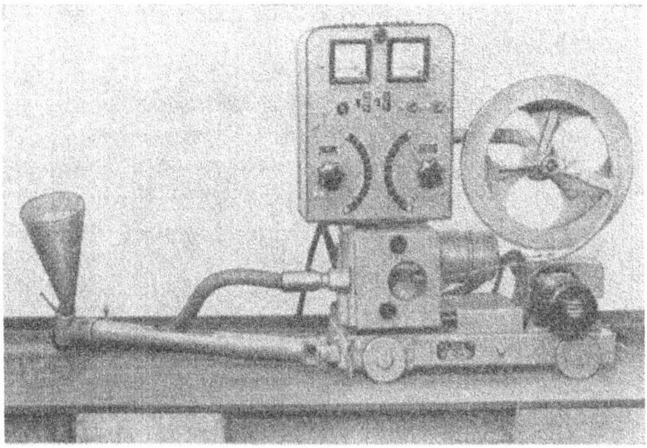

Zu Antwort 526
Bild 140. UP-Handschweißgerät, teilautomatisiert. Mit Gelenkarm ausgerüstet

Zu Antwort 526
Bild 141. UP-Handschweißgerät „Rüssel“

Weitere UP-Handschweißgeräte sind in den Bildern 140 und 141 dargestellt.

Das Verfahren ist gekennzeichnet durch das Verschweißen dünner Schweißdrähte, etwa 1,4 bis 3 mm Dicke mit hoher Schweißstromstärke.

Als Schweißstromquelle können die vorhandenen Schweißumformer oder Schweißtransformatoren verwendet werden. Für die meisten Arbeiten genügt eine Leistung bis 500 A.

527. Als Schweißpulver werden die gleichen Sorten verwendet wie bei der UP-Automatenschweißung. Der Zusatzwerkstoff muß auf den Grundwerkstoff und das Schweißpulver abgestimmt sein. Bevorzugt wird ein Draht 2 mm Durchmesser.

528. *UP-Automatenschweißung vornehmlich:* Schweißen von 1,5 bis 100 mm Werkstoffdicken, langen und kurzen Schweißnähten bei Serienproduktion.

UP-Handschweißung vornehmlich: 6 bis 20 mm dicke Querschnitte, Einzelanfertigung, kurze Schweißnähte, wenn infolge Unzulänglichkeit der Schweißstellen der UP-Schweißautomat nicht angesetzt werden kann.

529. Für die UP-Schweißung wird allgemein eine Elektrode mit rundem Querschnitt verwendet. Zur Steigerung der Abschmelzleistung für Füll- und Auftragsschweißungen werden Bandelektroden verwendet. Die Zuführung der Bänder erfolgt wie bei dem runden Schweißdraht. Es werden Schweißbänder in verschiedenen Abmessungen, z. B. 20 mm × 1 bis 80 mm × 1 mm, verschweißt und dabei eine zwei- bis vierfach höhere Abschmelzleistung erzielt.

Das Schweißen von Grauguß

Frage:

530. Welche Arten von Graugußschweißungen unterscheidet man?

531. Was heißt Kaltschweißung?

532. Was heißt Warmschweißung?

533. Was heißt Halbwarmschweißung?

534. Zusatzwerkstoffe für die Kaltschweißung?

535. Zusatzwerkstoffe für die Warmschweißung?

536. Stromart und Schweißstromstärke bei Kaltschweißung?

537. Stromart und Schweißstromstärke bei der Warmschweißung?

538. Warum sind Graugußschweißstäbe oft verkupfert?

539. Gibt es Graugußschweißstäbe mit eingelegtem Flußmittel?

540. Warum können bei der Kaltschweißung keine Graugußschweißstäbe verwandt werden?

541. Was ist bei der Wärmebehandlung der Werkstücke zu beachten?

542. Was muß man über die Warmschweißung wissen?

543. Nahtvorbereitung?

544. Wie breit muß der Schweiß-(Luft-)spalt sein?

545. Ist eine Einformung der Schadensstellen notwendig?

546. Wie formt man ein?

547. Womit formt man ein?

548. Wie erhält man ein gutes Schmelzbad?

549. Wie stellt man während dem Schweißen eine gute Bindung fest?

550. Wie groß muß der Einbrand sein, und ist ein solcher überhaupt erforderlich?

551. Wie wird ein zu großer Einbrand vermieden?

552. Was hat man beim Schweißen langer Schweißspalte zu beachten?

553. Wie vermeidet man das Auslaufen der Schmelzbäder?

554. Wie verhält man sich bei Strom- oder sonstigen Störungen?

555. Wie entstehen Poren und Schlackeneinschlüsse?

556. Lassen sich die Schweißnähte einer Warmschweißung bearbeiten?

557. Läßt sich auch schlechter, verbrauchter Grauguß lichtbogenschweißen?

558. Wann wählt man die Lichtbogen- und wann die Gasschweißung?

559. Ist Sphäroguß schweißbar?

560. Was versteht man unter dem Gussolith-Combiverfahren?

Das Schweißen von Grauguß

Antwort:

530. Die Kalt-, die Warm- und die Halbwarmschweißung.

531. Kaltschweißung heißt: *Das Schweißen von Grauguß ohne oder mit geringem Vorwärmen des Werkstücks, wobei eine örtlich begrenzte oder vollständige geringe Erwärmung des Werkstücks – je nach Schadensart und -lage – durchgeführt wird.*

Als Zusatzwerkstoff werden im allgemeinen nackte oder umhüllte *Stahlelektroden* verwandt.

Die „Kaltschweißung" mit der Stahlelektrode bietet keine Gewähr für absolute, zuverlässige und unveränderliche Festigkeit und Dichtheit. Der Vorteil der Kaltschweißung gegenüber der Warmschweißung – kein Ausbauen und Vorwärmen des Werkstücks – wird dadurch in vielen Fällen wieder aufgehoben. Der Übergang Schweißgut/Grundwerkstoff ist hart, die Übergangszonen können nur durch Schleifen und nicht durch spanende Werkzeuge bearbeitet werden.

Im Gegensatz zur Stahlelektrode ergibt die *Monelelektrode* „feilenweiche" Übergangszonen und ist daher gut bearbeitbar. Da die Monelelektroden teuer sind, werden oft nur die Schweißflanken und die letzten zwei Lagen mit Monelelektroden geschweißt, und man erreicht so ebenfalls die etwa erforderlichen „feilenweichen" Übergangszonen von Schweißgut/Grundwerkstoff. Monoelektroden sind in allen Positionen verschweißbar. Stromart: Gleichstrom, Elektrode am Pluspol.

Reinnickelelektroden bringen gute Schweißergebnisse. Die Übergangszonen sind weich und daher gut bearbeitbar. Die Schweißeigenschaften kommen einer Lötung gleich. Stromart: Gleich- oder Wechselstrom.

Auch *Bronzeelektroden* können für die Lichtbogen-Kaltschweißung verwandt werden. Vorwärmen auf etwa 150 °C ist zu empfehlen. Lichtbogen kurz halten. Stromart: Gleichstrom, Elektroden am Pluspol. Übergangszonen gut bearbeitbar.

In der UdSSR wird die Lichtbogen-Kaltschweißung von Grauguß auch mit dick umhüllten Stahlelektroden mit einem oder mehreren Kupferstäben verschiedenen Durchmessers im Bündel durchgeführt. Eine andere Variation verwendet eine Stahlelektrode, einen oder zwei Kupferstäbe und einen Messingstab im Bündel. Nach *Nasarow* kann man sich die gebündelten Elektroden selbst herstellen. Die günstigsten Ergebnisse werden nach *Nasarow* in der Zusammenstellung: 20 bis 38% Stahl und 80 bis 62% Kupfer/Messing erzielt.

Um die Festigkeit der Schweißnähte bei Werkstoffdicken über etwa 40 mm zu erhöhen, werden nach V-förmiger Vorbereitung der Riß- oder Bruchfuge – Schweißöffnungswinkel möglichst 90° – Gewindestifte eingezogen, die zuerst verschweißt werden. Um eine zu große Schwächung des Grundwerkstoffs zu vermeiden, werden die Stiftschrauben versetzt angeordnet (Bild 142). Unterschiedliche Lochtiefe ratsam, da sonst Bruchgefahr! Weitere Hilfsmittel sind Verankern oder Verlaschen der Schadenstellen. Anker und Laschen werden ebenfalls verschweißt.

Bei dem oft üblichen Abbohren geschlossener (nicht auslaufender) Risse muß berücksichtigt werden, daß die Rißlänge in den weitaus meisten Fällen größer ist als durch Augenschein erkennbar. Sehr oft ist der Riß erheblich länger wie äußerlich sichtbar, da der Riß innerhalb des Grundwerkstoffs weiterverläuft. Daß schon darin die Ursache eines neuen Schadens liegt, ist erklärlich. Der Riß muß also in seiner gesamten Länge erfaßt werden, beim Abbohren und beim Schweißen.

Zu Antwort 531

Bild 142. Ventilgehäuse zur Kaltschweißung vorbereitet

V-Stoß; Gewindestifte eingeschraubt, z. T. versetzt

Um schädliche Wärmespannungen zu vermeiden, wird in kurzen Zeitabständen geschweißt, wobei die Temperatur im allgemeinen Handwärme nicht überschreiten sollte. Nähte hämmern. Bei der Mehrlagenschweißung muß vor dem Legen der neuen Lage die alte Lage gut gesäubert werden.

Durch die Lichtbogen-Kaltschweißung tritt eine Verschlechterung des Grundwerkstoffs ein, die beim Mißlingen der Kaltschweißung die Behebung des Schadens durch eine Warmschweißung sehr erschwert. Es müssen erhebliche Mengen des Grundwerkstoffs entfernt werden, um eine gute Bindung zwischen Grundwerkstoff und Zusatzwerkstoff zu erzielen.

So ideal die Lichtbogen-Grauguß-Kaltschweißung ist, so sollte sie bei dem heutigen oder z. Z. bekannten Stand der Technik doch nur dort angewandt werden, wo keine sehr hohen Anforderungen an Festigkeit und Dichtheit gestellt werden.

Es ist nämlich abwegig, die Lichtbogen-Grauguß-Kaltschweißung nur darum *generell* anzuwenden, weil die Reparatur sehr schnell durchgeführt werden kann und zudem der Ausbau oder die Erwärmung des Werkstücks anscheinend vermieden werden können. Täglich wird durch eine solche – oft als verantwortungslos zu bezeichnende – Arbeit eine große Anzahl von Motoren- und Maschinenteilen verdorben. Durch diese unsachgemäße Arbeitsweise wird nicht nur ein großer volkswirtschaftlicher Schaden angerichtet, sondern auch die Lichtbogen-Schweißung in einen absolut unverdient schlechten Ruf gebracht.

Es sollte daher vor Beginn einer jeden Arbeit sorgfältig überlegt werden, ob nicht doch die Halbwarm- oder Warmschweißung vorzuziehen ist; denn nur diese beiden Schweißarten geben die Garantie, daß nach guter und gelungener Schweißung das Maschinenteil über Jahrzehnte hinaus allen Ansprüchen genügt. Häufig kann man bei Lichtbogen-Kaltschweißungen feststellen, daß das Werkstück nur noch durch die Anker, Laschen, Stiftschrauben, Schrumpfringe usw. zusammengehalten wird, weil die Schweißnähte an den Übergängen zum Grundwerkstoff nach kürzerer oder längerer Betriebsdauer gerissen sind.

Daß mit großen Erfahrungen und geeigneten Schweißelektroden auch mit der Lichtbogen-Kaltschweißung gute Erfolge erzielt werden können, sei am Rande vermerkt. Können und Spezialisten bewiesen und beweisen es täglich.

Anstelle der Lichtbogen-Kaltschweißung wird neuerdings das Riegel-, Klammer- oder Wellenankerverfahren unter zusätzlichem Verwenden von Kettenschrauben als Dichtmittel empfohlen und angewandt. Da aber in diesem Buch von der Schweißtechnik die Rede ist, wird von der Erklärung der „Riegel-, Klammer- und Wellenankertechnik bei der Reparatur von Gußteilen“ Abstand genommen.

Aus dem gleichen Grund wird auch nicht auf die Klebetechnik bei der Instandsetzung von Gußteilen eingegangen.

532. Warmschweißung heißt: *Das Schweißen von Gußeisen mit vollständiger Erwärmung des Werkstücks je nach Art des Werkstücks und des Schadens auf 350 bis 600 °C.* Zu niedrige Erwärmung: Wärme- und Schweißspannungen, Rißbildung. Zu hohe Erwärmung: Mehr oder weniger starker Verzug, starker Härteabfall. Grundwerkstoff wird zu weich.

Die Schweißung wird mit artgleichem Zusatzwerkstoff ausgeführt.

Das Erwärmen des Werkstücks soll langsam erfolgen und kann mit Holzkohle, Gas, Öl usw. durchgeführt werden (Bild 143). Die Schadenstellen werden mit Graugußelektroden mit oder ohne Schweißpulver geschweißt. Die Länge der Elektroden beträgt bis 1500 mm, die Dicke bis 20 mm.

Zur Durchführung einer Gußeisen-Schweißung mit vollständiger Erwärmung des Werkstücks muß dasselbe ausgebaut werden.

Das Schweißgut ergibt bei sachgemäßer Ausführung der Schweißung hohe Festigkeit, volle Dichtheit und ein porenfreies, auch an den Werkstoffübergängen (Schweißgut/Grundwerkstoff) gut bearbeitbares Gefüge.

533. Halbwarmschweißung heißt: *Das Schweißen von Grauguß mit einer örtlich begrenzten Vorwärmung des Werkstücks.* Die örtlich begrenzte Vorwärmung des Werkstücks muß von Fall zu Fall entschieden werden.

Zu Antwort 532

Bild 143. Durchführung einer Lichtbogen-Warmschweißung mit zwei Schweißern

Wärmequellen, Vorbereiten der Schweißung, Zusatzwerkstoffe, Schweißvorgang, Güte der Schweißnaht wie bei der Warmschweißung.

534. Umhüllte oder nackte Stahlelektroden. Monelelektroden. Preßmantel-Reinnickelelektroden oder Nickel/Kupfer- bzw. Kupfer/Zinnlegierung. Bronzeelektroden. Kupfer/Messing/Stahl-Elektrodenbündel. Also: *Artfremde Zusatzwerkstoffe.*

535. Graugußschweißstäbe (in diesem Elektroden genannt) und Schweißpulver. Es werden auch umhüllte Elektroden verwandt. Also: ***Artgleiche Zusatzwerkstoffe.***

536. Gleich- oder Wechselstrom. Etwa 50 bis 200 A je nach Werkstoffdicke und Elektrodendurchmesser.

537. Gleich- oder Wechselstrom. Beim Schweißen mit Gleichstrom: Elektrode am Pluspol. Schweißstromstärke: 200 bis 1500 A je nach Werkstoffdicke und Elektrodendurchmesser.

538. Um die Graugußschweißstäbe vor neuer Oxydation und Rostbildung zu schützen. Rosten der Stäbe wird durch eine trockene Lagerung vermieden. Blankschleifen verrosteter Stäbe vermindert die Schlackenbildung beim Schweißen.

539. Ja! Bei Verwenden dieser Stäbe erübrigt sich das besondere Zusetzen von Schweißpulver. Bei gut schmelz- und daher auch gut schweißbarem Guß empfiehlt es sich, einen Teil des Flußmittels aus der Stabfuge zu entfernen, da bei gut schweißbarem Guß die eingelegte Schweißpulvermenge nicht benötigt wird. Sie muß aber im Schweißstab zunächst vorhanden sein, um beim Schweißen von überaltertem Guß oder durch Einwirkung von Gasen, Dampf, Wasser, Feuer im Aufbau des zum Teil zerstörten Gußgefüges das Schweißen zu erleichtern.

540. Infolge der plötzlichen Verflüssigung fließt der Graugußschweißstab in großen Tropfen ab und verbindet sich nicht mit dem noch kalten Werkstück.

541. Es ist bekannt, daß Grauguß ein Werkstoff ist, der praktisch kein Dehnungsvermögen hat und aus diesem Grund sehr leicht zu Rißbildungen neigt. Zudem sind in jedem Gußkörper — wie aber in jedem anderen Körper auch — noch Eigenspannungen enthalten, die sich nicht nur bei unsachgemäßer, sondern auch bei sachgemäßer Erwärmung durch Rißbildungen auslösen können.

Für eine langsame und g l e i c h m ä ß i g e Erwärmung (die verschiedenen Querschnitte beachten) muß daher gesorgt werden. Die Luftzufuhr kann durch Abdichten der Luftlöcher geregelt werden, um ein ungleichmäßiges Erwärmen zu vermeiden.

Es ist eine allgemein zu beobachtende Tatsache, daß der Schweißer w ä h r e n d der Schweißarbeit seine Aufmerksamkeit auf die Durchführung der Schweißung konzentriert und dabei vergißt, dafür zu sorgen, daß das Absinken der Temperatur nicht zu groß wird. Das ist sicher ein Fehler! Es ist aber verständlich, wenn man bedenkt, daß der Schweißer u. U. einer großen Hitze ausgesetzt ist, was für ihn eine erhebliche zusätzliche Belastung bedeutet. Der Schweißer oder seine Helfer müssen also darauf achten, daß die Temperatur w ä h r e n d des Schweißens nicht zu stark absinkt.

Das Feuer und der Ofen werden mit Asbest- oder Blechplatten abgedeckt. Es bleibt nur soviel frei, wie zur Durchführung der Schweißung unbedingt notwendig ist. Der Schweißer schützt sich durch Asbesthandschuhe, Schürze, Stiefel, Asbestgamaschen usw. Es ist ein wesentlicher Vorteil für den Erfolg einer Warmschweißung, wenn das Werkstück gerade d a n n am wärmsten ist, wenn die Schweißung beendet ist. Dadurch kommt das Nach-

wärmen oder nochmalige Aufheizen in Fortfall. In vielen Fällen wird die Erwärmung durch Stadtgas (Leuchtgas) durchgeführt. Die gleichmäßige Erwärmung wird durch Meßgeräte kontrolliert.
Bild 144 zeigt einen Wärmeofen für eine Warmschweißung, der mit Gas gespeist wird. Die Abkühlung muß ebenfalls möglichst langsam geschehen, um Rißbildungen infolge zu schneller Abkühlung zu verhindern.
Oft ist das Abdecken mit Asche oder Sand anzuraten. Holzkohlenasche eignet sich besonders gut,

Zu Antwort 537

Bild 144. Ofen für Großwarmschweißung mit Stadtgas-Heizung (Leuchtgas)

da in dieser immer noch unverbrannte Holzkohlenstückchen vorhanden sind. Diese beginnen zu glimmen und verlangsamen dadurch den Abkühlungsprozeß. Jede Warmschweißung wird – sofern es sich um gleichartige Werkstücke handelt – Schweißer, Meister und Ingenieur hinsichtlich der Wärmebehandlung vor stets neue Aufgaben und Probleme stellen, die erfolgreich zu lösen ein großes Einfühlungsvermögen in das Werkstück erfordern. Wer es besitzt und vielleicht noch ein bißchen Glück hat (obwohl man sich darauf nicht verlassen sollte), wird viel Freude, wer es nicht besitzt, viel Ärger erleben!

542. Die Lichtbogenwarmschweißung wird meist in Spezial- oder Großbetrieben angewandt. Der Grund hierfür ist nicht in der Unkenntnis des Verfahrens oder in der Angst zu suchen, dickere Querschnitte zu schweißen, sondern ist darauf zurückzuführen, daß die Warmschweißung hohe Schweißstromstärken und Stromspannungen und daher auch besondere Schweißstromquellen erfordert, deren Anschaffung für den einzelnen Betrieb, lediglich für die Durchführung von Grauguß-Lichtbogenwarmschweißungen, unwirtschaftlich wäre. Auch die erforderlichen Stromstärken spielen eine große Rolle, da sie meist in kleineren Betrieben nicht vorhanden sind.

Für den Erfolg der Lichtbogenwarmschweißung ist die Vorbereitung der Werkstücke und der eigentlichen Schweißarbeit entscheidend. Oft sind Mißerfolge auf eine ungenügende Vorbereitung zurückzuführen.

Es ist zu beachten, daß die Schweißung möglichst in waagerechter Position durchgeführt wird. Ist dies infolge der Riß- oder Schadenslage nicht in einem Arbeitsgang möglich, so muß oft die Arbeit in zwei oder noch mehr Arbeitsgängen durchgeführt werden. Das bedeutet stets ein Erkalten des Werk-

stücks, neue Vorbereitung und ein neues Erwärmen des Werkstücks.
Jedoch wird in Sonderfällen auch bei der Lichtbogenschweißung an stehender Wand (Steignaht) geschweißt. Um ein Drehen des Werkstücks oder die bereits geschilderte Arbeitsunterbrechung zu vermeiden, wird diese oder jene Schweißung auch mit der Steignaht ausgeführt.
In beiden Fällen ist das sorgfältige Einformen des Schweißspalts eine entscheidende Voraussetzung für den Erfolg. Beim Schweißen an stehender Wand erfolgt das Einformen des Schweißspalts bei langen Nähten während des Schweißens stufenförmig von unten nach oben. Der Schweißer oder seine Helfer müssen demgemäß auch gute Former sein.

543. Eine Nahtvorbereitung, wie z. B. bei der Lichtbogenschweißung von Stahl, gibt es nicht. Es wird nur ein Schweißspalt ausgearbeitet. Dieser kann auf mechanischem Weg (Schleifen, Fräsen usw.) durch Ausschmelzen mit einem Schweißbrenner oder Sonderelektroden zum Ausfugen von Gußeisen vorbereitet werden (Bild 145).

544. Dieser richtet sich nach der Tiefe des Schweißspalts. Er ist so breit zu wählen, daß die Elektrode gut eingeführt werden kann, ohne seitlich behindert zu sein. Bei tiefen Schweißspalten ist ein bedeutend breiterer Spalt zu wählen, da das Schmelzbad während des Schweißens genau beobachtet werden muß.

545. Da nicht wie bei der Lichtbogen-Schweißung von Stahl durch Auflegen von Raupe auf Raupe der Schweiß- oder Luftspalt gefüllt wird, sondern ein völlig flüssiges Schmelzbad gehalten werden muß, ist das Einformen der Schweißstelle unbedingt erforderlich.

546. Da die Schweißkanten mit angeschmolzen werden, muß die Einformung entsprechend breit gewählt

Zu Antwort 543

Bild 145. Ausgearbeiteter Schweißspalt (Luftspalt)

werden. Auch ist eine geringe Verstärkung (Überwölbung) zu empfehlen. Es wird dadurch eine gewisse Verstärkung der Schweißnaht erreicht. Gleichzeitig werden aber auch Einbrandkerben vermieden, die durch Sand oder Schlackenrückstände im Übergang des Schweißguts entstehen können.

547. 1. Zum Einformen werden Schweißkohleplatten und Schweißkohlestifte benutzt (Bild 146). Schweißkohleplatten mit Nut und Feder haben den Vorteil, daß sie sich zu verschiedenen Breiten und Formen zusammenfügen lassen.
Die Schweißkohlen sind hitzebeständig und können auch bei den hohen Temperaturen des Lichtbogens lediglich zum Glühen gebracht werden. Während des Schweißens kommt es zu

Zu Antwort 547

Bild 146

1 Formkohleplatte ohne Nut und Feder, 2 Formkohleplatte mit Nut und Feder, 3 Formkohlestifte verschiedenen Dmr.

keiner Verbindung zwischen Schmelzbad und Schweißkohle. Die Schweißkohleplatten und -stifte können u. U. mehrmals benutzt werden.

2. Für besondere Zwecke, z. B. zum Einformen gerundeter oder gewölbter Flächen, wird auch *plastische* Schweißkohle geliefert. Die plastische Formkohle ist pulverförmig und wird mit Wasser zu einem zähen, gerade noch knetbaren Brei eingerührt. Dieser Brei kann zu der jeweils benötigten Form modelliert werden. Nachdem die Formmasse unter gleichmäßiger Wärme oder an der Luft getrocknet ist, kann mit dem Schweißen begonnen werden. Die plastische Schweißkohle ist nur einmal verwendbar.

Die Formkohleplatten werden unmittelbar an den Schweißspalt gelegt und mit Formsand umstampft. Es ist darauf zu achten, daß die Formkohle gut anliegt und durch den Formsand oder Lehm fest an das Werkstück gepreßt wird, um ein Auslaufen des Schmelzbads zu verhindern. Oft ist es zweckmäßig, Formkohle und Formsand noch durch einen Blech-

mantel zu sichern. Das Einformen ist sehr sorgfältig durchzuführen, da das Gelingen einer Schweißung fast ausschließlich von dieser Vorbereitung abhängt (Bild 147).
Fehlende Teile werden unter Verwendung von Schweißkohleplatten durch Herstellen der entsprechenden Form – die gut abgesichert sein muß – durch eine Auftragschweißung ersetzt.

548. Ein gutes Schmelzbad wird durch die richtige Schweißstromeinstellung und durch die richtige Wahl des Elektrodendurchmessers gewährleistet. Es ist ein pausenloses Schweißen von Anfang bis Ende zu erstreben. Der Schweißer arbeitet bei großen Schweißungen abwechselnd mit zwei Elektrodenhaltern (die anders konstruiert sind als bei der Lichtbogen-Stahlschweißung), die ihm von einer

Zu Antwort 547

Bild 147. Die aus Formkohleplatten hergestellte Form ist mit Formsand und einem Blechmantel gegen Auslaufen des Schmelzbads abgesichert. Die Form ist mit quergestellten Formkohleplatten in verschiedene Schweißbäder unterteilt

Hilfskraft zugereicht werden, um einen unnötigen Zeitverlust durch Auswechseln der Elektroden zu vermeiden. Das Schmelzbad muß dauernd flüssig gehalten werden. Um einer Übermüdung vorzubeugen, sind bei größeren Arbeiten zwei oder mehr Schweißer anzusetzen.

Eine andere Arbeitsmethode ist die nach dem Prinzip von Bild 148. Es ist ersichtlich, daß durch diese Methode für den Schweißer, infolge Fortfall der durch die Schweißleitungen nicht nur schweren, sondern auch sehr unbequemen und unhandlichen Elektrodenhalter, eine bedeutende Arbeitserleichterung entsteht. Die Elektrode – die beliebig lang sein kann – wird an der Kontaktkohle ohne besondere Anstrengung des Schweißers entlanggeführt und dem Schmelzbad zugeführt. Zu der Arbeits-

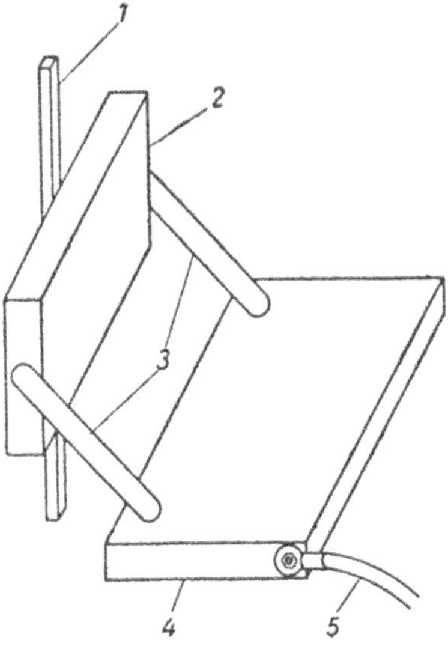

Zu Antwort 548

Bild 148 *Schema der Lichtbogen-Schweißung mit schweißstromführender Elektrode*

1 Schweißstab (Elektrode),
2 Kontaktkohle,
3 Halterung,
4 stromführende Grundplatte,
5 Schweißkabel

erleichterung für den Schweißer tritt zusätzlich eine höhere Abschmelzleistung hinzu.
Metallisch reine oder verkupferte Elektroden erleichtern den Stromdurchgang und das Halten des Lichtbogens zwischen Werkstück und Elektrode.
Die Bilder 149 und 150 zeigen die praktische Anwendung der Methode, die auch fahrbar gestaltet werden kann.

Zu Antwort 548
Bild 149. Einführen des Schweißstabs

Zu Antwort 548
Bild 150. Schweißen mit stromführender Kohle

549. Durch Prüfen der Schweißkanten auf ihren teigigen Zustand mit einem kalten Gußstab läßt sich die Bindung einwandfrei feststellen.

550. Auf einen geringen Einbrand muß geachtet werden. Dieser entsteht durch das Anschmelzen der Schweißkanten. Allzu großer Einbrand ist zu vermeiden, da dadurch die Kontrolle auf eine gute Bindung mit dem Grundwerkstoff verlorengeht. Außerdem setzt sich in dem zu tiefen Einbrand Schlacke fest, was leicht zu Bindefehlern und Schlackeneinschlüssen im Übergang zum Grundwerkstoff führen kann. Eine Verminderung der Festigkeit wäre die Folge!

551. Die Ursache eines zu großen Einbrands ist meist darin zu suchen, daß, um das Schmelzbad in flüssigem Zustand zu halten, mit zu hohen Schweiß-

stromstarken gearbeitet wird. Das läßt sich vermeiden, wenn das zu schweißende Werkstück so gut vorgewärmt wird, daß keine zu große Wärmeableitung an das Schmelzbad erfolgt. Also: Möglichst auf zu hohe Schweißstromstärke verzichten und das Werkstück dafür etwas mehr vorwärmen.

552. Lange Schweißspalte lassen sich nur schlecht schweißen, da das Schmelzbad in seiner gesamten Ausdehnung nicht flüssig gehalten werden kann, es wird zu kalt. Es entstehen dadurch leicht Bindefehler und Kaltschweißstellen. Es muß von vornherein darauf geachtet werden, einen langen Schweißspalt in kleinere Schmelzbäder zu unterteilen. Diese kleineren Schmelzbäder geben dann die Gewähr für eine gute Schweißung. Das Aufteilen des Schweißspalts geschieht durch Einlegen von Formkohleplatten mit Anstampfen von Sand. Die Formkohle wird nach Fertigstellung des jeweiligen Schweißabschnitts entfernt. (Vorsicht, daß beim Entfernen der Kohleplatten nicht das Schmelzbad ausläuft.)

553. Durch sorgfältiges Einformen unter Berücksichtigung aller möglichen auftretenden Schwierigkeiten während der Schweißung. Die Einformung ist nicht zu schmal zu halten. Bei großen Reparaturstücken muß mit deren Dehnung, die durch das Anwärmen entsteht, und mit dem möglichen Verzug der Formkästen gerechnet und danach auch das Einformen berechnet werden. Falls dann trotzdem ein Auslaufen des flüssigen Schweißguts erfolgt, muß versucht werden, die Auslaufstelle mit Formsand abzudichten.

554. Tritt eine Störung und dadurch auch eine Unterbrechung des Schweißvorgangs ein, so kann das Schmelzbad erstarren. Ein Flüssigmachen desselben ist dann unbedingt erforderlich. Bei kleinen Schmelzbädern ist dies ohne weiteres durch Anfahren mit höherer Schweißstromstärke möglich. Bei größeren Bädern ist dagegen ein Anschmelzen mit einer Kohleelektrode ratsam. Auf keinen Fall soll weitergeschweißt werden. Es wird sonst bei jeder längeren Unterbrechung an dem Schmelzpunkt eine Kaltschweißstelle entstehen, die eine Undichtheit und eine Verminderung der Festigkeit der Schweißnaht mit sich bringt.

555. Die Poren und Schlackeneinschlüsse entstehen, wenn das Schmelzbad nicht genügend flüssig gehalten wird. Die Verunreinigungen haben dadurch keine Möglichkeit, aus dem Schmelzbad zu entweichen und nach oben zu gelangen.

556. Die Schweißnaht ist einschließlich den Übergängen bei Verwendung von gutem Zusatzwerkstoff feilenweich. Bei einem guten Schmelzbad gibt es auch keine harten Einlagerungen, da die Oxide und Verunreinigungen, die die Ursache dieser harten Stellen sind, an die Oberfläche wandern, sich dort in Form von Schlacke absetzen und durch Abschöpfen entfernt werden können.

557. Ja! Bekanntlich versteht man unter verbrauchtem Grauguß solchen Grauguß, der Feuerungsgasen, Dampf oder Wasser ausgesetzt war. Man merkt es beim Schweißen daran, daß die Schweißkanten weniger teigig werden. Es empfiehlt sich, mit höheren Schweißstromstärken zu arbeiten und die Schweißung öfters – jedoch nur kurz – zu unterbrechen. Zugabe von größeren Mengen Schweißpulver als sonst ist erforderlich.

558. Es wurde schon erwähnt, daß die Lichtbogenwarmschweißung der Lichtbogenkaltschweißung überlegen ist. Wenn auch die Lichtbogenkaltschweißung trotz ihrer geringen Werte hinsichtlich Dichtheit, Festigkeit usw. nicht auszuschalten ist – Anwendung der Lichtbogenkaltschweißung möglichst nicht unter 15 mm –, so sollte doch der Lichtbogenwarmschweißung, so nur irgend angängig, der Vorzug gegeben werden.

Im Vergleich zu der Gasschweißung auf dem Gebiet des Graugußwarmschweißens kann festgestellt werden, daß beide Verfahren ähnlich und in ihren Ergebnissen gleich gut sind. Jedoch ist die Gasschweißung im Querschnitt begrenzt, so daß bei langen Schweißnähten an Werkstoffdicken über 30 bis 50 mm sicher die Lichtbogen-Schweißung vorzuziehen ist, *sofern bei der Gasschweißung nicht das Schweißen an stehender Wand angewandt werden kann.*

In vielen Fällen wird es sich auch als zweckmäßig erweisen, daß an einem Werkstück b e i d e Verfahren angesetzt werden. In diesen Fällen sollten aber auch G- und E-Schweißer angesetzt werden, da dann die Erfolgsaussichten größer sind.

559. Ja! Bei Sphäroguß tritt der freie Kohlenstoff nicht wie beim Grauguß als Graphit in Lamellenform, sondern in Kugelform auf. Er wird daher auch als „Gußeisen mit Kugelgraphit" bezeichnet. Es wird unterschieden zwischen ferritischem, perlitischem und austenitischem Sphäroguß.

Besondere Eigenschaften: Gute Gießbarkeit und Bearbeitbarkeit, hohe Dehnung, Zähigkeit und Festigkeit. Während Grauguß faktisch keine Dehnung hat, besitzt Sphäroguß eine Dehnung von 12 bis 15%.

Schweißbarkeit: Im allgemeinen gut. Jedoch ist ein Vorwärmen auf etwa 200 bis 300 °C, Warmhalten während des Schweißens, langsames Erkalten und eine Wärmebehandlung nach dem Schweißen zwecks Abbau der harten Zonen im Schweißgut und Übergang Schweißgut/Grundwerkstoff, sowie um einen Dehnungsverlust zu verhindern, notwendig.

Stromart: Wechsel- oder Gleichstrom.

Elektroden: Nickel/Eisen-Elektrode, Stahlelektrode, Elektroden aus artgleichem Zusatzwerkstoff auch umhüllt.

Hinweise
Beim Schweißen mit artgleichem Zusatzwerkstoff: Vorwärmen auf 400 bis 600 °C, Wärmenachbehandlung 700 bis 900 °C.
Beim Schweißen mit artfremden Zusatzwerkstoff etwa 60/40-Ni/Fe-Elektrode: Vorwärmen auf etwa 100 °C, Wärmenachbehandlung etwa 900 °C.
Niedrige Schweißstromstärke, geringes Aufschmelzen des Grundwerkstoffs, Mehrlagenschweißung.
Durch Hämmern werden Spannungsspitzen abgebaut.
Schweißverbindungen zwischen Sphäroguß und Stahl oder Sphäroguß/Nickellegierungen sind möglich.
Elektroden hierzu: Kb-Elektrode, dünn umhüllt.
Vorwärmen: auf etwa 200 °C, Wärmenachbehandlung: 2 h/900 °C.
Mit Elektrode 60/40-Ni/Fe: Keine Vorwärmung.
Wärmenachbehandlung: etwa 900 °C.
Über neueste Erkenntnisse informieren!

560. Das Gussolith-Combiverfahren gehört zu den Lichtbogenschweißverfahren auf dem Gebiet der Grauguß-Schweißung.
Eine stromführende Elektrode bildet den Lichtbogen, in dem der von Hand zugeführte Graugußstab abgeschmolzen wird (Bild 151). Gleichzeitig

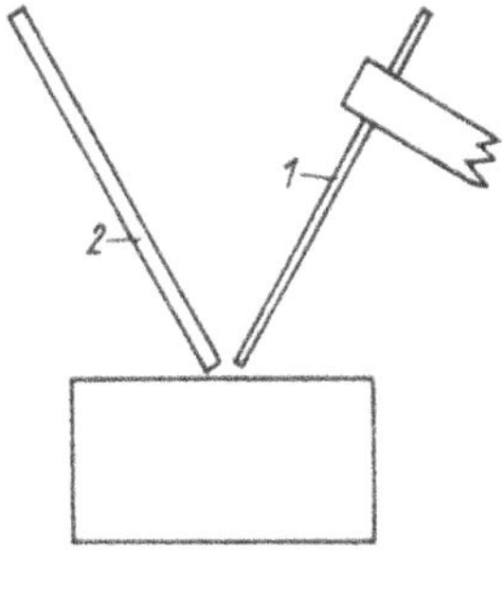

Zu Antwort 560
Bild 151
Gussolith-Combi-Schweißverfahren
1 stromführende Elektrode (Sonderlegierung), 2 von Hand zugeführter Graugußschweißstab

wird auch die stromführende Elektrode (Sonderlegierung) abgeschmolzen. Durch dieses Verfahren wird die Abschmelzleistung um etwa das Zweifache erhöht. Durch Verwendung des von Hand zugeführten, relativ billigen Grauguß-Schweißstabs weitere Kostensenkung. Bei sachgemäßer Anwendung Schweißgut poren- und rißfrei, gut bearbeitbar, auch an den Übergängen Schweißgut/Grundwerkstoff.

Das Verfahren wird zum Schweißen von Werkstükken aus Grauguß ohne Erwärmung des Werkstücks (Kaltschweißung) angewandt.

Das Schweißen von Leichtmetallen

Frage:

561. Kann mit der Lichtbogen-Schweißung Aluminium geschweißt werden?

562. Schweißstromquellen und Stromart?

563. Schweißstromstärke?

564. Vorbereitung der Schweißkanten?

565. Muß beim Schweißen mit der umhüllten Elektrode (Preßmantelelektrode) ein Flußmittel verwandt werden?

566. Elektrodenwahl?

567. Halten der Elektrode und des Lichtbogens?

568. Welchen Nachteil haben feuchte Elektroden?

569. Warum müssen Werkstoffdicken über 12 mm angewärmt werden?

570. Anhaltspunkte für die Vorwärmung?

571. Wie kann schnell festgestellt werden, ob es sich um eine Aluminiumlegierung (Al) oder um eine Magnesiumlegierung (Mg), z. B. Elektron, handelt?

572. Temperaturbestimmung?

573. Wie wird die Zündung des Lichtbogens erleichtert?

574. Wie wird das Durchsacken des Schmelzbads oder das „Löcherschmelzen“ vermieden?

575. Was ist bei der Mehrlagenschweißung zu beachten?

576. Können Bindefehler durch Überschweißen beseitigt werden?

577. Festigkeit der lichtbogengeschweißten Nähte?

578. Nachbehandlung der Schweißstellen?

579. Mit welchen Verfahren werden Aluminium und seine Legierungen noch geschweißt?

Das Schweißen von Leichtmetallen

Antwort:

561. Ja! Die Lichtbogenschweißung ist infolge der hohen Wärmetemperatur des Lichtbogens und hoher Konzentration desselben auf die eigentliche Schweißstelle zum Schweißen von Aluminium und verschiedenen Legierungen gut geeignet. Es kann eine höhere Schweißgeschwindigkeit, eine schmalere Schweißzone gegenüber der Gasschweißung erreicht werden. In der Elektrodenumhüllung (Preßmantelelektrode) sind Flußmittel beigemengt, die die Oxidhaut des Aluminiums zerstören und die Neubildung von Oxidschichten verhindern. Mit Hilfe der Elektrodenumhüllung wird auch eine Lichtbogenstabilisierung erreicht.
Es können Werkstoffdicken ab 2 mm geschweißt werden, jedoch ist unter besonderen Bedingungen auch das Schweißen von 1 mm Werkstoffdicken möglich.
Von den Legierungen sind gut schweißbar: Pantal (Bild 152), Silumin, Hydronalium, AlSi und andere. Elektron und andere Magnesiumlegierungen sind nicht oder nur schlecht schweißbar.

562. Schweißumformer. Schweißgleichrichter.
Stromart: Gleichstrom. Elektrode am Pluspol (+).

563. Je nach Elektrodendicke verschieden.

2,5 mm Dmr.	60 bis 100 A
3,25 mm Dmr.	80 bis 110 A
4 mm Dmr.	100 bis 140 A
5 mm Dmr.	120 bis 160 A
6 mm Dmr.	140 bis 200 A
8 mm Dmr.	160 bis 220 A

Bei wesentlicher Erhöhung der angegebenen Schweißstromstärke höherer Spritzverlust.

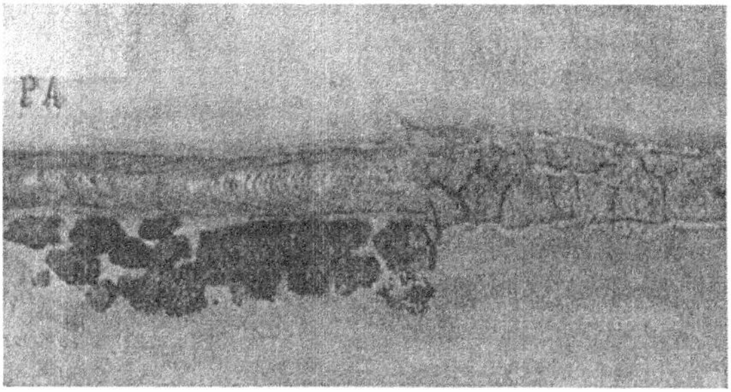

Zu Antwort 561

Bild 152. Stumpfnaht/Aufsicht einer Pantal-Schweißung

Die zurückbleibende Schlacke, die bereits beim Erkalten rissig wird, kann leicht in großen Stücken entfernt werden

564. 2 bis 6 mm I-Stoß. Luftspalt etwa 2 mm;
6 bis 12 mm V-Stoß. Luftspalt etwa 0 bis 2 mm;
über 12 mm X-Stoß. Luftspalt 0 mm.

565. Nein, denn in der Umhüllung der Elektrode sind bereits alle Stoffe enthalten, die zur Lösung und Zerstörung der Oxidhaut notwendig sind.

566. Für Reinaluminium eine Reinaluminiumelektrode. Für Legierungen sind solche Elektroden zu wählen, die dem Grundwerkstoff entsprechen.
Beim Verschweißen von verschiedenen Aluminiumlegierungen sind Elektroden zu wählen, die *einer* der beiden Legierungen entsprechen.
Elektrodendurchmesser etwas schwächer als Werkstoffdicke wählen.
Hinweise der Elektrodenhersteller beachten.

567. Bei I-Nähten Elektrode unter einem Winkel von 70 bis 90°, bei Kehlnähten außerdem unter 45° der aufeinanderstehenden Bleche. Lichtbogen möglichst kurz halten. Bei dickeren Werkstoffen und sehr breiten Schweißfugen Führen der Elektrode unter leichter seitlicher Pendelbewegung.

Es kann nach rechts oder links geschweißt werden. Bei der NR-Schweißung bessere Beobachtung des Schmelzbads möglich. Die Gleichmäßigkeit und Stabilität des Lichtbogens wird erhöht, wenn der Minuspol der Schweißrichtung gegenüber liegt. Zeigt die Schweißrichtung nach rechts, soll der Minuspol links am Schweißtisch liegen.

568. Feuchte Elektroden haben hohe Spritzverluste. Einwandfreies Arbeiten nicht möglich. Trockene Lagerung unbedingt erforderlich. Elektroden werden in Packungen geliefert, die gegen das Eindringen von Feuchtigkeit geschützt sind. Bei Verbrauch der Elektroden nur eine Packung öffnen. Feucht gewordene Elektroden können nachgetrocknet werden, was aber besser von vornherein durch sachgemäße Lagerung der Elektroden vermieden werden sollte.

569. Das Vorwärmen, das meist mit einem Schweißbrenner geschieht, ist infolge der bekannten hohen Wärmeleitfähigkeit des Aluminiums notwendig. Ohne Vorwärmen schlechte Bindung und starke Porenbildung infolge zu schneller Erkaltung des Schmelzbads und Schweißguts.

Bei Gußstücken kann die Erwärmung auch in einem Holzkohlenfeuer oder mit einer anderen Wärmequelle erfolgen, wobei auf langsames Erwärmen und Erkalten des Werkstücks zu achten ist. Bei Holzkohlenfeuer Gußstück nicht dem direkten Feuer aussetzen, da Absacken und Schmelzen des Werkstücks möglich ist.

570. Reinaluminium etwa 200 bis 250 °C.

Spannungsempfindliche Legierungen und Gußlegierungen etwa 150 bis 250 °C.

Als weiterer Hinweis für das Schweißen von Reinaluminium möge gelten: Beim Vorwärmen unter 200 °C empfiehlt sich bei Elektrodenwechsel die

Übernahme des Lichtbogens durch einen zweiten Schweißer, damit keine Wärmeableitung von der Schweißstelle erfolgt.

571. Von dem jeweiligen Arbeitsstück werden Späne abgefeilt und mit einer besonders schwachen Schweißflamme (Gasschweißung) erhitzt. Entstehen kleine Kügelchen, handelt es sich um eine Aluminiumlegierung, verbrennen die Späne mit grellweißer Flamme, so handelt es sich um eine Magnesiumlegierung.

572. Zur schnellen Temperaturbestimmung der Werkstücke bedient man sich:
1. des Temperatur-Meßschmelzpulvers oder
2. der Temperatur-Meßstifte oder
3. der Temperatur-Meßflüssigkeit oder
4. der Temperatur-Meßtabletten.

Die Handhabung ist aus den Gebrauchsanweisungen zu entnehmen. Temperaturbestimmung zwischen jeweils 50 °C möglich.

Stehen diese Temperatur-Meßbestimmungsmittel nicht zur Verfügung, so sei auf folgende Meßmethode hingewiesen: Man bedient sich eines Fichtenholzstabs, mit dem man über die Oberfläche des Werkstücks streicht. Bei etwa 350 ° C hellbrauner, bei etwa 400 °C brauner, bei etwa 500 °C schwarzer Strich, der nach ganz kurzer Zeit verschwindet.

573. Die Zündung wird auf einem dem Schweißstoß vorgelegten Blech vorgenommen. Der Lichtbogen wird dann von dort auf die eigentliche Schweißstelle gelenkt.

574. Durch Unterlegen von Stahl- und Kupferschienen. Geübte Schweißer können Werkstoffdicken über 4 mm auch ohne Unterlage schweißen.

575. Daß vor Aufbringen einer neuen Lage die Schlacke restlos entfernt wird, um Schlackeneinschlüsse und Bindefehler zu vermeiden.

Ebenso ist die Endstelle einer Schweißnaht vor Weiterführen derselben von Schlackenresten sorgfältig zu reinigen, um Schlackeneinschlüsse zu vermeiden.

576. Nein! Diese Stellen müssen vielmehr sorgfältig ausgefräst oder ausgemeißelt werden und können erst dann nachgeschweißt werden.

577. Die Schweißnähte erreichen annähernd die Festigkeit des Grundwerkstoffs (Bild 153). Durch Hämmern kann eine Kornverfeinerung und dadurch auch eine höhere Festigkeit mitunter erreicht werden. Die Korrosionsbeständigkeit wird erhöht. Beim Hämmern für gute Unterlage sorgen. Schweißnähte an Gußstücken nicht hämmern (Bild 154).

578. Die Schlacke ist abzuklopfen. Die Schweißnaht ist mit einer Bürste (keine Drahtbürste) zu säubern. Weitere Reinigung mit zehnprozentiger Salpetersäure. Nachspülen mit warmem Wasser. Auf sorgfältiges Entfernen der Schlacke ist zu achten. Freiliegende und nicht entfernte Schlackenreste sind Ursache von Korrosionsschäden. Die Schweißnaht kann mit Meißel, Fräserfeilen oder Fräser bearbeitet werden.

579. Unter anderem:
a) Gasschweißung,
b) Arcatomschweißung,
c) Weibelverfahren,

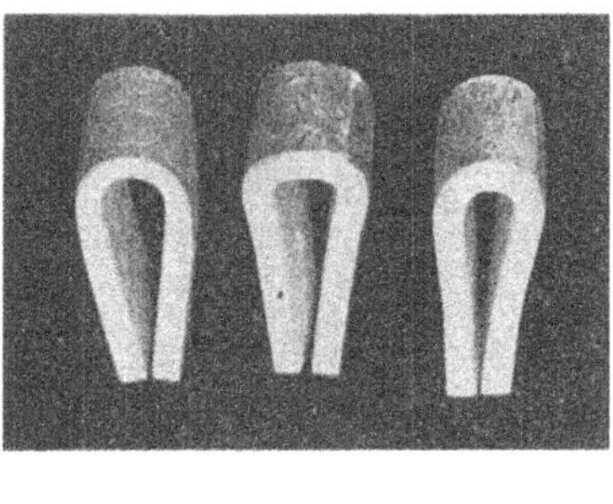

Zu Antwort 577
Bild 153
Biegeproben an Rein-Al-Stumpfnahtschweißungen

Zu Antwort 577
Bild 154. Ausbesserungsschweißung an einem Silumin-Gehäuseteil

d) Schweißen mit Kohleelektroden (Bördelschweißung, Reparatur von Gußstücken),
e) Schutzgas-Lichtbogen-Schweißung (gewinnt steigende Bedeutung, s. hierzu a. Abschnitt Schutzgas-Lichtbogen-Schweißung),
f) MATI-Methode (UdSSR). Mit Hilfe eines Schweißtraktors maschinelles Kohle- Lichtbogenschweißverfahren unter selbsttätiger Flußmittelzuführung. Schweißen ohne Zusatzwerkstoff. Vorher hergestellte Bördelnaht wird niedergeschmolzen.

   Eine andere in der UdSSR nach dem Prinzip der UP-Schweißung entwickelte Methode schweißt mit Hilfe eines Schweißtraktors Aluminium und dessen Legierungen von 6 bis 25 mm Werkstoffdicke. Draht- und Pulverzuführung, Transport des Schweißtraktors sowie der Schweißprozeß werden automatisch geregelt.

Das Schweißen von Kupfer, Messing, Bronze und Nickel

Frage:

580. Ist Kupfer lichtbogenschweißbar?

581. Sind Messing und Bronze lichtbogenschweißbar?

582. Ist Nickel lichtbogenschweißbar?

583. Vorbereitung der Schweißkanten bei Kupfer, Messing und Bronze?

584. Wahl der Schweißstromstärke für Preßmantelelektroden?
(Von Frage 584 bis 589 ist auf die Verwendung von Preßmantelelektroden Bezug genommen.)

585. Was ist bei der Vorwärmung zu beachten?

586. Stromart und Schweißstromstärke beim Schweißen von Kupfer, Messing und Bronze?

587. Vorbereitung der Schweißkanten bei Nickel?

588. Ist eine Vorwärmung bei Nickel notwendig?

589. Stromart und Schweißstromstärke beim Schweißen von Nickel?

Das Schweißen von Kupfer, Messing, Bronze und Nickel

Antwort:

580. Ja! Kupfer ist lichtbogenschweißbar, und zwar:

a) mit der Lessel-Schlauch-Elektrode (Flußmittel in Elektrode). Wird nur noch selten angewendet und hat keine Bedeutung mehr,

b) mit der Arcatomschweißung, Flußmittel, artgleicher Zusatzdraht. Im allgemeinen nur für Sonderfälle. Ausnahme Auftragschweißen von Kupfer auf Stahlblöcke, z. B. Schweißmaschinen-Einspannbacken,

c) mit Preßmantelelektroden, Bronze- und Alu-Bronzebasis, Flußmittel in Umhüllung,

d) mit WIG- und MIG-Verfahren (Schutzgas-Lichtbogen-Schweißung). Zusatzdrähte mit desoxydierenden Bestandteilen verwenden. Zur Desoxydation des Grundwerkstoffs Anwendung von Schweißpulver oder Schweißpaste vorteilhaft. Stromart: Gleich- oder Wechselstrom.

581. Beide Metalle sind lichtbogenschweißbar, und zwar:

a) mit der Arcatomschweißung, Flußmittel, artgleicher Zusatzdraht,

b) mit Preßmantelelektroden, Bronze- und Alu-Bronzebasis, Flußmittel in Umhüllung,

c) mit WIG- und MIG-Verfahren (Schutzgas-Lichtbogen-Schweißung), ohne Flußmittel, artgleicher Zusatzdraht. Stromart: Gleichstrom (– Pol). Werkstoffdicken bis 1 mm auch Wechselstrom. Alu-Bronze nur mit Wechselstrom.

582. Ja! Nickel ist lichtbogenschweißbar, und zwar:

a) mit der Arcatomschweißung, Flußmittel, artgleicher Zusatzdraht,

b) mit Preßmantel-Nickelelektrode, Flußmittel in Elektrode,

c) mit WIG- und MIG-Verfahren (Schutzgas-Lichtbogen-Schweißung), ohne Flußmittel, artgleicher Zusatzdraht. Stromart: Gleich- oder Wechselstrom.

583. Ab 3 mm V-förmig in einem Winkel von 60° abschrägen. Bei größeren Blechdicken ist auch eine X-förmige Abschrägung — besonders bei der Vertikalschweißung — zu empfehlen.

584. Wegen der teils wesentlich größeren Wärmeleitfähigkeit der Buntmetalle (z. B. Kupfer sechsfach) gegenüber Stahl am Schweißstromstellteil mindestens um eine Stufe höher einstellen als bei der Stahlschweißung.
(Von Antwort 584 bis 589 ist auf die Verwendung von Preßmantelelektroden Bezug genommen.)

585. Liegt Bronze als Grundwerkstoff vor, so ist ein Vorwärmen notwendig, um eine gute Bindung zu erzielen und eine Porenbildung zu verhindern. Werkstoffdicken unter 6 mm auf etwa 200 bis 300 °C, über 6 mm auf etwa 300 °C vorwärmen. Bei Gesamterwärmung Werkstück unterbauen, da infolge geringer Warmfestigkeit Verformung oder Bruch des Werkstücks eintreten kann.
Bei Kupfer Vorwärmung je nach Werkstoffdicke auf 250 bis 600 °C erforderlich. (Bei dem vom Schweißtechnischen Institut Gliwiece, VR Polen, entwickelten neuen Kupferschweißverfahren entfällt das Vorwärmen des Kupfers.)

586. *Stromart:* Gleichstrom (+ Pol).
Schweißstromstärke: Je nach Größe und Temperatur des Werkstücks sowie Elektrodendurchmesser. (Hinweise der Elektrodenlieferwerke beachten.)

587. Ab 3 mm V-förmig in einem Winkel von etwa 70° bei 2 mm Spaltbreite.

588. Ja! Zumindestens bei Schweißbeginn Vorwärmung auf etwa 300 °C.

589. *Stromart:* Je nach Elektrodenart Wechselstrom oder Gleichstrom. Bei Gleichstrom am Pluspol (+).

Schweißstromstärke: Je nach Größe und Temperatur des Werkstücks sowie Elektrodendurchmesser. (Hinweise der Elektrodenlieferwerke beachten.)

Das Schweißen von schadhaften Benzin-, Benzol-, Öl- oder Petroleumfässern, Kraftrad- und Kraftwagenbrennstoffbehältern usw.

Frage:

590. Weshalb muß man beim Schweißen derartiger Fässer und Behälter besonders vorsichtig sein?

591. Welche Vorsichtsmaßregeln sind deshalb zu beachten?

592. Kann oder darf man bei Fässern, Behältern oder Tanks, die schon jahrelang leer, mit offenem Spundloch oder offener Einfüllöffnung im Freien gelagert haben, weniger vorsichtig sein?

593. Sind die Vorsichtsmaßnahmen auch dann zu treffen, wenn es sich nur um einen ganz kleinen Schaden, z. B. eine Undichtheit in Größe eines Stecknadelkopfs, handelt?

594. Wie steht es mit der Schweißung von Behältern für Dieselkraftstoff?

595. Dürfen Lehrlinge oder Jugendliche mit der Ausführung derartiger Arbeiten betraut werden?

Das Schweißen von schadhaften Benzin-, Benzol-, Öl- oder Petroleumfässern, Kraftrad- und Kraftwagenbrennstoffbehältern usw.

Antwort:

590. In den Fässern und Behältern sind auch dann, wenn sie anscheinend leer sind, Brennstoffrückstände vorhanden. Gelangen diese bei Durchführung der Schweißarbeit zur Zündung oder üben sie durch ihre Vergasung eine Drucksteigerung aus, so ergeben sich Explosionen und Verpuffungen, durch die nicht nur das eigene, sondern auch das Leben der Arbeitskollegen gefährdet werden kann.

591. a) Die Fässer, Behälter, Tanks usw. müssen längere Zeit mit Dampf ausgeblasen oder mit Stickstoff oder Kohlendioxid ausgespült werden.

b) Ist dies nicht möglich, so werden diese Fässer und Behälter m e h r m a l s mit Wasser gefüllt und im gefüllten Zustand geschweißt. Ein Sicherheitsrohr nach Bild 155 stellt die Verbindung mit der Außenluft her. Dadurch wird eine wäh-

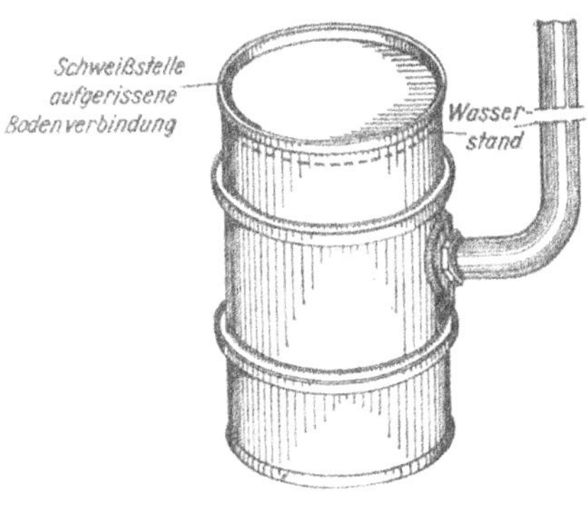

Nicht über die Schweißstelle beugen

Zu Antwort 591
Bild 155.

rend des Schweißens eintretende Drucksteigerung ins Freie abgeleitet, so daß eine Explosion nicht eintreten kann.

c) Das Füllen der Fässer usw. mit Wasser und das Anbringen eines Sicherheitsrohres vor Beginn der Schweißung ist auch dann anzuraten, wenn die Fässer usw. mit Dampf bereits ausgeblasen oder mit Tetra ausgespült wurden.

d) Schweißarbeiten möglichst im Freien, aber nicht auf der Straße ausführen. *Kopf niemals über die Schweißstelle beugen.* Da bei einer Explosion meist einer der Böden herausgerissen wird, sich niemals beim Schweißen liegender Behälter vor einen der Böden, sondern seitlich der Böden stellen!

e) Beim Instandsetzen von Tanks, Tankwagen, Kesselwagen usw. sind die hierfür besonders erlassenen Vorschriften und Arbeitsschutzanordnungen zu beachten (z. B. Richtlinien für das Reinigen und Ausbessern von Tankwagen).
Werke, die sich infolge ihrer Größe und Betriebsstruktur mit der Ausbesserung eigener und betriebsfremder Behälter beschäftigen, die mit feuer- und explosionsgefährlichen Stoffen gefüllt waren, verfügen auch über eigene Sicherheitsingenieure oder Sicherheitsbeauftragte des Arbeits- und Unfallschutzes. Es ist deren ernste Aufgabe, dafür zu sorgen, daß die Richtlinien nicht nur aushängen, sondern auch beachtet werden, und zwar – immer! Es ist eine alte, leider aber sehr gefährliche, oft todbringende Tatsache, daß die Aufmerksamkeit und die Wachsamkeit bei *stetem* Umgang mit der Gefahr langsam nachlassen, bis – durch Verkettung mehrerer Umstände – die Nichtbeachtung der Richtlinien, Sicherheitsvorschriften, Unfallverhütungsvorschriften und Arbeitsschutzanordnungen schwere

Unfälle hervorruft! Und dann – ist es leider zu spät!

Zur Kenntnisnahme und zum Nachdenken:

„Ein Elektroschweißer sollte in einen Kraftstoffbehälter einsteigen, um festzustellen, ob dieser ausreichend gereinigt sei. Als er sich durch die enge Einstiegluke zwängte, fiel ein Gasanzünder aus einer Tasche seines Schutzanzugs in den Behälter. Beim Aufschlag des Gasanzünders auf den Behälterboden entstand der Funke, der die Explosion des offenbar noch vorhandenen Kraftstoff-Luft-Gemischs auslöste. Durch diese Explosion wurde der Schweißer, der sich noch in der Einstiegluke befand, aus dieser herausgeschleudert. Er konnte sich aber bei seinem Flug in etwa 4 m Höhe an einer Rohrleitung festhalten und hierdurch seinen Sturz mildern. So geschehen im Jahre 1957.“

Von der Tagespresse berichtet unter dem Motto: „Der Mensch ist keine Kanonenkugel!“ Schlußfolgerung: „Vorsicht ist keine Feigheit, sondern die Mutter der Weisheit!“

Im übrigen sollte die Ausbesserung derartiger Behälter Spezialbetrieben überlassen werden.

592. Nein! Es müssen die gleichen Vorsichtsmaßnahmen angewendet werden. Benzinfässer, die bereits jahrelang leer und mit offenem Spundloch im Freien lagerten, explodierten z. B. bei dem Versuch, ein Loch zu bohren.

593. Ja! Denn schon eine geringe Erwärmung kann zur Explosion des Fasses führen.

594. Es soll die gleiche Vorsicht angewandt werden. Zwar gibt es noch sog. s c h w e r entflammbare, aber es gibt auch wiederum sehr l e i c h t entflammbare Dieselkraftstoffe. Es ist also in jedem Fall für die eigene Sicherheit geboten, auch hier die größte

Vorsicht walten zu lassen. Mit Absicht sind daher schon von vornherein auch Öl- und Petroleumfässer als ebenso gefährlich angesehen und genannt worden. *Dieser Hinweis muß auch auf alle anderen Behälter, die brennbare Flüssigkeiten wie Säuren, Asphalt, Teer usw. enthalten haben, ausgedehnt werden.*

595. Nein! Nur sachkundige und vor allem erfahrene und mit Überlegung arbeitende Kollegen dürfen mit der Ausführung derartiger Arbeiten betraut werden.

Schweißspannungen

Jeder Körper, jedes Werkstück hat Eigenspannungen, die sich günstig oder ungünstig auswirken. Eine genietete oder geschweißte Brücke, ein genieteter Kessel, ein gegossenes Schwung- oder Zahnrad, gleich welchen Werkstoffs, bergen Spannungen in sich, die sich dann ungünstig auswirken, wenn die Kraft der Spannungen so groß ist, daß die Streckgrenze und darüber hinaus auch die Zugfestigkeit des Werkstoffs überschritten werden. Verformungen und Rißbildungen geringeren oder größeren Umfangs sind die Folge. Jeder Konstrukteur hat mit den auftretenden Spannungen zu rechnen, dieselben bei seinen Entwürfen zu berücksichtigen und in eine günstige Richtung zu lenken. Bei Schweißkonstruktionen sind demgemäß spannungstheoretische Erwägungen anzustellen. Ein Entwurf solcher Konstruktionen ohne Berücksichtigung der bei der Fertigung anfallenden Spannungen ist nicht denkbar. Auch bei der Lichtbogen-Schweißung entstehen Spannungen, und es ist durchaus nicht so – es sei mit Verlaub gestattet zu schreiben –, daß n u r b e i der Gasschweißung infolge ihrer großen Wärmeausbreitung Spannungen entstehen. Das ist ein Irrtum, der sich schon oft bitter gerächt hat. Es kann z. B. gerade die g e r i n g e W ä r m e z o n e der Lichtbogen-Schweißung Ursache zu Rißbildungen infolge zu s c h n e l l e r Schrumpfung sein! Spannungen sind überall und sind nicht zu umgehen, aber sie können in ihrer Wirkung abgeschwächt oder auch – und das ist das Ideale – in eine für die Gesamtkonstruktion günstige Richtung gelenkt werden.

So wie sich der Konstrukteur bei seinen Entwürfen mit dem Spannungsproblem zu beschäftigen hat, so kommt auch dem Schweißer, der Schweißerin, dem Meister, dem Techniker usw. bei der Durchführung von Schweißarbeiten die gleiche Aufgabe zu. Spannungen wirken sich als Verwerfungen und Rißbildungen aus. Es gilt die

Ursache zu erforschen, die gemachten Beobachtungen festzustellen und schriftlich niederzulegen, um in einem ähnlichen Fall *nicht durch den gleichen Fehler die gleichen Mißerfolge nochmals zu erleben.* Die schriftliche Niederlegung ist äußerst wertvoll, weil dann immer wieder darauf zurückgegriffen werden kann. Nicht jeder ist in der Lage, in seinem Kopf alle Beobachtungen, alles Wissen so aufzustapeln, daß er im geeigneten Moment das richtige Schubfach nur aufzuziehen braucht, um den im Augenblick benötigten Erfahrungsschatz herauszuholen. Das Erkennen und das Beherrschen der vor, während und nach dem Schweißen vorhandenen Spannungen ist nicht nur eine Gefühls-, sondern auch eine Erfahrungssache! Bei sich oft wiederholenden oder ähnlichen Arbeitsvorgängen wird der mit Überlegung arbeitende, mit einem guten Einfühlungsvermögen und guter Beobachtungsgabe ausgestattete Schweißer bald wissen, *wie* und *warum* er *nur so und nicht anders* schweißen muß, um Verwerfungen oder Rißbildungen zu verhindern.

Ein gutes Hilfsmittel für den Schweißer ist in dieser Hinsicht der Schweißfolgeplan, der vom Schweißingenieur oder Schweißmeister aufgestellt wird. In diesem ist der genaue Arbeitsablauf unter Berücksichtigung der günstigsten Schrumpf- und Spannungsverhältnisse festgelegt.

Anders bei Reparaturschweißungen! Die Werkstücke sind verschieden, jeder Schaden ist anders gelagert, die Werkstoffart, die Zusammensetzung des Werkstoffs sind unterschiedlich, so daß stets neue Momente auftreten, die in ihrer Auswirkung erkannt, bedacht und berücksichtigt werden müssen, um bei der Arbeitsbeendigung einen Erfolg buchen zu können. Die Arbeitsbedingungen sind also schwerer!

Reparaturschweißungen sind Operationen, Reparaturschweißer (und Schweißerinnen) sind Ärzte auf ihrem Arbeitsgebiet! Diejenigen aber, die sich gleich einem Arzt in ihren Patienten – in diesem Fall das schadhaft gewordene Werkstück – hineinfühlen können, werden die besten Schweißer auf dem Gebiet der Reparaturschweißung sein! *Es ist leicht, bei Mißerfolgen den Grundwerkstoff, den Zusatzwerkstoff, den Helfer, die Schweißstromquelle und wer weiß was noch dafür verantwortlich zu machen! Schwerer aber ist, die Ursache des Mißerfolgs zunächst erst einmal bei sich zu suchen und nach Erkennen der etwa gemachten Fehler bei sich selbst mit dem Abstellen derselben zu beginnen!* Das ist sicherlich schwerer, aber für den Erfolg, für die Steigerung desselben und damit auch für die Steigerung der Produktion richtiger! Wiederum leicht und falsch ist es, wenn Risse oder Brüche neben den Schweißnähten entstanden sind, zu sagen: „Seht, was bin ich doch für ein Teufelskerl! Schweiße hält, nebenan gerissen!" Schweißen wir denn nicht, damit das Werkstück allen Ansprüchen genügt, und ist die Arbeit nicht auch nutzlos, wenn zwar die Schweißnaht hält, aber nicht weit davon neue Risse oder Brüche eingetreten sind? Welcher Schweißer wollte nun etwa kommen und sagen: „Die Untersuchung über die Ursache der Risse oder Brüche ist nicht meine Aufgabe, sondern die des Brigadiers, des Meisters, des Ingenieurs!" Das wäre nicht richtig, sondern beide Teile – Praktiker wie Theoretiker, praktische wie theoretische Wissenschaft – müssen gemeinsam an der Lösung der Probleme arbeiten! Also beachten wir: *„Die Spannungen erforschen, erkennen, berücksichtigen, in eine günstige Richtung bringen"*, das ist maßgebend für uns und maßgebend für einen Erfolg!

Und nun einige kleine Winke für die Praxis:

Frage:

596. Wie kommen Schrumpfungen zustande?

597. Wodurch wird das Ausmaß der Schrumpfung bestimmt?

598. Welche Arten der Schrumpfung gibt es bei Schweißnähten?

599. Wie wirken sich die Schrumpfungen aus?

600. Was ist zu tun, um die Schrumpfungen gering zu halten?

601. Gibt es Möglichkeiten, den durch das Schrumpfen eintretenden Verwerfungen bereits vor dem Schweißen Rechnung zu tragen?

602. Was ist eine Pilgerschrittschweißung?

603. Kann der Schweißer dazu beitragen, die Spannungen zu mindern?

Schweißspannungen

Antwort:

596. Beim Erwärmen dehnen sich die Körper aus, beim Abkühlen ziehen sie sich zusammen.

Diese Tatsache macht man sich in der Technik zunutze beim Aufziehen von Radreifen, Büchsen, Schrumpfringen usw. Auch beim Schweißen müssen wir mit Schrumpfungen rechnen, da dem Grundwerkstoff durch den Lichtbogen und den flüssigen Zusatzwerkstoff Wärme zugeführt und durch die kalte Werkstoffzone und die Atmosphäre (Luft) wieder abgezogen wird. Durch die Abkühlung aus der Wärme wird also ein Schrumpfvorgang verursacht.

Allerdings liegen hier die Verhältnisse so, daß eine gleichmäßige Erwärmung nur für die nächste Umgebung der Schweißstelle und nicht für das ganze Werkstück in Frage kommt.

Der übrige kalt bleibende Werkstoff nimmt an der Ausdehnung des erwärmten Werkstoffs nicht teil und setzt ihm einen Widerstand entgegen, so daß ein Stauchen des erhitzten Werkstoffs eintritt.

Ergebnis: *Druckspannungen.*

Beim Abkühlen bleibt der kalte Werkstoff ebenfalls in starrem Zustand und setzt dem Zusammenziehen des langsam erkalteten Werkstoffs Widerstand entgegen.

Ergebnis: *Zugspannungen.*

Versuch: Zwei handliche Bleche mit etwa 3 mm Luftspalt auf Stumpfstoß mit den Händen unter Benutzung einer Auflage gegeneinander halten und von einem Schweißer am anderen Ende heften lassen. Im Augenblick des Erstarrens des Schweißguts und Abkühlens der Heftstelle wird eine Kraft quer zur Naht wahrgenommen. Der Schweißer sagt: „Die Heftstelle zieht!“

597. Das Ausmaß der Schrumpfung ist zunächst abhängig von der in das Werkstück eingebrachten Wärme.
Weiter wird das Ausmaß der Schrumpfung beeinflußt durch die Schweißkantenvorbereitung, die Anordnung der Schweißnaht, den Elektrodentyp und die Elektrodendicke, die Schweißposition, die Anzahl der Schweißlagen und die Werkstoffdicke.
Das Ausmaß der Schrumpfung kann demnach kleiner oder größer und dadurch auch der Verzug verschieden groß sein.

598. Wir unterscheiden in der Hauptsache:

a) *Längsschrumpfung:* d. h., die Schweißnaht schrumpft längs zur Schweißnaht zusammen.
Versuch: Auf einem Blechstreifen, z. B. 50 mm × 6 mm × 200 mm, der gerichtet ist, wird mit einer 4-mm-Elektrode eine Schweißraupe aufgetragen. Nach dem Erkalten ist Verformung festzustellen. Führe Versuche durch!

b) *Winkelschrumpfung:* Die Werkstückebenen werden durch Drehen um eine Achse, die etwa in der Nahtwurzel liegt, verändert, d. h., die Schweißnaht schrumpft quer zur Schweißnaht und zieht dadurch das Werkstück zusammen.
Versuch: Zum Beispiel zwei Blechstreifen, etwa 100 mm × 10 mm × 200 mm, werden so zusammengestellt, daß ein T-Stoß entsteht. Mit Winkel kontrollieren. Nunmehr einseitig eine Kehlnahtschweißung in zwei Lagen durchzuführen. Nach dem Erkalten die Stellung der Blechstreifen mit dem Winkel prüfen.
Ergebnis: Verformung. Auch das durchgehende Blech zeigt eine geringe Krümmung.

c) *Querschrumpfung:* d. h., die Schweißnaht schrumpft quer zur Schweißnaht zusammen.
Versuch: Zwei Blechstreifen, z. B. 40 mm × 15 mm × 100 mm, durch X-Naht verbinden.

Schweißgerecht zusammengesetzte Werkstücke vor dem Schweißen in der Breite messen. Ergebnis: Die durch X-Naht zu einem Werkstück verbundenen Bleche sind nach dem Erkalten in ihrer Gesamtbreite schmaler geworden.

d) *Dickenschrumpfung:* d. h., die Schweißnaht schrumpft in ihrer Dicke bzw. Höhe zusammen. Diese Schrumpfungsart ist aber für die praktischen Belange so unbedeutend, daß sie im Rahmen dieses Abschnitts infolge ihrer Geringfügigkeit nicht weiter behandelt wird.

599. a) Durch *Formänderung* (s. F. u. A. 598 bis c).

b) Durch *innere Spannungen,* die entstehen, wenn Werkstücke während des Schweißens in eingespanntem Zustand nicht frei beweglich sind, um der Schrumpfung durch Formänderung folgen zu können. Wenn die Verhältnisse besonders ungünstig liegen (z. B. beim Einschweißen von Flicken), so kann

c) Rißbildung in oder neben der Schweißnaht entstehen, d. h., die Spannungskräfte sind so groß, daß sie über der Zugfestigkeit des Grundwerkstoffs oder des Schweißguts liegen.

600. a) Richtige Nahtvorbereitung und sinnvolle Anordnung der Schweißnähte zueinander.

Je größer die Menge des eingeschweißten Zusatzwerkstoffs – also das Schweißvolumen – ist, desto größer werden die Schrumpfungen sein und mithin auch die auftretenden Spannungen. Je kleiner der Öffnungswinkel bei V- und X-Nähten gewählt wird, desto geringer die Schrumpfspannung. Der Öffnungswinkel darf jedoch nicht so klein gewählt sein, daß eine einwandfreie Schweißung nicht mehr garantiert ist. Zu groß gewählte Öffnungswinkel erhöhen außerdem die Selbstkosten. Regel für V- und X-Nähte bei Stahl: Öffnungswinkel 60°.

Bei Kehlnähten soll die Nahthöhe das vorgeschriebene Maß nicht überschreiten (Schweißnahtlehre verwenden).

b) Richtige Durchführung der Schweißung.
Aus wirtschaftlichen und spannungstechnischen Gründen wird man bestrebt sein, mit möglichst dicken Elektroden, hohen Schweißstromstärken und hoher Schweißgeschwindigkeit Einlagenschweißungen auszuführen.
Nach durchgeführten Versuchen[1]) sind die bei der Einlagenschweißung auftretenden Schrumpfspannungen geringer als bei der Mehrlagenschweißung. Bei Verwendung der Tiefeinbrandelektrode sind die Querspannungen geringer und die Längsspannungen etwa gleich der Schweißung mit den üblichen umhüllten Elektroden.

601. a) Man gibt dem Werkstück eine entsprechende Vorspannung, d. h., das Werkstück wird um den zu erwartenden Schrumpfungswinkel zurückgebogen, also (elastisch) vorgespannt. Man kann das Werkstück aber auch, wie z. B. Gurte, vorknicken (plastische Verformung). Richtiges Vorlegen flacher Teile, beispielsweise von Blechen, das den zu erwartenden Schrumpfungswinkel berücksichtigt, ist ebenfalls eine Vorbeugungsmaßnahme. Nach dem Schrumpfen ist das Werkstück dann gerade. Es ist schwer, Richtwerte zu geben! Diese sind daher durch entsprechende Versuche zu ermitteln, weil bestimmte Faktoren, wie Werkstoff, Querschnitt und Länge der Naht, Elektrodendicke, Schweißgeschwindigkeit und damit zugeführte Wärmemenge (Stromstärke), die Anzahl der Schweißlagen wie auch die Werkstoffdicke und nicht zuletzt die Geschick-

---

[1]) ZIS, Halle (Saale), (*Anders*).

lichkeit des Schweißers oder der Schweißerin, die Höhe der Schrumpfung ergeben.

Die Bilder 156 bis 159 sollen einen kleinen Überblick über die Auswirkungen der Schrumpfspannungen bei Blechen und über ihre Behebung durch Vorspannen, Vorlegen und Vorknicken geben.

b) Bei Serienfertigung haben sich Spannvorrichtungen sehr gut bewährt. Diese müssen so kräftig beschaffen sein, daß sie die einzelnen Teile

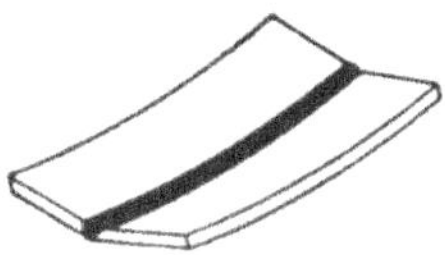

Zu Antwort 601

Bild 156
Auswirkung der Winkel- und Längsschrumpfung

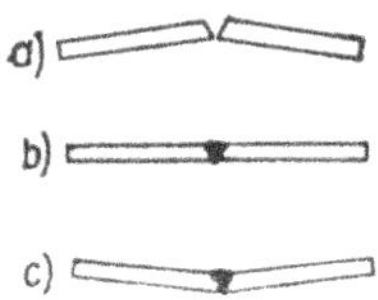

Zu Antwort 601

Bild 157. Legen der Bleche

a) vor dem Schweißen
b) nach dem Schweißen
c) Bleche nach dem Schweißen ohne Vorlage

Zu Antwort 601

Bild 158. Gurt vorgeknickt

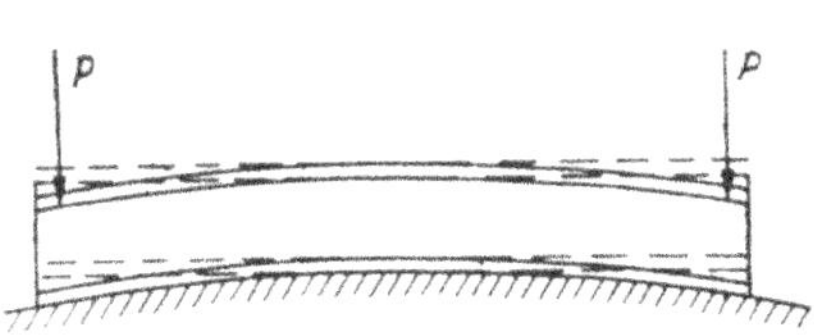

Zu Antwort 601

Bild 159. Träger vorgespannt

gegen Verzug sichern. Es ist zu vermeiden, daß das Werkstück mit der Vorrichtung durch Heftstellen verbunden wird, da dann die Vorrichtung der Gefahr eines Verzugs ausgesetzt ist.

602. Eine Absatzschweißung. Sie wird überall dort angewandt, wo große Schrumpfspannungen auftreten, z. B. bei langen Nähten. Die Schrumpfspannung verursacht ein starkes Verziehen der Konstruktionsteile oder der gesamten Konstruktion.

Da man beim durchgehenden Schweißen einer besonders langen Naht die Wärme je nach Blaswirkung und somit Elektrodenhaltung vor sich hertreibt oder nachzieht, wird sie sich ebenso wie die Wärmezone naturgemäß in zunehmendem Maße vergrößern, da ja das Werkstück laufend Wärme abzieht. Zunehmende Wärme ergibt aber auch zunehmende Schrumpfspannungen und als Folge starke Verwerfungen oder Rißbildungen.

Man muß dabei versuchen, die durch das Schweißen zugeführte Wärmemenge gleichmäßiger zu verteilen, um dadurch die Druck- und Zugspannungen ebenfalls mehr zu unterteilen.

Das erreicht man durch das Pilgerschrittverfahren (Bild 160). Eine weitere Möglichkeit, die Schrumpfungsspannungen herabzumindern, bietet das sprungweise Schweißen (Bild 161).

603. Ja! Er kann dies auf verschiedene Weise:

a) Durch Absatz- oder abschnittweises Schweißen (Pilgerschritt- oder sprungweises Schweißen).

b) Nach Schweißplan arbeiten.

c) Auf Vorspannung achten (s. F. u. A. 601).

d) Durch Hämmern nach jeder Lage. Bedingung ist dabei, daß das Werkstück während des Hämmerns nicht nachfedern kann. Von dieser Möglichkeit wird oft bei Auftragschweißungen an großen Werkstücken aus Stählen mit höherer

Festigkeit (meist St 70 und darüber) Gebrauch gemacht.

Zum Hämmern von Verbindungsschweißungen an Stählen mit höherer Festigkeit muß der Zusatzwerkstoff hohe Dehnung und Verformbarkeit besitzen.

Hämmern n e b e n der Schweißnaht trägt die Spannungen quer zur Naht mehr, längs zur Naht weniger ab.

Unmittelbar nach dem Schweißen hämmern. Bei langen Nähten absatzweises Schweißen – daher auch absatzweises Hämmern. Nicht bei Blauwärme (etwa 250 °C) hämmern.

e) Einhalten der vorgeschriebenen Schweißstromstärke. Nicht mit Überstrom arbeiten.

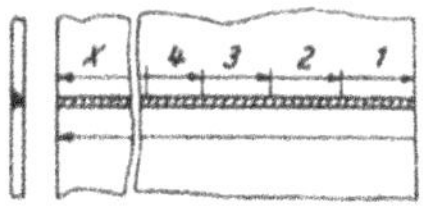

Zu Antwort 602

Bild 160

Pilgerschrittschweißung

x letzter Schritt nach außen

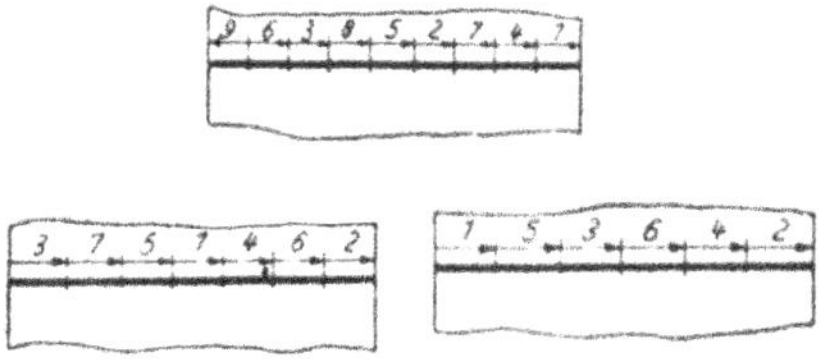

Zu Antwort 602

Bild 161. Sprungweises Schweißen

Ausbildung

Frage:

604. Warum ist die Teilnahme an Schweißkursen notwendig?

605. Eignen sich Frauen für den Schweißerberuf?

606. Was bedeutet für den Schweißer und die Schweißerin der Schweißerpaß?

607. Soll man beide Schweißverfahren (Lichtbogen- und Gas-Schweißung) können?

Ausbildung

Antwort:

604. Die Lichtbogen-Schweißung ist noch jung und hat erst im Jahre 1920 eine größere, seit diesem Zeitpunkt aber eine rasch ansteigende Verbreitung gefunden, und man kann jetzt von einer geradezu stürmischen Entwicklung sprechen.

Auch andere Schweißverfahren weisen eine ansteigende Tendenz auf. Daher spricht man heute allgemein von einer Schweißtechnik! Damit wird zum Ausdruck gebracht, *daß das Schweißen eine Technik für sich ist.*

Obwohl die Schweißtechnik an sich noch ein junges Gebiet ist, kann sie seit Jahrzehnten in keinem Wirtschaftsgebiet mehr entbehrt werden. Sie erfordert gute praktische — und es läßt sich wirklich nicht umgehen — auch gute theoretische Kenntnisse.

Nicht jeder junge Mann wird Schweißer. Aber Zehntausende dieser jungen Menschen werden Facharbeiter in metallverarbeitenden Berufen, z. B. Schlosser, Klempner, Schmied, Kraftfahrzeughandwerker und dgl. Bei der Bedeutung der Schweißtechnik müssen sie alle schweißen und brennschneiden können, so daß also nicht nur für die Schweißer, sondern auch für die Facharbeiter in der Metallindustrie eine gute schweißtechnische Ausbildung notwendig ist. Das ist nicht nur selbstverständlich, sondern auch erforderlich.

Überlegen wir, daß wir Berufe haben, die schon seit vielen Jahrhunderten bestehen und auch in diesen Berufen eine regelmäßige und gründliche Ausbildung und weitere Qualifizierung unerläßlich ist, so ist eine planmäßige Ausbildung auf dem Gebiet der Schweißtechnik mindestens ebenso unerläßlich. Es gibt infolge der schnellen Entwicklung der Schweißtechnik keinen Menschen, der z. B. die Lichtbogen-Schweißung *absolut* theoretisch oder *absolut* prakisch – geschweige denn erst beides zusammen – beherrscht. Infolge dieser Tatsache wird die Notwendigkeit einer fortlaufenden Ausbildung noch einleuchtender.

In der DIN 8560 sind die Voraussetzungen für die jeweils beabsichtigte Prüfung enthalten und erläutert. Es muß von den Schweißern, die sich einer bestimmten Prüfung unterziehen wollen, erwartet werden, daß sie 1. in der Lage sind, die Arbeiten, die in der betreffenden Prüfungsgruppe gefordert werden, einwandfrei auszuführen und 2., daß sie auch genügende Kenntnisse in der Fachkunde haben. Die Prüfstelle kann eine kurze Vorprüfung fordern. Wird eine Prüfung nicht bestanden, so kann sie frühestens nach Ablauf eines Monats wiederholt werden. Eine sehr gewissenhafte Vorbereitung ist also für jeden Schweißer notwendig und liegt durchaus im ureigensten Interesse.

Schweißer, die nicht ständig überwacht werden oder ihre Tätigkeit länger als drei Monate unterbrochen haben, müssen sich alljährlich einer Wiederholungsprüfung unterziehen.

Bei Schweißern, die laufend kontrolliert werden und deren Arbeiten auf ihre Güte planmäßig überwacht werden, kann von der Wiederholungsprüfung abgesehen werden.

Bei bestandener Prüfung wird eine Prüfungsbescheinigung und ein Bewertungsbogen ausgehändigt.

Auch in der Lehrlingsausbildung des metallverarbeitenden Handwerks sollte als zusätzliche Ausbildung zumindest die Teilnahme an einem Einführungslehrgang im Gas- oder Lichtbogen-Schweißen obligatorisch eingeführt werden. Das geschieht erfreulicherweise in steigendem Maß.

Durch die in aller Welt sich täglich steigernde Anwendung der Schweißtechnik kann sich die Forderung zur weiteren Aus- und Fortbildung der schweißtechnischen Arbeitskräfte niemals nur auf einen Staat, niemals nur auf ein Land erstrecken, sondern diese Forderung gilt für die ganze Welt und damit für alle Schweißer und Schweißerinnen in aller Welt!
Der Deutsche Verband für Schweißtechnik in Düsseldorf und die Schweißtechnischen Lehr- und Versuchsanstalten widmen daher der schweißtechnischen Aus- und Fortbildung große Aufmerksamkeit. In den Schweißtechnischen Lehr- und Versuchsanstalten werden Einführungs- und Aufbaulehrgänge, Schweißfachmann-, Schweißtechniker-, Schweißingenieur-, Schweißkonstrukteurlehrgänge mit Abschlußprüfung sowie weitere Sonderlehrgänge abgehalten. Daneben gibt es noch in zahlreichen Orten der Bundesrepublik Ausbildungswerkstätten des DVS (Deutscher Verband für Schweißtechnik) oder vom DVS anerkannte Kursstätten. Wander-Lehrwerkstätten ermöglichen weiter die Ausbildung derjenigen Arbeitskräfte, die zu sehr orts- und zeitgebunden sind.

605. Diese Frage haben schon Hunderte von Frauen, die seit Jahren mit Erfolg als Schweißerinnen tätig sind, mit „Ja“ beantwortet. Natürlich — nicht jede Frau eignet sich zur Schweißerin, nicht jede Schweißerin wird Schweißerin bleiben — aber sieht es etwa bei den Männern anders aus? Nicht jeder Mann eignet sich zum Schweißer — nicht jeder Schweißer bleibt Schweißer! Grundsätzlich aber: Dem Mann sollten die anstrengenden, der Frau die weniger anstrengenden Schweißarbeiten zugewiesen werden. Gleichberechtigung ja — aber immerhin ist eine Frau kein Mann und soll es in ihrem ganzen Wesen auch gar nicht sein!

Die weiblichen Bürokräfte sollten sich ebenfalls längere Zeit p r a k t i s c h betätigen, um ein besseres Verständnis nicht nur für ihre eigene kaufmännische oder technische, sondern auch für die praktische Tätigkeit der in den Betrieben und Werkstätten tätigen Arbeitskräfte aufzubringen. Es ist auch notwendig, Voraussetzungen dafür zu schaffen, befähigte Schweißerinnen in den Verwaltungsapparat zu übernehmen, da sie ein gutes praktisches und technisches Wissen mitbringen, was einer guten und erfolgreichen Verwaltungsarbeit nur dienlich sein wird. Vorstehendes gilt natürlich auch für die Schweißer.

606. Der Schweißerpaß ist kein Arbeitsbuch, sondern basiert auf freiwilliger Grundlage. Um den Schweißerpaß zu erlangen, muß man mindestens die Teilnahme an einer Richtlinien-Schweißerprüfung mit bestandener Prüfung nachweisen oder bei längerer Schweißertätigkeit die geforderten Prüfungsaufgaben der jeweiligen Prüfgruppe bestehen. Jede nach dem Erlangen des Schweißerpasses zusätzlich abgelegte Prüfung und die Wiederholungsprüfungen werden in den Schweißerpaß von den dafür zuständigen Stellen eingetragen.

Der Schweißerpaß gilt in beiden Teilen Deutschlands als ein zusammengefaßter Nachweis der fachlichen Ausbildung sowie der Tätigkeit auf dem Gebiet der Schweißtechnik und vermittelt ein gutes Bild des Wissens und Könnens des Schweißers. Jeder Schweißer, jede Schweißerin muß sich so weit qualifizieren, daß dem Antrag zur Ausstellung eines Schweißerpasses stattgegeben werden kann. Anträge auf Ausstellung eines Schweißerpasses sind bei dem zuständigen DVS-Ortsverband einzureichen. Ausfertigung des Schweißerpasses durch die Hauptgeschäftsstelle des DVS in Düsseldorf.

Der Schweißer trägt in jedem Fall, ganz gleich, ob manuelle, halbautomatische oder vollautomatische Schweißverfahren angewandt werden, eine hohe Verantwortung für die Güte der von ihm geleisteten Arbeit. Die Verantwortung steigt mit der zunehmenden Anwendung der Schweißtechnik. Mit der sich aus dieser Erkenntnis heraus zwangsläufig ergebenden weiteren Qualifizierung der Schweißer muß aber auch das Einkommen steigen. Der Herausgeber möchte sagen: „Vertrauen gegen Vertrauen!“
Und jeder **verantwortungsbewußte Schweißer** wird, sofern er im Leistungs- oder Akkordlohn steht, **nicht die Schweißnahtlänge, nicht die Stückzahl, sondern die Schweißnahtgüte in den Vordergrund seiner Tätigkeit stellen.**

007. Seit rund 30 Jahren dreht es sich in der Schweißtechnik um diese Frage, und noch immer wird darüber geredet, geschrieben oder verhandelt. Überschauen wir aber die zurückliegenden Jahre, so mehren sich angesichts der stürmischen Entwicklung der Schweißtechnik die Stimmen, die die Frage: „Soll man beide Schweißverfahren können?“ verneinen. Ist es nicht so, daß es kaum einen Theoretiker gibt, der eines der beiden Verfahren kennt und so erforscht hat, daß er in der Lage wäre, alle Möglichkeiten zu erfassen und in die Praxis umzusetzen? Es gibt keinen Praktiker, der von sich behaupten könnte, daß er eines der beiden wichtigsten Schweißverfahren bis zur Vollendung beherrsche! Und gäbe es einen, der das tatsächlich behaupten wollte – der Herausgeber lächelt –, so könnte er es nicht beweisen. Und so gibt es keinen Theoretiker, keinen Praktiker in der ganzen Welt, der beide Schweißverfahren theoretisch oder praktisch so beherrscht, daß er alle Möglichkeiten beider Verfahren erfassen könnte und gar bereits erfaßt hätte.

Hat man sich erst einmal zu dieser Erkenntnis durchgerungen, so ist es leichter, die hier aufgeworfene Frage: „Soll man beide Schweißverfahren können?" aus innerer Überzeugung — darauf kommt es letzten Endes an — zu verneinen.

Die Lichtbogen-Schweißung erfordert ein so hohes Maß an Wissen und Können, daß es schon seit Jahren für den einzelnen unmöglich ist, sich das erforderliche hohe Wissen und Können anzueignen, um es dann verwenden zu können. Die Entwicklung der Lichtbogen-Schweißung ist weiterhin so stürmisch, daß es schwierig ist, all das Neue, das alljährlich hinzukommt, auch noch zu verarbeiten.

Beide Verfahren — Gas- und Lichtbogen-Schweißung — aber zu beherrschen ist unmöglich, wobei der Schweißer nicht übersehen sollte, daß ja beide Verfahren grundverschieden sind. Was bei dem einen Verfahren richtig, ist bei dem anderen Verfahren oft falsch, z. B. wäre bei der Gas-Schweißung die Anwendung der „Pilgerschrittschweißung" schon aus wärmetechnischen Gründen falsch! So kommen wir in immer größerer Anzahl zu der Meinung, daß es für die gute Weiterentwicklung der Schweißtechnik besser ist, in der Ausbildung und der Ausübung der Schweißtechnik beide Verfahren zu trennen.

Ein Schweißverfahren zu *können*, ein Schweißverfahren soweit als möglich theoretisch wie praktisch zu beherrschen, wird eine weitere Steigerung der Schweißtechnik mit sich bringen. In Groß- und Mittelbetrieben gibt es ja längst Lichtbogen- und Gasschweißer. Diese Betriebe haben dadurch erreicht, daß sie über hochqualifizierte Lichtbogen- und Gasschweißer verfügen.

Wenn von kleinen und kleinsten Betrieben noch immer der Ruf nach dem „alles wissenden" und „alles könnenden" Schweißer erhoben wird, so liegt die Begründung darin, daß für zwei Schweißer keine Arbeit vorhanden sei und es darum Schweißer geben müsse, die beide Schweißverfahren beheherrschen. Darauf kann aber die Ausbildung keine Rücksicht nehmen, denn Staat und Wirtschaft fordern mit Rücksicht auf die sicherheitstechnischen Belange hochqualifizierte Schweißer. Diese Forderung ist nur dann zu verwirklichen, wenn unsere Schweißer und Schweißerinnen nur ein Verfahren können, sich darin laufend vervollkommnen und sich dadurch mit der Zeit zu hochqualifizierten Fachkräften entwickeln. Und nur *hochqualifizierte Schweißer werden es durch ihre hohen Leistungen ermöglichen, die Schweißtechnik noch mehr als bisher in den Wirtschaftsprozeß einzubauen.* Daß dies notwendig ist, darüber besteht kein Zweifel. Möge aber auch darüber kein Zweifel bestehen, daß das in erster Linie von unseren Schweißern und Schweißerinnen abhängt.

Können also nur ein Schweißverfahren, *kennen* aber beide Schweißverfahren. Und darum: Lichtbogen- oder Gasschweißer!

Aber auch in der Schweißtechnik:

„Keine Regel ohne Ausnahme!"

Ohne Ausnahme aber: Wer beide Verfahren ausüben will, *muß* in beiden Schweißverfahren die Grundprüfung ablegen. An diese Grundprüfungen schließen sich dann die notwendigen und erforderlichen Zusatzprüfungen an.

Jede Unfallverhütungsvorschrift ist für Dich geschaffen!

Unfallverhütungsvorschriften dienen dem Menschen, ihn vor Tod oder Unfällen mit ihren mehr oder weniger schweren Folgen zu schützen. Sie entstehen aus den in der Theorie und Praxis gesammelten Erfahrungen. Vorschriften und Anordnungen haben aber nur dann einen Wert, wenn man sie kennt und beachtet.

Auch für die Schweißtechnik gelten Unfallverhütungsvorschriften. Sie sind so wichtig, daß eine Arbeit nicht eher begonnen werden sollte, bevor die damit Beauftragten die erlassenen Vorschriften nicht genau kennen. Vorschriften und Anordnungen des Arbeits- und Unfallschutzes gehören daher in die Hand eines jeden Schweißers und derjenigen, die mit der Schweißtechnik zu tun haben. Auch der jahrelange Umgang mit Maschinen und Geräten der Schweißtechnik oder die jahrelange Tätigkeit in der Schweißtechnik selbst darf nicht dazu führen, nachlässig oder leichtsinnig zu werden.

Sich ständig wiederholende Belehrungen und Diskussionen in Fragen des Arbeitsschutzes sind notwendig. Fachzeitschriften und Fachbücher sind ständig, auch hinsichtlich der vorgekommenen Unfälle, sorgfältigst zu studieren, und jeder lerne daraus, wie man sich selbst und seine Kollegen und Kolleginnen vor Unfällen schützen kann.

Über die Gefahren sprechen und schreiben, heißt — sie verringern!

Die Gefahren aber verschweigen, heißt sie vermehren!

Das wolle man bedenken und danach handeln!

Handeln heißt: Eingehendes Studium des auf der nächsten Seite beginnenden Teilabdrucks der VGB 15.

Auszug aus der VGB 15 „Schweißen, Schneiden und verwandte Arbeitsverfahren“*)

Allgemeines

Geltungsbereich

§ 1. Die nachstehenden Bestimmungen gelten für das Schweißen, Schneiden, Löten, Anwärmen, Härten, Metallspritzen und ähnliche Verfahren zum Be- und Verarbeiten metallischer Werkstoffe mittels Brenngas-Sauerstoff oder Brenngas-Druckluft, ferner für die elektrischen Schweiß- und Schneidverfahren und für das Thermitschweißen.

Jugendliche und Frauen

§ 2. (1) Arbeiten im Sinne des § 1 dürfen nur von zuverlässigen, über 18 Jahre alten Personen ausgeführt werden, die mit den Einrichtungen und Verfahren vertraut sind. Ungelernte und unter 18 Jahre alte Personen dürfen mit solchen Arbeiten nur unter Aufsicht beschäftigt werden.

(2) Die Bestimmungen des Abs. 1 über das Schutzalter gelten nicht für Arbeiten mit elektrischen Kleinschweißgeräten und für das Schweißen dünner Bleche und Drähte mit Punktschweißmaschinen und Nahtschweißmaschinen.[1])

(3) Frauen dürfen mit Arbeiten im Sinne des § 1, bei denen besondere Gefahren auftreten, nicht beschäftigt werden; hierzu gehören z. B. Arbeiten in engen Räumen[2]), Arbeiten mit übermäßiger Hitzeentwicklung und die Bearbeitung verzinkter, verbleiter oder mit bleihaltigen Anstrichen versehener Gegenstände.

---

*) Vgl. a. Druckgasverordnung; Azetylenverordnung und Unfallverhütungsvorschriften „Verdichten und Verflüssigen von Gasen“.

[1]) Als dünn gelten Bleche bis zu 1,5 mm Dicke und Drähte bis zu 3 mm Durchmesser.

[2]) Als enge Räume gelten Tanks, Kessel und Behälter, Kofferdämme und Doppelbodenzellen in Schiffen, chemischen Apparaten u. dgl.

Schutzmittel

§ 3. (1) Schutzmittel (Schutzbrillen, Schutzhauben, Schürzen, Handschuhe, Atemschutzgeräte[3]) und in besonderen Fällen auch Schutzanzüge, Fußschutz u. dgl.) muß der Unternehmer stellen und instandhalten.

(2) Die Beschäftigten sind zur Benutzung dieser Schutzmittel anzuhalten.

Augenschutz und Schutzkleidung

§ 4. (1) Zum Schutz gegen Funken, Wärme, sichtbare und unsichtbare Strahlen müssen geeignete Augenschutzmittel mit genormten Strahlenschutzgläsern[4]), z. B. Schutzbrillen, Schutzschilde oder Schutzhauben, verwendet werden. Auch Kranführer und andere durch Blendgefahr bedrohte Personen müssen durch Abschirmen (Schutzwände), örtliches Verlegen der Arbeitsplätze, geeignete Augenschutzmittel oder dgl. geschützt werden.

(2) Wenn es die Arbeit erfordert, sind weitere geeignete Schutzmittel (Schürzen, Handschuhe, Fußschutz, Schutzanzüge) zu benutzen.

(3) Arbeitskleidung, die durch leicht brennbare Stoffe wie Öl, Fette, Petroleum usw. verunreinigt ist, darf nicht getragen werden.[5])

(4) Frauen müssen zum Schutz gegen Funkenflug schwer entflammbare Kopfhauben benutzen, die das Haar vollständig bedecken.

(5) Werden Arbeiten im Sinne des § 1 in engen Räumen[2]) ausgeführt, so müssen alle in diesen Räumen beschäf-

---

[3]) Frischluftgeräte oder geeignete Filtergeräte, die gegen Inbrandgeraten durch Schweißfunken usw. geschützt sind.

[4]) Vgl. Normblätter DIN 4641, 4644, 4647, 4655.

[5]) Auch durch ausströmenden Sauerstoff wird die Entflammbarkeit der Kleidung begünstigt.
Bereits ein geringerer Sauerstoffüberschuß in der Raumluft steigert die Entflammbarkeit sonst nur langsam brennender Stoffe (Arbeitskleidung) erheblich.

tigten Personen schwer entflammbare Schutzkleidung tragen.

Lüftung

§ 5. (1) Räume, in denen ständig Arbeiten im Sinne des § 1 ausgeführt werden, sollen möglichst hoch sein (Mindesthöhe 3 m) und müssen gut, nötigenfalls künstlich, gelüftet werden. Auch in Räumen, in denen diese Arbeiten nicht ständig ausgeführt werden, sind die dabei auftretenden Gase und Dämpfe durch Lüftung zu beseitigen.

(2) Soweit erforderlich, sind die entstehenden Gase und Dämpfe an der Entstehungsstelle abzusaugen. Die Absaugung ist z. B. notwendig:

1. bei länger dauernden elektrischen Schweißarbeiten, in kleineren Arbeitsräumen oder an ortsfesten Schweißplätzen, z. B. Schweißboxen;
2. bei länger dauernden Schweißarbeiten an Nicht-Eisenmetallen in kleineren Arbeitsräumen oder an ortsfesten Schweißplätzen, z. B. Schweißboxen;
3. beim Schweißen und Schneiden verzinkter, verbleiter oder mit Bleifarbe gestrichener Gegenstände;
4. beim homogenen Verbleien.

(3) Bei nicht ausreichender Lüftung sind Atemschutzgeräte[6]) zu tragen.

Gefährliche Arbeiten

§ 6. Bei Arbeiten im Sinne des § 1 in engen Räumen und an besonders gefährlichen Arbeitsstellen, z. B. mit Absturz- oder Gasgefahr, sind die jeweils erforderlichen Schutzmaßnahmen[7]) zu treffen.

---

[6]) Vgl. Fußnote 3.

[7]) Vgl. z. B. das Merkblatt über Feuerarbeiten in engen Räumen, das Bleimerkblatt, die Unfallverhütungsvorschrift „Hochöfen und Hochofengasleitungen", die Bestimmungen betreffend Schutzmaßnahmen gegen gefährliche chemische Stoffe beim Befahren von Apparaten, Gefäßen, Kanälen, Gruben usw.

Enge Räume

§ 7. (1) Bei Arbeiten in engen Räumen[8]) muß dauernd Frischluft eingeführt werden (Einblasen oder Absaugen), so daß die Atemluft frei von gesundheitsschädlichen Bestandteilen bleibt. Das Belüften mit Sauerstoff ist verboten.[5])

(2) Ist eine ausreichende Belüftung nicht möglich, so sind geeignete Frischluftgeräte (möglichst Druckluftschlauchgeräte, jedoch keine Sauerstoffschlauchgeräte) zu benutzen.

(3) Werden durch Außenarbeiten an Behältern und Räumen im Innern befindliche Personen Gasen oder Dämpfen ausgesetzt, so sind zu ihrem Schutz die Bestimmungen der Absätze 1 und 2 anzuwenden.

(4) Azetylenentwickler, sonstige Gaserzeuger, Brenngas- und Sauerstoff-Flaschen dürfen in engen Räumen nicht aufgestellt oder gelagert werden; bei längerer Arbeitsunterbrechung[9]) sind die Brenner und ihre Zuleitung aus den engen Räumen zu entfernen.

Feuer- und explosionsgefährdete Räume

§ 8. (1) In Räumen, in denen leicht entzündliche Stoffe be- oder verarbeitet oder gelagert werden, ferner in explosionsgefährdeten Räumen ist vor Beginn der Arbeiten im Sinne des § 1 die Feuers- oder Explosionsgefahr zu beseitigen.

(2) Läßt sich die Feuers- oder Explosionsgefahr in den genannten Räumen aus betriebstechnischen Gründen nicht restlos beseitigen, so dürfen Arbeiten im Sinne des § 1 nur mit schriftlicher Genehmigung des Betriebsleiters oder dessen Beauftragten und nur unter Aufsicht durchgeführt werden. Die anzuwendenden Sicherheitsmaßnahmen sind in der Genehmigung schriftlich fest-

---

[8]) Vgl. Fußnote 2.

[9]) Zum Beispiel Frühstückspausen, Schichtwechsel, unter ungünstigen örtlichen Verhältnissen u. U. schon wenige Minuten; in Zweifelsfällen entscheidet der Aufsichtsführende.

zulegen.[10]) Der Aufsichtsführende hat den Empfang der Genehmigung schriftlich zu bestätigen.

(3) Besteht durch Funken, verspritztes oder herabtropfendes Metall u. dgl. Feuers- oder Explosionsgefahr für über, neben oder unter der Arbeitsstelle liegende Räume, so ist diese Gefahr durch Abdecken, durch Abdichten von Mauerdurchbrüchen usw. zu beseitigen.

(4) Bei Arbeiten im Sinne des § 1 in der Nähe brennbarer Bauteile (Holzbalken, Holzfußböden u. dgl.) sind Vorsichtsmaßnahmen gegen das Entstehen von Bränden zu treffen (Abdecken der brennbaren Teile, Bereitstellung von Löschwasser usw.). Die erhitzte Stelle und

---

[10]) Als solche Sicherheitsmaßnahmen kommen je nach den Umständen der Arbeit und nach den Verhältnissen am Arbeitsort z. B. folgende in Betracht:

a) Gestellung zuverlässiger Handwerker sowie Ausgabe und Kontrolle des Arbeitsgeräts durch den Werkstattingenieur oder eine andere verantwortliche Person;

b) Verhindern des Auftretens explosibler Gas-, Dampf- oder Staubluftgemische im Raum durch:
   1. Dichtheitskontrolle der Apparate und Leitungen;
   2. Abdecken aller offenen Behälter, die leicht brennbare Flüssigkeiten enthalten;
   3. Entlüftung der Räume durch:
      aa) Raumlüfter;
      bb) Öffnen der Türen und Fenster;

c) Erhöhte Sicherheit in der Nähe der Arbeitsstätte (Umkreis und Einzelheiten sind durch den Betriebsleiter festzulegen) durch Stillsetzen von Apparaten, die leicht brennbare Flüssigkeiten, Gase oder Staube enthalten;
   Sicheres Abdichten aller Behälter, die leicht brennbare Stoffe enthalten, z. B. Abflanschen oder Blindflanschen;
   Einleiten flammenerstickender Schutzgase, z. B. Kohlensäure oder Stickstoff in Behälter, die leicht brennbare Flüssigkeiten, Gase oder Staube enthalten oder enthalten haben;
   Entfernen aller offen lagernden, leicht brennbaren Stoffe sowie aller Transportbehälter mit leicht brennbaren Stoffen;

d) sorgfältiges Beobachten und Beseitigen etwa durch Rinnen, Kanäle, Nachbarräume u. dgl. vorhandener Gefahren;

e) Entfernen aller entbehrlichen Personen von der Arbeitsstätte;

f) Anwesenheit einer Feuerschutzwache und Bereitstellen von Löschvorrichtungen;

g) Entfernen der benutzten Schweißgeräte aus den Arbeitsräumen nach Arbeitsschluß.

deren gefährdete Umgebung müssen nach Beendigung der Arbeit so lange beobachtet werden, bis an ihnen eine fühlbare Übertemperatur nicht mehr festzustellen ist.

Gefährliche Arbeiten in oder an Behältern usw.

§ 9. (1) An oder in Fässern, Behältern, Apparaten, Rohrleitungen, Gruben, Kanälen u. dgl., die Stoffe enthalten oder enthalten haben, die

1. brennbar sind oder die Verbrennung fördern,[11])
2. zu Explosionen Anlaß geben können (Sprengstoffe oder dgl.),
3. bei den Arbeiten gesundheitsschädliche Gase, Dämpfe, Nebel oder Staube entwickeln können,

dürfen Arbeiten im Sinne des § 1 nur unter sachverständiger Aufsicht und nur von erfahrenen, für diese Arbeiten besonders bestimmte Personen ausgeführt werden.

(2) Gefäße usw., deren früherer Inhalt nicht einwandfrei als ungefährlich festgestellt werden kann, sind grundsätzlich als Gefäße mit gefährlichem Inhalt im Sinne des Abs. 1 zu behandeln.

(3) Vor Beginn der Arbeiten hat der Aufsichtsführende die erforderlichen Sicherheitsmaßnahmen unter Beachtung der einschlägigen Unfallverhütungsvorschriften,

---

[11]) Als solche Stoffe gelten u. a.:
Brennbare Gase, leicht entzündliche Flüssigkeiten, z. B. Benzin, Benzol und dessen Homologe, Petroleum, Spiritus, Äther, Schwefelkohlenstoff;
Säuren, bei verzinkten Gefäßen oder Aluminiumgefäßen auch Laugen;
Stoffe, die bei Feuerarbeit wegen der Wärmezufuhr brennbare Gase und Dämpfe und u. U. brennbare Zersetzungsprodukte bilden können, z. B. Gasöl, Teerasphalt, Farbanstrich, Lackablagerungen, Öle;
Stoffe, die die Verbrennung fördern, sind z. B. Sauerstoff und Chlorate.

Richtlinien und Merkblätter[12]) anzuordnen; er muß sich von ihrer Durchführung während der Arbeiten überzeugen.

(4) Vor Beginn der Arbeiten an Gefäßen im Sinne des Abs. 1, Nr. 1 und 2, sind zunächst die Gefäßverschlüsse so zu öffnen, daß sich dabei Funken nicht bilden können. Darauf sind die Gefäße von Rückständen zu befreien, gründlich, und zwar möglichst mit heißem Wasser auszuspülen oder auszudämpfen, bis auf einen kleinen Luftraum unter der Erhitzungsstelle völlig mit Wasser zu füllen und während der Dauer der Arbeiten unter Verwendung geeigneter Geräte, z. B. Schwenkrohre oder Schläuche, gefüllt zu halten.

(5) Ist das Füllen mit Wasser nach Abs. 4 schwer durchführbar oder nicht angängig, so kann statt dessen während der Dauer der Arbeit Wasserdampf oder flammenerstickendes Schutzgas, z. B. Stickstoff oder Kohlensäure, durch das Gefäß geleitet werden.

(6) Können die Schutzmaßnahmen nach den Absätzen 4 und 5 bei großen Behältern, Tanks usw. nicht durchgeführt werden, so sind von Fall zu Fall andere geeignete Schutzmaßnahmen zu treffen.[12])

(7) Bei Arbeiten unter den Verhältnissen im Sinne des Abs. 1, Nr. 3, sind schädliche Gase, Dämpfe, Nebel und Staube nach Möglichkeit abzuführen. Notfalls sind Atemschutzgeräte zu tragen.

(8) An geschlossenen Hohlkörpern dürfen Arbeiten im Sinne des § 1 nur vorgenommen werden, wenn Vor-

---

[12]) Vgl. z. B. die Unfallverhütungsvorschriften Abschnitte „Allgemeines“ und „Tankreinigungsarbeiten und Ausbesserungsarbeiten auf Schiffen mit Öltanks“, die Ratschläge für Sicherheitsmaßnahmen bei Feuerarbeiten in engen, schwer zugänglichen Räumen, die Richtlinien für das Reinigen und Ausbessern von Tankwagen, die Lüftungsregeln für den Schiffbau, die Bestimmungen betreffend Schutzmaßnahmen gegen gefährliche chemische Stoffe beim Befahren von Apparaten, Gefäßen, Kanälen, Gruben usw., die Verordnung über die Durchführung von Anstricharbeiten in Schiffsräumen vom 2. 2. 1921 (Reichsgesetzbl. I S. 142).

sichtsmaßnahmen getroffen sind, die das Entstehen eines gefährlichen Überdrucks verhindern.[13])

(9) Als Unterlage für das Werkstück dürfen weder leere noch gefüllte Fässer, Trommeln oder andere Behälter benutzt werden.

Lichtbogenschweißen und -schneiden

Stromquellen

§ 28. (1) Lichtbogenschweiß-Generatoren, -Umformer und -Transformatoren (Umspanner) müssen unabhängig vom Verwendungsort den Vorschriften VDE 0540 und 0541 entsprechen.[32])

(2) Die in den Vorschriften VDE 0540 und 0541 festgelegten Höchstwerte der Leerlaufspannungen gelten auch für die Verwendung anderer Stromquellen, z. B. Gleichrichter.

Netzanschlüsse

§ 29. (1) Auf der Netzseite dürfen fest zu verlegende Anschlüsse einschließlich der Steckdosen nur von einem Elektrofachmann hergestellt oder verändert werden; sie müssen den VDE-Vorschriften entsprechen.

(2) Wird ein ortsveränderliches Schweißgerät ohne Steckvorrichtung an das Netz angeschlossen, so ist an der Anschlußstelle ein Schalter anzuordnen, durch den alle Zuleitungen, die unter Spannung stehen, gleichzeitig abgeschaltet werden können.

---

[13]) Bei geschlossenen Hohlkörpern im Schrott, die Sprengstoffe enthalten können, sind die Unfallverhütungsvorschriften über die Behandlung von Sprengkörpern im Schrott zu beachten.

[32]) VDE 0540: Regeln für Gleichstrom-Lichtbogenschweißgeneratoren und -umformer;
VDE 0541: Regeln für Lichtbogenschweißtransformatoren.
Die für Handschweißung vorgeschriebene Leerlaufspannung darf 70 V eff. bei Wechselstrom oder 100 V bei Gleichstrom nicht überschreiten.

(3) Bei Schweißmaschinen ohne Steckanschluß sind die Netzanschlußkabel an der Anschlußstelle so zu befestigen, daß das Aufscheuern der Kabel an den über den Anschlußstellen befindlichen Schutzkappen verhindert wird.

(4) Wenn an Schweißgeräten Reinigungs- und Ausbesserungsarbeiten vorgenommen werden oder wenn der Aufstellungsort verändert wird, müssen die Geräte durch Abschalten vom Netz spannungsfrei gemacht werden.

Schweißanschlüsse, Schweißdrahthalter

§ 30. (1) Die beweglichen Netz- und Schweißleitungen (Kabel) sind im Betrieb und beim Transport gegen Beschädigungen, besonders gegen Überfahren zu schützen. Beschädigte Stellen müssen sofort sachgemäß ausgebessert werden.

(2) Bei Schweißleitungen ist für gut leitende Verbindung, für genügende Sicherheit der Verbindung bei mechanischen Beanspruchungen und für ausreichende Isolation, besonders an den Verbindungsstellen, zu sorgen. In engen Räumen[33]) ist auf einwandfreien Zustand der Schweißleitungen besonders zu achten. Vor dem Zusammensetzen (Kuppeln) von Schweißleitungen ist das Schweißgerät auf der Netzseite abzuschalten, wenn nicht die Anschlußklemmen auf der Schweißseite auf andere Weise spannungsfrei gemacht werden können.

(3) Alle spannungführenden Teile der Schweißanlage einschließlich des Schweiß-Umformers bzw. -Transformators sind gegen zufällige Berührung zu schützen. Ausgenommen sind der Schweißdraht und dessen Haltevorrichtung, soweit es die Arbeit unbedingt erfordert. Der Handgriff und die Spannvorrichtung, z. B. Zangenhebel des Schweißdrahthalters, müssen aus Isolierstoff bestehen oder damit umhüllt sein.

---

33) Vgl. Fußnote 2.

Arbeitsunterbrechungen

§ 31. (1) Während der Schweißpausen ist der Schweißdrahthalter auf isolierender Unterlage abzulegen oder so aufzuhängen, daß er das Arbeitsstück und dessen an die Schweißstromquelle angeschlossene Unterlage nicht berührt. Er darf nicht unter den Arm geklemmt oder so gehalten werden, daß ein Strom durch den menschlichen Körper fließen kann.

(2) Bei längeren Arbeitsunterbrechungen ist das Schweißgerät auf der Netzseite abzuschalten (§ 30, Abs. 2, Satz 3).

Enge und feuchte Räume

§ 32. (1) Bei Arbeiten in engen Behältern (z. B. Kesseln), in Rohrleitungen u. dgl. und bei Arbeiten an solchen Anlagen unter beengten Verhältnissen darf nur Gleichstrom verwendet werden. Die Verwendung von Wechselstrom ist zulässig, wenn der Hauptverband der gewerblichen Berufsgenossenschaften, Zentralstelle für Unfallverhütung, mit Zustimmung des Bundesministers für Arbeit erklärt, daß die Bauart der Schweißgeräte den Anforderungen des Unfallschutzes entspricht.

(2) Bei Arbeiten in engen[33]), feuchten oder heißen Räumen sind isolierende Unterlagen und Zwischenlagen, ferner Stulpenhandschuhe aus Leder oder anderen schlecht leitenden Stoffen zur Isolierung des Körpers gegen Fußboden, Wände, leitfähige Apparateteile u. dgl. zu benutzen.

Schutzkleidung

§ 33. (1) Während der Arbeit muß der Schweißer am ganzen Körper durch die Kleidung und den Gesichtsschutz gegen Strahlen und gegen Verbrennungen geschützt sein.[34])

---

33) Vgl. Fußnote 2.

34) Über Strahlenschutz für Schweißer vgl. § 4 Absätze 1 und 2.

(2) An beiden Händen sind Stulpenhandschuhe aus einem geeigneten Stoff, z. B. Leder, zu tragen. Sie müssen sich in einwandfreiem Zustand befinden.

(3) Zum Schutz der Kleidung gegen Funkenflug und Verbrennen sind geeignete Schürzen zu tragen. Wenn die Art der Arbeiten, z. B. des Überkopfschweißen, es erfordert, ist ein Schutzanzug und wenn nötig, auch Kopfschutz zu tragen.[35])

Schutz gegen Strahlen und Verbrennung

§ 34. (1) An der Arbeitsstelle ist durch einen Aushang „Vorsicht! Nicht in die Flamme sehen!“ auf die Gefährdung der Augen hinzuweisen. Die Arbeitsplätze sind möglichst so abzuschirmen, daß die in der Nähe befindlichen Personen gegen Einwirkung von Strahlen auf Augen und Haut geschützt sind. Unbefugte sind von den Schweißstellen fernzuhalten.[36])

(2) In unmittelbarer Nähe ortsfester Arbeitsstellen sollen die Wände nicht hellfarbig und nicht glänzend sein. Fenster sind mindestens bis Kopfhöhe gegen Durchlassen oder Zurückwerfen von Strahlen zu sichern, z. B. durch geeigneten Anstrich.

Unterwasserschneiden und -schweißen

Allgemeines

§ 36. (1) Bei Unterwasserschneidarbeiten und -schweißarbeiten sind die Bestimmungen der §§ 1 bis 34 sinngemäß anzuwenden. Außerdem gelten für diese Arbeiten die Unfallverhütungsvorschriften für Taucherarbeiten.

(2) Schneid- und Schweißarbeiten unter Wasser dürfen nur von solchen Personen ausgeführt werden, die als Taucher anerkannt oder geprüft sind und die eine aus-

[35]) Vgl. DIN 61509 „Schweißeranzug“.
[36]) Vgl. a. § 4.

reichende Sachkenntnis im Unterwasserschneiden und -schweißen nachgewiesen haben.

(3) Schneid- und Schweißarbeiten dürfen an Wandungen von Behältern, Hohlkörpern und geschlossenen Räumen nur ausgeführt werden, wenn Vorkehrungen gegen Ansammlung zündfähiger Gemische im Innern der Behälter usw. getroffen sind.

(4) Die zu diesen Arbeiten erforderlichen Gas- und Sauerstoffflaschen sind während der Unterwasserarbeit des Tauchers zu überwachen; der Signalmann oder Pumpenvormann darf zu dieser Arbeit nicht herangezogen werden.

Schneiden mit flüssigem Brennstoff

§ 37. (1) Wird mittels Sauerstoffs und flüssigen Brennstoffs (Benzin) unter Wasser geschnitten, so muß beim Anzünden des Brenners darauf geachtet werden, daß etwa vor dem Anzünden ausgeströmter Brennstoff nicht zu Bränden an der Wasseroberfläche führen kann. Bei Arbeiten dicht unter der Wasseroberfläche ist darauf zu achten, daß sich über der Arbeitsstelle des Tauchers kein dem Schneidbrenner entströmender Brennstoff ansammelt.

(2) Feuerbeheizte Öfen müssen mindestens 3 m Abstand vom Brennstoffbehälter haben. Der Brennstoffbehälter darf nicht so aufgestellt werden, daß das Entnahmeventil für den Brennstoff in Richtung des Ofens liegt.

Elektroschneiden und -schweißen

§ 38. (1) Beim Elektroschneiden und -schweißen unter Wasser können die üblichen Tauchgeräte benutzt werden. Zum Schutz des Tauchers gegen Stromübertritt sind jedoch sämtliche Metallflächen und -teile im Inneren des Taucherhelms einwandfrei zu isolieren; Kinn und Mund des Tauchers sind durch einen Gummilappen besonders zu schützen. Um Beschädigungen der Metallteile der Taucherausrüstung bei einer Berührung der

stromführenden Elektrode oder durch elektrolytische Zersetzung zu vermeiden, empfiehlt es sich, diese Metallteile ebenso zu isolieren.
(2) Als Isolierung kann eine aufvulkanisierte Gummischicht oder eine geeignete Lackierung verwendet werden.
(3) Taucheranzüge müssen entweder angearbeitete Handschuhe haben, oder es sind Gummihandschuhe zu tragen.

Weitere Schutzmaßnahmen beim Elektroschneiden und -schweißen

§ 39. (1) Zum Elektroschneiden und -schweißen darf nur Gleichstrom verwendet werden. Die Leerlaufspannung des Schweißgenerators darf im Handbereich des Tauchers 65 V nicht überschreiten.
(2) Die stromführenden Teile der Unterwasserschweißdrahthalter müssen mit Hartgummi oder anderen geeigneten Isolierstoffen umkleidet sein.
(3) Beträgt die Leerlaufspannung des Schweißgenerators mehr als 42 V, so muß der Signalmann den Strom auf Anforderung des Tauchers – z. B. beim Elektrodenwechsel, bei Arbeitsunterbrechung oder bei Gefahr – sofort durch Spannungslosmachen des Schweißgenerators, durch einen ausreichend dimensionierten Stromunterbrecher oder durch einen Schweißstromregler mit Nullkontakt abschalten können. Der Signalmann muß den Strom ohne Veränderung seines Standorts abschalten können.
(4) Es dürfen nur Schneid- und Schweißdrähte mit einem geeigneten, wasserbeständigen Isolierüberzug benutzt werden.
(5) Alle Schweißleitungen und ihre Verbindungen – auch über Wasser – müssen einwandfrei isoliert sein.

Elektrodenwechsel

§ 40. Die Elektroden dürfen nur gewechselt werden, wenn der Elektrodenhalter spannungsfrei ist. Der Taucher darf also eine neue Elektrode erst dann einsetzen und das Reststück der aufgebrauchten Elektrode erst entfernen, wenn er vom Signalmann die ausdrückliche Bestätigung erhalten hat, daß der Strom abgeschaltet ist.

Besondere Vorkommnisse

§ 41. Von Betriebsstörungen und anderen Vorkommnissen, die zu Unfällen hätten führen können, ist der Berufsgenossenschaft und dem Gewerbeaufsichtsamt (Arbeitsschutzbehörde) sofort Mitteilung zu machen.